BIBLIOTHÈQUE SCIENTIFIQUE INTERNATIONALE

PUBLIÉE SOUS LA DIRECTION

DE M. ÉM. ALGLAVE

LI

BIBLIOTHÈQUE

SCIENTIFIQUE INTERNATIONALE

PUBLIÉE SOUS LA DIRECTION

DE M. ÉM. ALGLAVE

Volumes in-8, reliés en toile anglaise. — Prix : 6 fr.
Avec reliure d'amateur, tranche sup. dorée, dos et coins en veau. 10 fr.

La *Bibliothèque scientifique internationale* n'est pas une entreprise de librairie ordinaire. C'est une œuvre dirigée par les auteurs mêmes, en vue des intérêts de la science, pour la populariser sous toutes ses formes, et faire connaître immédiatement dans le monde entier les idées originales, les directions nouvelles, les découvertes importantes qui se font chaque jour dans tous les pays. Chaque savant expose les idées qu'il a introduites dans la science et condense pour ainsi dire ses doctrines les plus originales.

On peut ainsi, sans quitter la France, assister et participer au mouvement des esprits en Angleterre, en Allemagne, en Amérique, en Italie, tout aussi bien que les savants mêmes de chacun de ces pays.

VOLUMES PARUS

J. Tyndall. LES GLACIERS ET LES TRANSFORMATIONS DE L'EAU, suivis d'une étude de M. *Helmholtz* sur le même sujet, avec 8 planches à part et nombreuses fig. dans le texte. 4ᵉ éd. 6 fr.

W. Bagehot. LOIS SCIENTIFIQUES DU DÉVELOPPEMENT DES NATIONS. 4ᵉ édition. . . . . 6 fr.

J. Marey. LA MACHINE ANIMALE, locomotion terrestre et aérienne, avec 117 figures dans le texte. 3ᵉ édition. . 6 fr.

A. Bain. L'ESPRIT ET LE CORPS considérés au point de vue de leurs relations, avec figures. 4ᵉ édition. . . . . . 6 fr.

Pettigrew. LA LOCOMOTION CHEZ LES ANIMAUX, avec 130 fig. 6 fr.

Herbert Spencer. INTRODUCTION A LA SCIENCE SOCIALE. 7ᵉ édition . . . . 6 fr.

Oscar Schmidt. DESCENDANCE ET DARWINISME, avec figures. 4ᵉ édition.. . . . . 6 fr.

H. Maudsley. LE CRIME ET LA FOLIE. 4ᵉ édition . . . 6 fr.

P.-J. Van Beneden. LES COMMENSAUX ET LES PARASITES dans le règne animal, avec 83 figures dans le texte. 3ᵉ édit. 6 fr.

Balfour Stewart. LA CONSERVATION DE L'ÉNERGIE, suivie d'une étude sur LA NATURE DE LA FORCE, par *P. de Saint-Robert*. 4ᵉ édition . . . . 6 fr.

Draper. LES CONFLITS DE LA SCIENCE ET DE LA RELIGION. 7ᵉ édition . . . . 6 fr.

Léon Dumont. THÉORIE SCIENTIFIQUE DE LA SENSIBILITÉ. 3e édition . . . . 6 fr.

Schutzenberger. LES FERMENTATIONS, av. 28 fig, 4e édit. . 6 fr.

Whitney. LA VIE DU LANGAGE. 3e édition. . . . . 6 fr.

Cooke et Berkeley. LES CHAMPIGNONS, av. 110 fig. 3e édit. 6 fr.

Bernstein. LES SENS, avec 91 figures dans le texte. 4e édit. 6 fr.

Berthelot. LA SYNTHÈSE CHIMIQUE. 5e édition . . . . 6 fr.

Vogel. LA PHOTOGRAPHIE ET LA CHIMIE DE LA LUMIÈRE, avec 95 figures et un frontispice tiré en photoglyptie. 4e édit. 6 fr.

Luys. LE CERVEAU ET SES FONCTIONS, avec figures. 5e éd. 6 fr.

W. Stanley Jevons. LA MONNAIE ET LE MÉCANISME DE L'ÉCHANGE. 4e édition . . . . 6 fr.

Fuchs. LES VOLCANS ET LES TREMBLEMENTS DE TERRE, avec 36 figures dans le texte et une carte en couleurs. 4e édit. 6 fr.

Général Brialmont. LA DÉFENSE DES ÉTATS ET LES CAMPS RETRANCHÉS, avec nombreuses figures et deux planches hors texte. 3e édition. . . . . 6 fr.

A. de Quatrefages. L'ESPÈCE HUMAINE. 7e édition. . . 6 fr.

Blaserna et Helmholtz. LE SON ET LA MUSIQUE, avec 50 figures dans le texte. 3e édition. . . . . 6 fr.

Rosenthal. LES MUSCLES ET LES NERFS. 1 vol. in-8, avec 75 figures dans le texte. 3e édition. . . . . 6 fr.

Brucke et Helmholtz. PRINCIPES SCIENTIFIQUES DES BEAUX-ARTS, suivis de L'OPTIQUE ET LA PEINTURE. 1 vol., avec 39 figures. 3e édition. . . . . 6 fr.

Wurtz. LA THÉORIE ATOMIQUE. 1 vol. in-8, avec une planche hors texte. 4e édition. . . . . 6 fr.

Secchi. LES ÉTOILES. 2 vol. in-8, avec 60 figures dans le texte et 17 planches en noir et en couleurs, hors texte. 2e édit. 12 fr.

N. Joly. L'HOMME AVANT LES MÉTAUX, avec 150 fig. 3e éd. 6 fr.

A. Bain. LA SCIENCE DE L'ÉDUCATION. 1 vol. in-8. 4e édit. 6 fr.

R. Hartmann. LES PEUPLES DE L'AFRIQUE. 1 vol. in-8, avec 91 figures et une carte des races africaines. 2e édit. . 6 fr.

Thurston. HISTOIRE DE LA MACHINE A VAPEUR, revue, annotée et augmentée d'une introduction par *J. Hirsch.* 2 vol., avec 140 figures dans le texte, 16 planches tirées à part et nombreux culs-de-lampe . . . . 12 fr

Herbert Spencer. LES BASES DE LA MORALE ÉVOLUTIONNISTE. 1 volume in-8. 2e édition. . . . . 6 fr.

Th.-H. Huxley. L'ÉCREVISSE, introduction à l'étude de la zoologie, avec 82 figures. 1 vol. in-8. . . . . . 6 fr.

De Roberty. LA SOCIOLOGIE. 1 vol. in-8. . . . . . . 6 fr.

O.-N. Rood. THÉORIE SCIENTIFIQUE DES COULEURS et leurs applications à l'art et à l'industrie. 1 vol. in-8, avec 130 figures dans le texte et une planche en couleurs . . . . . 6 fr.

G. de Saporta et Marion. L'ÉVOLUTION DU RÈGNE VÉGÉTAL. *Les Cryptogames.* 1 vol., avec 85 figures dans le texte. 6 fr.

Charlton Bastian. LE SYSTÈME NERVEUX ET LA PENSÉE. 2 vol., avec 184 figures dans le texte. . . . . 12 fr.

James Sully. LES ILLUSIONS DES SENS ET DE L'ESPRIT. 1 v. 6 fr.

Alph. de Candolle. L'ORIGINE DES PLANTES CULTIVÉES. 1 vol. 2e édition . . . . 6 fr.

Young. LE SOLEIL, avec 86 grav. 1 vol. . . . . 6 fr.

Sir John Lubbock. LES FOURMIS, LES ABEILLES ET LES GUÊPES. 2 vol. in-8, avec 65 figures dans le texte et 13 planches hors texte dont 5 en couleurs . . . . 12 fr.

Ed. Perrier. LA PHILOSOPHIE ZOOLOGIQUE AVANT DARWIN. 1 vol. 2e édition . . . . 6 fr.

Stallo. LA MATIÈRE ET LA PHYSIQUE MODERNE . . . . . 6 fr.

Mantegazza. LA PHYSIONOMIE ET L'EXPRESSION DES SENTIMENTS. 1 vol., avec planc. hors texte et nombreuses fig. 1 vol. 6 fr.

De Meyer. LES ORGANES DE LA PAROLE, avec 50 figures. 6 fr.

J.-L. de Lanessan. INTRODUCTION A LA BOTANIQUE. LE SAPIN. 1 vol. in-8, avec 103 figures dans le texte. . . . . 6 fr.

G. de Saporta et Marion. L'ÉVOLUTION DU RÈGNE VÉGÉTAL. *Les Phanérogames.* 2 vol. avec nombreuses figures. 12 fr.

R. Hartmann. LES SINGES ANTHROPOÏDES, avec 63 figures dans le texte (*sous presse*).

O. Schmidt. LES MAMMIFÈRES PRIMITIFS, avec fig. (*sous presse*).

OUVRAGES DE M. J.-L. DE LANESSAN

LE TRANSFORMISME. 1 vol. in-18 de 595 pages (Doin, éditeur)........ 6 fr.

LA BOTANIQUE. 1 vol. in-18 de 550 pages, avec 182 figures, de la *Bibliothèque des sciences contemporaines* (Reinwald, éditeur)................ 5 fr.

LA LUTTE POUR L'EXISTENCE ET L'ASSOCIATION POUR LA LUTTE. 1 vol. in-18, de la *Bibliothèque biologique* (Doin, éditeur)................ 1 fr. 50

DU PROTOPLASMA VÉGÉTAL. 1 vol. in-8 de 150 pages. Thèse pour l'agrégation (Doin, éditeur).. 4 fr.

MANUEL D'HISTOIRE NATURELLE MÉDICALE (BOTANIQUE ET ZOOLOGIE). 2 vol. in-18, de 2,300 pages, avec plus de 2,000 figures (Doin, éditeur)..... 20 fr.

FLORE DE PARIS (*Phanérogames et Cryptogames*). 1 vol. in-18 de 900 pages, avec 700 figures (Doin, éditeur)...................................... 9 fr.

HISTOIRE DES DROGUES D'ORIGINE VÉGÉTALE, par MM. FLUCKIGER et HANBURY, trad. française augmentée de très nombreuses notes et de 291 fig., par M. J.-L. DE LANESSAN, 2 vol. in-8, d'environ 700 p. (Doin, édit.). 25 fr

MANUEL DE ZOOTOMIE, par A. MOJSISOVICS ELDEN VON MOJSVAR, traduction française annotée par M. J.-L. DE LANESSAN. 1 vol. in-8 de 400 pages, avec 128 figures (Doin, éditeur)...................................... 9 fr.

FLORE GÉNÉRALE DES CHAMPIGNONS, par WUNSCHE, traduction française par M. J.-L. DE LANESSAN, 1 vol. in-18 de 550 pages (Doin, éditeur)... 8 fr

TRAITÉ DE ZOOLOGIE. PROTOZOAIRES. 1 vol. grand in-8 de 350 pages, avec 300 figures (Doin, éditeur).. 10 fr.

ŒUVRES COMPLÈTES DE BUFFON. Nouvelle édition, comprenant la correspondance, annotée et augmentée d'une notice biographique et d'une introduction de plus de 400 pages, par J.-L. DE LANESSAN. 14 vol grand in-8, avec 160 planches grav. et color. et 10 portraits (Le Vasseur, édit.). 200 fr.

HUGON

INTRODUCTION

A

LA BOTANIQUE

LE SAPIN

PAR

J.-L. DE LANESSAN

Professeur agrégé d'histoire naturelle à la Faculté de Médecine de Paris,
Député de Paris.

Avec 103 figures dans le texte.

PARIS

ANCIENNE LIBRAIRIE GERMER BAILLIÈRE ET Cie

FÉLIX ALCAN, ÉDITEUR

108, Boulevard Saint-Germain, 108

—

1885

TABLE

PRÉFACE

Ce livre est une Introduction générale à l'étude de la Botanique. Je l'ai écrit surtout pour les hommes instruits qui aiment à connaître les grands principes et les traits généraux des sciences qu'ils n'ont pas le temps d'approfondir, mais je le crois capable de rendre aussi quelques services à ceux qui débutent dans l'étude de la Botanique, en leur montrant que cette science ne se compose pas seulement de détails arides et fastidieux.

A ces deux catégories de lecteurs j'offre, dans un espace restreint, les vues philosophiques les plus importantes que les faits accumulés par les naturalistes peuvent faire naître dans un esprit synthétique.

Le Sapin, avec ses caractères morphologiques, anatomiques et biologiques, n'y joue pas d'autre rôle que celui d'un canevas dont les mailles bien arrêtées marquent la place des différentes parties de l'œuvre et les relient les unes aux autres.

Si l'on me reprochait de n'être pas entré suffisamment dans le détail des questions relatives à la morphologie, à l'organisation, au développement et à la physiologie des végétaux, que j'ai abordées dans ce livre, je répondrais que telle n'a point été mon intention. J'ajouterais que j'ai voulu simplement montrer les côtés attrayants et grandioses d'une science que j'aime, moins pour les faits innombrables dont elle exige la connaissance de la part de ceux qui se livrent à son étude, que pour les lumières qu'elle projette sur les problèmes biologiques les plus graves et les plus difficiles à résoudre. Je m'estimerais heureux si ce livre pouvait convaincre quelques-uns de mes lecteurs de l'avantage qu'il y aurait, pour la marche générale du progrès humain, à répandre de plus en plus la culture et l'enseignement des sciences naturelles.

J.-L. DE LANESSAN.

Paris, le 12 mars 1885.

INTRODUCTION
A LA BOTANIQUE
LE SAPIN

CHAPITRE PREMIER

LES ORGANES ET LES MEMBRES DES VÉGÉTAUX

Ornement de nos parcs, habitant de prédilection de nos montagnes, depuis la zone forestière la plus rapprochée du pôle nord jusqu'au sud des Pyrénées, le Sapin offre à l'admiration du peintre l'élégance de son port, la hardiesse de son élancement vers le ciel, la beauté de son feuillage vert sombre, sur le fond duquel se détachent, au printemps, les pointes vert clair de ses jeunes rameaux et les épis jaunes de ses fleurs mâles. Le promeneur recherche ses forêts exemptes de broussailles, tapissées de mousses épaisses et molles qui s'étalent, serrées, sur la terre maintenue constamment humide. Les poètes ont répété les monotones chansons que le vent murmure dans ses lourds et pliants rameaux ; le forestier entoure de soins son bois propre à mille usages, tandis que le résinier entaille son écorce d'où coule un utile et abondant produit. Quant au naturaliste, il admire, dans ce géant, l'un des arbres les plus vieux de notre monde, l'un des témoins les plus anciens des transformations subies par la surface de la terre pendant les âges reculés dont nous ne pouvons écrire l'histoire hypothétique qu'à l'aide de monuments arrachés aux entrailles du globe. Il voit en cet arbre superbe une des formes de transition qui rattachent le présent au passé, les végétaux supérieurs aux inférieurs, l'élégante fleur de nos parterres aux modestes Lichens qui rongent les flancs de nos rochers.

C'est à ce dernier titre que j'ai choisi le Sapin pour servir de base à l'étude générale, sur l'organisation, la manière de vivre et l'évolution des végétaux, qui fait l'objet de ce livre.

Placé sur les confins des deux grandes provinces dans lesquelles les botanistes ont coutume de distribuer tous les végétaux, le Sapin nous permettra de saisir les analogies qui rapprochent et les différences qui éloignent les deux grands embranchements du règne végétal : celui des Phanérogames, auquel appartiennent les herbes de nos prairies, les arbres de nos forêts, les arbrisseaux et les innombrables plantes que nous cultivons pour leurs fleurs, leurs fruits ou leur feuillage, embranchement qui tire son nom de ce que tous les végétaux qui le composent ont des organes reproducteurs aisément visibles, souvent même des fleurs à coloration brillante et à odeur suave. C'est dans la portion la plus basse de cet embranchement que se trouve le Sapin. Il sert à relier les Phanérogames aux Cryptogames qui forment la deuxième grande division du règne végétal, division ainsi nommée par Linné parce que les plantes qui la forment n'ont jamais de fleurs capables d'attirer le regard et ne possèdent que des organes reproducteurs plus ou moins cachés aux yeux du vulgaire. A cet embranchement appartiennent les Algues, parfois si brillamment colorés, qui tapissent les rochers de nos côtes ou les pierres de nos ruisseaux, les Lichens qui incrustent les écorces de nos arbres, les Champignons qui croissent parmi les feuilles et les bois pourris de nos forêts, les Mousses qui tapissent le sol de nos bois, les bords de nos routes et les pieds de nos murailles, etc.

L'examen le plus superficiel d'un Sapin permet d'y distinguer des parties très différentes les unes des autres, par leur forme, leur disposition et leur coloration. Du sol s'élève un tronc droit, très rigide, atteignant dans le bas un ou deux mètres de circonférence tandis qu'au sommet il est à peine gros comme le doigt ; cette partie est celle que les botanistes désignent sous le nom de *tige*. Il en part, à différentes hauteurs, des *rameaux* ordinairement disposés par trois ou quatre

Fig. 1. — Rameau feuillé de Sapin.

au même niveau, les uns étalés horizontalement, les autres légèrement inclinés vers le sol ou redressés vers le ciel. Ceux du bas, très gros, atteignant parfois trois ou quatre mètres de long ; tous d'autant plus courts qu'ils sont situés plus haut sur la tige et les plus élevés ayant à peine quelques centimètres de long. Ces derniers sont aussi beaucoup plus minces que tous les autres. De ces rameaux principaux, en partent d'autres plus grêles et plus courts, eux-mêmes ramifiés et, d'ordinaire, fortement inclinés vers le sol. Ces derniers sont couverts d'aiguilles vertes, que les botanistes nomment des *feuilles*, longues de deux à trois ou quatre centimètres, très rapprochées les unes des autres, disposées en apparence sans aucun ordre, mais, en réalité, fixées le long de lignes spirales très régulières. Dans l'aisselle de quelques-unes des feuilles, on voit de petits corps grisâtres, de la grosseur d'un pois, coniques, couverts de petites écailles brunes et sèches, au-dessous desquelles il est aisé de reconnaître de jeunes feuilles encore incolores ou à peine teintées de jaune verdâtre. Ces petits corps, auxquels les botanistes donnent le nom de *bourgeons*, représentent autant de branches en miniature. Au printemps, les écailles qui les couvrent s'écartent et se détachent, les jeunes feuilles s'étalent, acquièrent rapidement la couleur vert foncé, la dimension et la dureté des anciennes, tandis que le petit rameau qui les porte s'allonge et s'épaissit.

A l'extrémité des branches supérieures de l'arbre, pendent des cônes longs de cinq à dix, quinze et même vingt centimètres, épais de trois à cinq centimètres, formés d'écailles dures, ligneuses, étroitement recouvertes comme les tuiles d'un toit. Ces cônes sont les fruits du Sapin. Quand on écarte les écailles, on voit au-dessous de chacune d'elles un petit corps noirâtre, ovoïde, aplati, enveloppé d'une sorte d'aile membraneuse. Ce corps est la graine. Il contient sous son enveloppe noire, épaisse, dure et cassante, une plante minuscule, l'*embryon*, pourvu d'une petite racine *(radicule)*, d'une petite tige *(tigelle)*, de feuilles rudimentaires *(cotylédons)*. Lorsque la graine est placée dans des conditions favorables, c'est-à-dire dans un sol humide, l'embryon se développe en produisant un Sapin semblable à celui qui a donné la graine.

Au voisinage des fruits dont nous venons de parler, il est aisé de trouver, sur les branches supérieures du Sapin, d'autres cônes plus petits, organisés à peu près comme les premiers, mais formés d'écailles encore vertes, portant chacune deux petits corps blanchâtres, en forme de bouteilles. Ces cônes sont des fruits encore jeunes, ce que les botanistes nomment des *fleurs femelles*.

A l'extrémité des branches moyennes de l'arbre, se voient, au printemps, un grand nombre de petits cônes jaunes, d'abord presque arrondis et de la taille d'un gros pois, mais s'allongeant bientôt, en même temps qu'ils laissent tomber une grande quantité de poussière jaunâtre. Ces cônes sont des *fleurs mâles*; la poussière jaune qu'ils répandent est formée de grains destinées à féconder les fleurs femelles, et désignés par les botanistes sous le nom de *grains de pollen*.

Ayant jeté ce premier coup d'œil sur toutes les parties du Sapin qui se montrent en dehors du sol, enlevons avec quelque soin la terre qui entoure le pied de l'arbre et nous verrons que ce dernier se ramifie dans la terre comme la tige dans l'air.

De la portion inférieure du tronc partent de grosses branches qui s'enfoncent dans le sol en émettant, de distance en distance, d'autres branches plus petites, jusqu'à une distance de cinq, six, dix et parfois même vingt mètres du pied de l'arbre. Toutes ces branches sont semblables, elles ne diffèrent que par la taille qui est d'autant moindre qu'elles sont plus éloignées de l'arbre. Elles ne portent ni fleurs mâles ni fleurs femelles, ni feuilles ni bourgeons et elles se terminent par des filaments aussi fins que des cheveux, épars dans le sol. Ces branches souterraines sont les *racines* du Sapin.

Toutes les parties dont nous venons de constater

l'existence ont des rôles différents. Les racines ont pour fonction de puiser dans le sol l'eau et les matières qu'elle tient en dissolution et de les conduire jusqu'à la tige. Celle-ci, avec les rameaux qu'elle porte, sert, à la fois, de conducteur pour l'eau que les racines ont empruntée au sol, de support pour les feuilles, les fleurs et les fruits, et de conducteur pour des matériaux très divers que les feuilles ont la mission de fabriquer sous l'influence de la lumière du soleil avec les gaz qu'elles aspirent dans l'atmosphère et les matériaux solubles que l'eau venue des racines leur apporte. Quant aux fleurs mâles et femelles et aux fruits, leur fonction est d'assurer la reproduction du végétal. Je ne parle pas des bourgeons qui ne sont que des rameaux en voie de formation.

Si nous comparons les diverses parties du Sapin à celles d'un animal ou d'un homme, nous dirons que les racines, les rameaux, les feuilles, les fleurs et les fruits sont les membres, et que la tige est le tronc de cet individu : le Sapin. Mais, de même que les différentes parties du corps d'un animal, ses jambes, ses bras, ses mains, ses pieds, ses yeux, son estomac, ses reins, etc., ayant des fonctions différentes, sont décrits comme des organes distincts, de même les différents membres du Sapin ayant des fonctions distinctes doivent être considérés comme des organes différents.

Il faut, en effet, dans la description et l'étude des animaux et des végétaux, distinguer soigneusement les termes *membre* et *organe*. Le premier n'entraîne aucune idée relative à la fonction. Les membres ne sont que des parties différentes par leur forme, leur configuration, leur couleur; les organes sont des parties jouissant de propriétés spéciales. Les bras et les jambes de l'homme, par exemple, sont des membres analogues ; ils sont formés, en effet, des mêmes parties essentielles ; cependant, on doit les considérer comme des organes distincts, parce qu'ils servent à des fonctions différentes : les jambes n'étant utilisées qu'à la locomotion, au déplacement du corps, tandis que les bras n'ont aucun rôle dans la locomotion, et servent exclusivement à la préhension des objets. On doit encore pousser plus loin la division et considérer le bras, par exemple, comme un membre formé de plusieurs organes, car il sert à la fois à la préhension des objets par toutes ses parties et au toucher par l'extrémité pulpeuse et très riche en nerfs des doigts qui le terminent.

Une autre considération trouve ici sa place : tandis que, dans l'homme, le bras et la jambe sont des membres semblables mais des organes distincts, chez les quadrupèdes, le membre antérieur et le membre postérieur, qui représentent le bras et la jambe de l'homme, sont à la fois des membres analogues et des organes identiques, car l'un et l'autre sont composés des mêmes parties et servent aux mêmes usages : la locomotion. Chez les Singes, le membre antérieur se distingue déjà, dans une certaine mesure, par la fonction, du membre postérieur, car il sert de préférence à la préhension. Chez l'homme, la différenciation est encore plus parfaite, ainsi que nous l'avons vu plus haut, puisque le membre postérieur ne joue aucun rôle dans la préhension, tandis que le membre antérieur est exclusivement réservé à cette fonction.

Dans un même groupe animal, il peut y avoir des différences considérables dans la fonction d'un même membre. Voyons ce qui se passe, notamment, chez les Rongeurs. Chez le Lièvre, les membres antérieurs et les membres postérieurs ont exactement la même fonction : l'un et l'autre ne servent qu'à la locomotion. Chez le Lapin, il existe une différence assez notable, au point de vue de la fonction, entre les membres antérieurs et les membres postérieurs : ceux-ci ne sont utilisés que pour la locomotion, tandis que ceux-là servent à creuser les terriers.

Chez les Gerboises, là différenciation est plus grande encore : les membres postérieurs seuls sont mis en jeu dans la locomotion ; les membres antérieurs, très réduits en dimension, ne servent qu'à la préhension des aliments.

Faut-il citer d'autres exemples de membres semblables, identiques même, qui, chez les animaux, deviennent des organes tout à fait différents? Rappellerai-je que, chez les Éléphants, le nez, utilisé par les Mammifères voisins à la seule fonction de l'odorat, se transforme en organe de préhension? Noterai-je encore la queue des Singes d'Amérique, devenue un organe de préhension aussi souvent utilisé par eux que les mains, tandis que chez d'autres Singes, où elle n'est pas moins développée, elle n'est à peu près d'aucun usage.

Mais c'est surtout quand on compare le même membre chez des animaux appartenant à des groupes très différents qu'on observe des transformations fréquentes en organes parfois absolument distincts. On sait, par exemple, que les opercules des Poissons, dont le rôle est de faciliter la sortie de l'eau qui a servi à la respiration, représentent les osselets de l'ouïe des Mammifères. Les pattes des Crustacés subissent, dans les différents ordres de cette vaste classe, les transformations les plus inattendues et les plus singulières. Chez les mâles des Écrevisses, les pattes de la première paire abdominale deviennent des organes de copulation ; devenues inutiles pour la locomotion, elles servent à recueillir le sperme au moment de son émission et à le transporter dans les organes sexuels de la femelle.

Ces exemples, bien connus de tout le monde, suffisent, sans doute, pour montrer l'importance de la distinction que je m'efforce d'établir, dès le début de cet ouvrage, entre les membres et les organes. Ainsi que je l'ai dit plus haut, il ne faut attacher au terme « membres » que l'idée de « parties » du corps d'un animal ou d'un végétal.

Je m'empresse d'ajouter que toute « partie » du corps d'un animal ou d'un végétal quelconque occupe une position fixe, invariable, non seulement chez tous les individus d'une même espèce, mais encore dans toutes les espèces d'un même genre, d'une même famille, d'une même classe, je vais plus loin, d'un même embranchement. Envisagez, par exemple, les membres antérieurs et les membres postérieurs d'un homme, étudiez avec soin leurs connexions avec la colonne vertébrale, puis, descendez de l'homme au singe, du singe au chien, de celui-ci à n'importe quel autre mammifère, chez tous vous constaterez que les membres antérieurs et les membres postérieurs occupent les mêmes positions, sont en connexion avec les mêmes parties. Descendez des Mammifères aux Oiseaux, aux Reptiles, aux Batraciens et même aux Poissons; étudiez dans ces différents groupes la position des membres antérieurs et postérieurs, leur connexion avec les autres parties et partout, d'un bout à l'autre de la classe des Vertébrés, vous retrouverez ces membres dans la même position, ayant les mêmes connexions. Cependant leurs formes, leurs dimensions, leurs fonctions sont loin d'être partout les mêmes; elles varient pour ainsi dire à l'infini; leurs parties se réduisent ou s'accroissent; ils disparaissent même parfois presque complètement ou en totalité; mais, dès lors qu'ils existent, ils affectent les mêmes rapports de position avec les autres parties du corps. Ainsi que le disait avec raison Geoffroy Saint-Hilaire : « Un organe est plutôt détruit, entièrement disparu que transposé. » Il employait dans cette phrase le mot « organe » en y attachant le sens que je donne ici au mot « membre ».

C'est précisément grâce à cette fixité des connexions que l'on a pu, chez les animaux, comme chez les végétaux, déterminer les analogies existantes entre des membres en apparence essentiellement différents, parce qu'ils jouissent de fonctions très distinctes, parce qu'en d'autres termes ils sont devenus des organes différents. C'est en s'appuyant sur cette loi des connexions, formulée par Geoffroy Saint-Hilaire, au commencement de ce siècle, entrevue déjà cinquante ans auparavant par Buffon, que Savigny a pu débrouiller l'organisation, en apparence si compliquée, de la bouche des insectes des différents ordres. Chez tous, en effet, les parties qui entrent dans la composition de l'organe buccal conservent la même position, les mêmes relations entre elles, les mêmes connexions; mais elles varient de taille, de forme, de rôle, affectant ici la forme de cisailles qui broient des aliments durs, là celle de dars et de lancettes qui percent la peau; ailleurs, celle de languettes qui lèchent des liquides, de pompes qui les aspirent, etc. Grâce encore à ce fait de la constance de connexion des membres, on a pu comparer les membres et les organes des embryons à ceux des adultes, suivre depuis le premier moment de leur apparition jusqu'à celui de leur état le plus parfait de développement. les transformations graduelles des différents membres d'un même animal; enfin, et c'était là le but qu'il importait d'atteindre, on a pu, en s'appuyant sur la fixité des connexions, comparer les organes et les membres des différents animaux et des différents végétaux, signaler chez tel groupe l'apparition de membres qui n'existent pas chez tel autre, ou, au contraire, la disparition de membres qui, ailleurs, atteignent de grandes dimensions et constituent des organes de premier ordre. Par exemple, grâce à la loi des connexions, on a pu constater l'existence d'une corde dorsale chez les Ascidiens, et montrer ainsi que ces êtres sont, ou des Vertébrés dégénérés, ou des Invertébrés passant à l'état de Vertébrés.

Dans l'étude des végétaux, qui seuls nous intéressent ici, la connaissance des connexions des membres n'a pas rendu moins de services que dans celle des animaux.

Jusque vers la fin du siècle dernier, les botanistes, imitant en cela les zoologistes, se bornaient à la simple reconnaissance des formes et des fonctions, et considéraient comme distinctes toutes les parties qui différaient par la forme, la coloration ou le rôle physiologique. Ils ne voyaient, par exemple, aucun rapport entre les feuilles et les fleurs, entre les sépales ou les pétales et les étamines, entre les carpelles et les autres parties de la fleur, entre les poils et les aiguillons, etc. Toutes ces parties leur paraissaient essentiellement distinctes; les noms divers qu'ils leur donnaient exprimaient, dans leur pensée, des natures non moins diverses.

Gœthe est, à ma connaissance, le premier qui ait réagi contre cette fâcheuse habitude d'esprit, en montrant que les diverses parties de la fleur ne sont que des feuilles modifiées. Le mouvement imprimé dans cette direction ne fit que s'accentuer avec les progrès de la science des plantes et il n'y a pas aujourd'hui un naturaliste qui oserait, dans cette lutte de la synthèse contre l'analyse, dans cette tendance à rapprocher les êtres et les organes au lieu de les diviser, prendre le parti de l'analyse et de la division, comme le faisait encore, en 1830, Cuvier contre Geoffroy Saint-Hilaire (1).

Il m'a paru nécessaire de placer ces considérations générales avant l'étude morphologique, physiologique et anatomique que nous devons faire ici des différents membres et organes du Sapin. Elles nous serviront de guide dans cette étude, en même temps qu'elles ajouteront aux détails, forcément un peu arides, des questions que nous devrons résoudre, un intérêt général et philosophique de nature à en atténuer les aspérités.

(1) La discussion qui eut lieu, devant l'Académie des sciences, en 1830, entre Geoffroy Saint-Hilaire et Cuvier est l'un des incidents les plus curieux de l'histoire scientifique de ce siècle. Voyez mon *Introduction aux Œuvres complètes de Buffon.*

Nous avons distingué dans le Sapin les membres et les organes suivants : la tige et les rameaux, les racines, les feuilles, les fleurs et les fruits. Nous allons examiner successivement les formes, la coloration, et tous les autres caractères extérieurs de ces diverses parties, ainsi que les fonctions dont elles sont revêtues ; après quoi, il nous sera possible de les comparer les unes aux autres, de déterminer les différences qui les éloignent, les analogies qui les rapprochent et la marche qu'elles ont suivie dans leurs transformations et leur différenciation.

CHAPITRE II

MORPHOLOGIE ET PHYSIOLOGIE GÉNÉRALES DE LA RACINE

Le premier caractère qui doit frapper l'esprit de tout homme examinant avec attention les différents membres d'un végétal quelconque, c'est la constance avec laquelle certaines parties évitent la lumière, s'enfoncent dans le sol, y reviennent quand on les en tire, le recherchent quand on les en approche, tandis que d'autres se portent toujours vers la lumière, et meurent quand on les enfonce en totalité sous la terre. Aux premiers de ces membres on a donné le nom de *racines*, et l'on a désigné sous le nom de *géotropisme positif* la tendance fatale qu'ils ont à se diriger vers le sol. Comme ce trait de leur caractère est le plus remarquable de tous ceux que nous aurons à tracer, on me pardonnera d'y insister quelque peu.

Quelle que soit la plante jeune que l'on observe, il est aisé de s'assurer qu'elle tend à prendre une position telle que son axe longitudinal soit perpendiculaire à la surface de la terre dans le lieu où elle se trouve. Faites germer une graine sur le sol, vous verrez sa racine s'enfoncer dans la terre tandis que sa tige s'élèvera dans l'air ; suspendez-la dans l'atmosphère pendant la germination, sa racine se dirigera vers le centre de la terre tandis que sa tigelle prendra une direction exactement opposée. Les Algues jeunes et en voie de germination se comportent de la même façon. Placez, par exemple, dans un cristallisoir en verre de jeunes *Vaucheria* n'ayant encore que quelques lignes de longueur, vous ne tarderez pas à les voir abandonner la surface de l'eau où ils étaient aussitôt après leur naissance pour se porter contre les parois du vase; là ils se disposent de façon à ce que l'une de leurs extrémités regarde en haut, tandis que l'autre est tournée vers le bas. Or, les *Vaucheria* sont des plantes formées d'une seule cellule cylindrique (1).

Si maintenant vous observez les plantes adultes, depuis les herbes les plus modestes jusqu'aux arbres les plus élevés, vous constaterez que toutes ont une position verticale, que toutes sont disposées dans le prolongement d'un rayon terrestre, soit qu'elles croissent sur un terrain plat, soit qu'elles aient poussé sur la pente d'un talus, d'une colline ou d'une montagne. Dans les Vosges, où les flancs des montagnes sont très abruptes, on voit les Sapins former, avec la surface sur laquelle ils sont implantés, un angle supérieur tellement aigu, qu'on se demande comment ils peuvent tenir dans une semblable position.

La propriété que manifestent toutes les plantes de diriger leur axe longitudinal vers le centre de la terre a reçu, depuis longtemps, le nom de *géotropisme*. Mais l'on a distingué le géotropisme des parties qui, comme les racines, se dirigent vers le sol, de celui

(1) Il me paraît nécessaire, le mot « cellule » venant pour la première fois sous ma plume, de le définir, en attendant que j'aie à en parler plus longuement. On sait aujourd'hui que tous les animaux et tous les végétaux sont formés, dans leurs parties solides, de corpuscules microscopiques diversement figurés et agglomérés, jouissant de toutes les propriétés de la vie. On a donné à ces corpuscules le nom de cellules. Au début, les animaux et les végétaux, quelle que doive être plus tard leur taille, ne sont formés que par *une seule cellule*. Celle-ci, en se divisant et se multipliant, donne naissance aux myriades de cellules qui forment le corps du végétal ou de l'animal adulte.

des parties qui s'élèvent dans l'atmosphère. On a donné au premier le nom de *géotropisme positif*, tandis qu'on a nommé le second *géotropisme négatif*. Appliquant ces termes à notre Sapin, nous dirons que ses racines sont douées de géotropisme positif, tandis que sa tige est douée de géotropisme négatif.

Quand la plante est formée par une seule cellule, comme les *Vaucheria* dont nous avons parlé plus haut, on est obligé d'attribuer à une de ses moitiés le géotropisme positif et à l'autre le géotropisme négatif. Si l'on généralise le fait, si l'on réfléchit que toute plante est formée de cellules, on admettra que dans le Sapin il existe : en premier lieu, des cellules positivement géotropiques, celles de la racine, et des cellules négativement géotropiques, celles de la tige ; en second lieu, si l'on réfléchit qu'un grand nombre des cellules de la racine et de la tige sont plus allongées dans le sens du grand axe de ces organes que dans la direction opposée, on admettra que toutes, ou du moins la majeure partie des cellules du Sapin, ont une moitié positivement géotropique et une autre négativement géotropique. Chacune des cellules de notre Sapin, devient ainsi comparable à la cellule unique qui compose un *Vaucheria*. Peut-être serait-ce le moment de dire que tout végétal, de même que tout animal, n'est, en réalité, qu'un agrégat de cellules, que toutes les propriétés du végétal ou de l'animal, envisagé dans son ensemble, ne sont que les manifestations tangibles, constatables, des propriétés des cellules qui les composent. Je ne puis en ce moment que signaler en passant ce fait ; j'aurai mille occasions d'en reparler par la suite, mais il est bon que, dès le début, il soit indiqué, afin que le lecteur ne le perde jamais de vue.

A peine le phénomène du géotropisme fut-il constaté qu'on se préoccupa d'en chercher la cause et qu'on songea à le mettre sur le compte de la pesanteur. On compara donc une plante qui croît à la surface de la terre à une pierre qui, abandonnée dans l'air, tombe sur le sol suivant une ligne perpendiculaire à la surface de la terre. Comme on attribue à la pesanteur la direction suivie par la pierre, on mit aussi sur son compte la direction verticale que prennent toutes les plantes en voie de développement.

Des expériences, aujourd'hui classiques, montrèrent qu'en effet la pesanteur devait être considérée comme la cause du *géotropisme*. La plus célèbre est celle de Knight; elle date de 1806. Knight se proposait de soustraire les plantes en germination sur lesquelles il opérait à l'action de la pesanteur, en les soumettant à une autre force de même nature, c'est-à-dire ne dépendant comme elle que de la masse du corps. Cette force est la force centrifuge. Il montra que quand on fait germer des graines sur le pourtour d'une roue douée d'un mouvement suffisamment rapide, les racines se dirigent, non plus vers le centre de la terre, mais vers le centre de la roue, tandis que les jeunes tiges se portent dans la direction opposée ; le même phénomène se produit, que la roue soit placée horizontalement ou verticalement, par rapport au sol. Quand on cesse de la faire tourner, les racines se courbent vers le sol et les tiges vers le ciel, c'est-à-dire que la plante obéit à l'action toujours présente de la pesanteur. Sachs a réalisé le moyen de soustraire les plantes, à la fois, à l'action de la pesanteur et à celle de la force centrifuge, en les faisant développer sur une roue de petit diamètre, tournant avec une grande lenteur; dans ce cas, les jeunes plantes continuent à s'accroître dans la position où on les a placées. La rotation suffit pour les soustraire à l'action de la pesanteur, mais elle n'est pas assez rapide pour qu'elles obéissent à la force centrifuge.

Il est donc bien démontré que le géotropisme est dû à la pesanteur, mais la nature de la pesanteur elle-même nous étant à peu près inconnue, nous ne faisons qu'un bien petit pas vers la solution définitive du problème en assignant la pesanteur pour cause au géotropisme. Dans tous les cas, nous ne répondons pas à ce qui est le fond même de la question, à savoir pourquoi, quand on fait germer une graine de Sapin dans une position quelconque, c'est toujours la racine et jamais la tige qui se dirige vers le sol, et pourquoi dans toutes les plantes il en est de même. Nous essaierons dans un autre chapitre de répondre à cette question.

Quoi qu'il en soit, le caractère le plus important de la racine est, précisément, la propriété qu'elle a de toujours se diriger vers le sol. Je dois aussitôt faire une remarque importante. Toutes les racines d'une plante ne jouissent pas au même degré de la propriété de se diriger vers le centre de la terre. La racine primitive, celle qui est formée par l'allongement direct de la radicule de l'embryon, est, de toutes les racines d'une plante, celle qui est douée au plus haut degré de géotropisme positif. Les branches auxquelles elle donne bientôt naissance ne possèdent cette propriété qu'à un degré moindre, et plus la racine se ramifie, moins cette propriété est manifeste dans les rameaux qu'elle produit. Arrachez un jeune pied de Sapin et vous vous assurerez facilement que sa racine principale, celle qu'on nomme le *pivot*, s'enfonce perpendiculairement dans la terre, tandis que toutes les autres sont plus ou moins horizontales. Il est inutile de dire que nous ignorons, d'une façon absolue, la cause de ce phénomène ; nous devons nous borner à constater que la plante trouve dans le faible géotropisme de ses racines secondaires, tertiaires, etc., un avantage considérable, au double point de vue de sa fixation au sol et de son alimentation. L'épanouissement en tous sens de ses racines dans le sol lui donne une résistance considérable aux vents qui tendent à la renverser, en même temps qu'il lui permet de se mettre en rapport avec les matières alimentaires disséminées dans toute l'étendue de terrain que les racines occupent.

Une deuxième remarque trouve ici sa place. Ce n'est pas la racine tout entière qui obéit à l'action de la pesanteur, mais seulement la partie qui est en voie d'accroissement; or, cette partie est située à quelques millimètres au-dessus du sommet de la racine. Pour s'assurer de ce fait, il suffit de placer sur le sol, horizontalement, une jeune plante à racine suffisamment développée; on voit cette dernière se courber, à une petite distance de son sommet de façon à diriger ce dernier vers le sol, tandis que toute la partie située au-dessus du point où se fait le coude reste horizontale. Mais ce n'est pas, comme on serait tenté de le croire, la portion de la racine qui se courbe qui est sensible, c'est l'extrémité même de la racine. Pour s'en assurer, il suffit de couper l'extrémité d'une racine qu'on place ensuite horizontalement; il ne se produit pas de courbure. Cependant après trois ou quatre jours, lorsque l'extrémité s'est reformée, on voit la courbure vers le sol s'effectuer, à quelques millimètres au-dessus de l'extrémité. Dans cette expérience, il ne faut pas attendre, pour couper l'extrémité de la racine, que la plante soit disposée horizontalement depuis un peu de temps, car, dans ce cas, on voit la courbure se faire malgré la mutilation. Le géotropisme avait déjà eu le temps d'agir sur l'extrémité de la racine, l'excitation qu'il exerce sur cette extrémité avait été transmise au point d'élongation maximum et la mutilation n'est venue que trop tard.

De ces expériences on doit conclure : d'abord, que la pesanteur agit seulement sur les cellules en voie de multiplication, puisqu'en définitive c'est toujours dans les cellules qu'il faut chercher le siège de tous les phénomènes que les plantes offrent à notre observation; en second lieu, que l'excitation déterminée par la pesanteur sur les cellules terminales de la racine est transmise aux cellules du point d'élongation maximum, lesquelles déterminent la courbure; en troisième lieu, qu'une fois l'excitation produite, son effet se fait sentir alors même qu'on enlève la partie qui a subi l'excitation. Darwin compare ce dernier phénomène à celui qui se produirait chez un animal couché, si on lui coupait la tête après qu'il a conçu l'idée de se lever : « Pour établir, dit-il, une comparaison dans l'autre règne vivant, nous devrions supposer qu'un animal, étendu à terre, a conçu l'intention de se lever dans une direction particulière; mais que, sa tête ayant été coupée à ce moment, l'impulsion donnée a continué à parcourir lentement les nerfs jusqu'aux muscles; de sorte que, après plusieurs heures, l'animal décapité s'est levé dans la direction déterminée (1). »

Ch. Darwin a signalé, dans ces derniers temps, un autre fait dont il est à propos de parler. Il a constaté que les extrémités de toutes les racines décrivent dans le sol ou dans une atmosphère humide, où il est plus facile de les observer, un mouvement elliptique qui porte leur sommet, tour à tour, vers chacun des points de l'horizon. Il a donné à ce mouvement le nom de *circummutation*; son siège est dans le point d'accroissement de la racine. Il est dû, sans aucun doute, à ce que les cellules de ce point ne s'accroissent pas toutes avec la même rapidité; celles d'une face de la racine s'allongeant, à un moment donné, plus que celles de toutes les autres faces, le sommet de la racine est poussé dans le sens opposé à celui où se fait l'allongement; puis l'allongement devenant plus fort sur la face voisine, le sommet prend une direction nouvelle, et ainsi de suite jusqu'à ce qu'il ait exécuté le tour complet de l'horizon. Quelle est la cause de cette inégalité d'accroissement? Nous l'ignorons d'une façon absolue.

(1) DARWIN, *La faculté motrice des plantes*, p. 549.

Quoi qu'il en soit, le mouvement de circummutation qu'elle détermine est d'une très grande utilité pour la plante, car il permet à la racine de trouver les points du sol les plus perméables, ceux dans lesquels elle pourra pénétrer le plus aisément. Son utilité est augmentée par la sensibilité très grande de l'extrémité des racines. Quand on touche l'extrémité d'une racine, on la voit bientôt se courber au niveau du point d'accroissement. Grâce à cette sensibilité, la racine évite les corps durs avec lesquels elle se trouve en contact. Mais les racines ne sont pas seulement sensibles aux chocs, elles le sont encore aux agents naturels, tels que l'humidité et la lumière. Quand une jeune plante est placée de telle sorte que l'une des faces de la radicule soit davantage exposée à l'humidité que les autres, on voit la radicule se courber au niveau du point d'élongation maximum et diriger son extrémité vers l'humidité. C'est grâce à cette propriété que les racines trouvent dans le sol les points les plus riches en eau, c'est-à-dire ceux où elles pourront le plus aisément puiser la nourriture nécessaire à la plante.

Les racines sont également sensibles à la lumière ; quelques-unes la fuient ; d'autres, au contraire, paraissent la rechercher ; mais cette propriété est combattue par le géotropisme qui détermine les racines à s'enfoncer dans le sol et les met à l'abri de l'action des rayons lumineux. Il importerait du reste de déterminer si les racines qui recherchent la lumière ne vont pas plutôt au-devant des rayons caloriques mélangés aux rayons lumineux de la lumière solaire. C'est un sujet qui n'a pas encore été étudié et qui ne manque pas d'intérêt.

Grâce, d'une part, aux mouvements de circummutation, et, d'autre part, à la faculté qu'ont les racines de réagir contre les excitations qu'elles reçoivent des corps durs, de l'humidité, de la lumière, de la pesanteur, etc., les racines cheminent dans le sol en évitant les obstacles et en se dirigeant toujours vers les points les plus favorables à l'alimentation de la plante dont elles sont les pourvoyeuses. Darwin compare pittoresquement la radicule qui chemine dans le sol à un animal fouisseur tel « qu'une taupe qui s'efforce de pénétrer perpendiculairement dans la terre. En faisant continuellement mouvoir sa tête dans tous les sens, cet animal reconnaîtra une pierre ou tout autre obstacle ; il percevra les différences dans la dureté du sol et se tournera vers le côté convenable. Si la terre est plus humide d'un côté que de l'autre, il se dirigera vers la partie la moins sèche, qui sera évidemment plus facile à remuer. Toutefois, après chaque interruption, guidée par la pesanteur, la taupe pourra reprendre sa marche vers le bas et fouir à une profondeur plus grande (1). »

Les graines d'une plante parasite de l'Inde, le *Loranthus globosus*, possèdent une singulière propriété, signalée récemment par Brown et qui montre jusqu'où est poussée la sensibilité de certaines racines et le rôle que joue cette propriété dans l'existence des végétaux. Le fruit de ce *Loranthus* est formé, comme celui de notre Gui, d'une graine enveloppée d'une pulpe visqueuse à l'aide de laquelle la graine se fixe sur les arbres où elle tombe. Dès que la radicule est sortie de ses enveloppes, il se produit, au voisinage de son extrémité, une sorte de petit disque qui s'applique contre la surface de l'arbre ; mais bientôt, sous l'influence de l'élongation qui se fait en arrière de lui, le disque se détache du point auquel il adhérait, il est poussé en avant par l'élongation et va se fixer un peu plus loin, entraînant après lui toute la masse du fruit. Les mêmes déplacements s'effectuent un nombre souvent considérable de fois, et le fruit chemine ainsi, entraîné par sa radicule, jusqu'à ce que cette dernière ait rencontré un lieu favorable au développement de la plante ; elle s'enfonce alors

(1) DARWIN, *La faculté motrice des plantes*, p. 203.

dans l'écorce de l'arbre et pénètre dans les tissus où elle doit puiser sa nourriture.

Il me paraît inutile d'insister sur les réflexions que ce fait est de nature à provoquer. Cette radicule qui chemine en entraînant la jeune plante tout entière, et dont la marche est guidée, d'après ce que nous avons dit plus haut, par l'humidité qui doit lui être utile, par les excitations diverses qui lui viennent des objets situés sur sa route ou du but qu'elle poursuit, cette radicule n'est-elle pas comparable à la tête de l'escargot entraînant tout le reste du corps vers le point où se trouve la feuille verte à ronger, ou le trou capable de servir d'abri contre les rayons du soleil? N'y-a-t-il pas, en apparence au moins, autant de volonté dans l'acte de la radicule que dans celui de l'escargot? On peut appliquer à cette radicule ce que Claude Bernard a écrit à propos des cellules mâles d'un Champignon, le *Menoblepharis*, qui vont à la rencontre des cellules femelles en glissant contre les parois de la cellule qui les contient et en pénétrant dans cette dernière par un orifice dont sa membrane est creusée : ces organes présentent « non seulement la faculté de mouvement, mais le mouvement approprié à un but déterminé, les apparences, en un mot du mouvement volontaire ».

Tenons-nous au mot « apparence » afin de ne blesser aucune susceptibilité. Nous constatons, cependant, entre cette apparence et la réalité une analogie telle, qu'un ignorant, voyant cheminer la graine du *Loranthus* à côté d'un escargot, les voyant s'arrêter l'un et l'autre dans le point le plus favorable à leur alimentation, et ne sachant ni quelle est l'organisation de ces deux êtres, ni dans quels groupes les naturalistes les classent, les considérerait, sans aucun doute, comme doués, au même titre, de la faculté d'effectuer des mouvements « appropriés à un but déterminé », c'est-à-dire des mouvements volontaires. Mais si cet ignorant était, en même temps, un penseur, l'un n'excluant pas l'autre, s'il observait attentivement la direction de la marche de la radicule et de l'escargot, s'il reconnaissait que chez les deux êtres elle est guidée par des excitations venues du dehors, qu'elle est déterminée fatalement par les impressions reçues, il serait peut-être amené à considérer les « mouvements appropriés à un but déterminé » comme la conséquence fatale des excitations venues du but, et il mettrait en doute la volonté, c'est-à-dire la spontanéité, le mouvement non provoqué, aussi bien chez l'escargot que chez la plante; généralisant ensuite ses réflexions, il ne verrait chez tous les êtres vivants que des mouvements provoqués « déterminés » et il aurait, si je ne me trompe, résolu, dans son ignorance, le plus grand des problèmes qui ait jamais été agité par les philosophes et les savants.

Le rôle le plus important des racines consiste à puiser dans le sol l'eau tenant en dissolution les substances organiques ou inorganiques nécessaires à l'alimentation de la plante. Cette absorption est un phénomène purement physique et chimique, s'effectuant dans les mêmes conditions que tout autre phénomène de diffusion, et ne dépendant par suite que de la composition et de l'état physique des subtances avec lesquelles la racine est en contact et de celles qui sont contenues dans les cellules de la racine elle-même.

Il importe d'abord de faire remarquer que les racines ne jouissent par sur toute leur longueur de la propriété d'absorption. C'est seulement par leurs extrémités qu'elles exercent cette fonction, non point exactement par leur sommet, mais par la partie située au-dessus de ce dernier. Nous verrons, en effet, plus tard, que le sommet de la racine est recouvert d'une sorte de coiffe qui rend l'absorption difficile, sinon impossible ; mais à une petite distance, ordinairement à quelques millimètres au-dessus de son sommet, la racine est couverte de poils nombreux, relativement très longs, par lesquels se fait l'absorption. Ces poils adhèrent puissamment aux particules de terre humide avec lesquelles la racine se trouve en rapport ; ils absorbent avidement le peu d'eau qu'elles contiennent, ainsi que les substances tenues en dissolution dans cette eau. L'absorption par les extrémités radiculaires cesserait bien vite si l'eau absorbée séjournait dans les racines ; mais il n'en est pas ainsi ; grâce à une ascension très rapide de cette eau dans la tige, sous des influences que nous étudierons plus tard, les cellules de la racine se trouvent presque constamment moins riches en eau que le sol dans lequel elles rampent, de sorte que l'absorption est à peu près continue.

Les racines absorbent non seulement les substances tenues en dissolution dans l'eau, mais encore des matières qui existent dans le sol à l'état solide. Quand on fait germer des graines dans un vase dont le fond est tapissé d'une plaque de marbre, c'est-à-dire de carbonate de chaux très dur et insoluble dans l'eau, on ne tarde pas à voir les racines parvenues au contact du marbre, le ronger et y creuser des sillons dans lesquels elles se logent. Il n'y a pas un des lecteurs de ce livre qui n'ait vu des statues de marbre rongées par des Lichens ou des Algues. Les racines, les Lichens, les Algues, exercent cette action en exhalant de l'acide carbonique gazeux, qui se dissout dans l'eau et qui transforme le carbonate de chaux insoluble en bicarbonate soluble; ce dernier est ensuite absorbé par les racines. Les matières minérales ne sont pas les seules substances insolubles que les racines soient capables d'absorber après les avoir rendues solubles en les transformant. Un grand nombre de matières organiques insolubles sont modifiées par elles d'une façon analogue. Qui ne sait que l'amidon est un corps insoluble dans l'eau ? Cependant les radicules de toutes les graines pourvues d'un albumen riche en amidon absorbent cet amidon et s'en nourrissent. Faites germer un grain de blé sur un sol humide, ou, si vous le préférez, sur une lame de verre, sous une cloche dans laquelle est un vase rempli d'eau entretenant l'air de la cloche dans un état permanent de saturation par la vapeur d'eau, et vous verrez le germe se développer, tandis que le grain de blé, jadis gorgé d'amidon, se vide peu à peu. Tant qu'il y a de l'amidon dans la graine, le germe continue à croître ; il s'arrête dans son développement lorsqu'il a consommé toute sa provision alimentaire. Pour que l'amidon ait pu être absorbé par la radicule du blé, il a fallu que d'insoluble qu'il est naturellement il soit devenu soluble. C'est en effet ce qui s'est produit, et c'est la radicule qui a opéré cette transformation. Elle a excrété un ferment tout à fait semblable à celui qui existe dans la salive de l'homme et jouissant de la même propriété, c'est-à-dire capable de transformer l'amidon insoluble en dextrine qui est soluble, puis en glucose. C'est une véritable digestion de l'amidon qui est opérée par la racine, et opérée de la même façon que par la salive de l'homme. Un grand nombre d'autres substances insolubles sont transformées et rendues solubles par les racines : la radicule du Ricin émulsionne les corps gras contenus dans l'albumen au milieu duquel elle est logée, par des procédés semblables à ceux mis en usage dans notre tube digestif; les radicules de toutes les plantes transforment et rendent soluble la cellulose qui forme les membranes des cellules végétales; elles agissent encore à la façon du suc gastrique sur les matières albuminoïdes, elles les transforment en peptones solubles qu'elles absorbent ensuite comme le font les parois de notre intestin grêle et elles opèrent cette action digestive à l'aide d'un ferment analogue, sinon identique, à celui qui est secrété par les glandes de notre estomac et de notre tube intestinal. C'est par des procédés de cet ordre que les racines des plantes parasites, de la Cuscute, du Gui, etc., vivent aux dépens des hôtes dans les tissus desquels elles s'enfoncent. Elles digèrent lentement les tissus, puis absorbent les produits de cette digestion que la circulation entraîne dans toutes les parties de leur corps.

Les fonctions de la racine sont, sans nul doute, la partie de leur histoire qui offre le plus d'intérêt, et, si les limites de cet ouvrage n'y mettaient obstacle, je verrais autant d'utilité que d'agrément à en parler avec plus de détails ; mais le rôle physiologique de ces organes ne doit pas nous faire oublier leur morphologie dont nous n'avons encore presque rien dit.

J'ai beaucoup insisté plus haut sur la différence qui existe entre les termes « membre » et « organe » et sur les transformations qu'un même membre est susceptible de subir, tant au point de vue des formes qu'au point de vue des fonctions. Nous allons trouver dans les racines une première série d'exemples de ces transformations produites sous l'influence des conditions extérieures.

Nous avons dit que dans le Sapin comme dans le plus grand nombre des plantes les racines se composent d'une racine principale qui continue la tige inférieurement et de laquelle partent des branches elles-mêmes ramifiées un grand nombre de fois. C'est ce que les botanistes nomment une racine *pivotante*. Dans un grand nombre de plantes, la racine principale se détruit de très bonne heure après avoir produit un certain nombre de branches et les racines forment par leur ensemble une sorte de pinceau ou de faisceau dont toutes les branches principales ont à peu près la même valeur. C'est ce que l'on nomme des racines *fasciculées* ; le Blé, le Maïs, l'Asperge, etc., offrent d'excellents exemples de ces sortes de racines. Ce n'est là d'ailleurs qu'une transformation de peu d'importance et à laquelle il est inutile de nous arrêter.

Il est néanmoins important de noter que cette modification des racines, normale dans un grand nombre de plantes, se présente souvent accidentellement. Que la racine principale d'un Sapin vienne à rencontrer un lit de terre glaise, elle cesse de s'enfoncer perpendiculairement dans le sol, comme elle l'avait fait jusque-là, elle ne tarde même pas à se détruire, après avoir produit un grand nombre de branches grêles et très souples qui s'allongent à la surface du banc de glaise, et le sillonnent en tous sens jusqu'à ce qu'elles aient trouvé le sable qui leur convient. Il a suffi, on le voit, d'un simple changement de milieu pour modifier du tout au tout l'organisation, la forme, le développement des racines de notre Sapin, pour faire disparaître dans une partie des membres de cette plante des caractères fixés par l'hérédité d'une série innombrable de générations. La transformation qui s'est produite au contact de la terre glaise s'effectue plus rapidement encore, si la racine de notre Sapin se trouve mise à nu par un courant d'eau. Elle se ramifie alors en une quantité considérable de radicules minces comme des fils qui flottent dans le courant. Les plantes qui aiment à croître sur le bord des ruisseaux, comme les saules et les peupliers, présentent sans cesse cette transformation due à l'influence du milieu. Il faut qu'en même temps la manière de vivre de ces racines se transforme ; car, destinées par l'hérédité à croître et à fonctionner dans la terre, elles continuent cependant à vivre, à grandir, à se ramifier et à rendre des services à la plante, quoique placées dans un milieu tout à fait différent de leur milieu héréditaire.

Les racines de quelques plantes présentent une modification de leur manière d'être et de vivre plus singulière encore; elles cessent de jouer un rôle dans l'alimentation de la plante et ne servent qu'à la fixer au sol. De ce double rôle qui appartient à toute racine, fixer le végétal au sol et puiser dans la terre les aliments nécessaires à l'entretien de la vie, elles ne conservent que le premier. Certains *Cactus* des pays chauds vivent sur des rochers sans cesse chauffés par le soleil, fixés à l'aide de quelques racines enfoncées dans un humus desséché où elles ne peuvent puiser la moindre goutte d'eau et où elles ne font que prendre un point d'appui. Des Cierges énormes végètent dans des caisses ne contenant qu'une poignée de terre qu'on n'arrose jamais. Nous verrons plus bas que les tiges de certaines plantes produisent des racines destinées uniquement à fixer les plantes contre des corps étrangers, dans lesquels elles ne peuvent puiser ni la plus petite goutte d'eau, ni le moindre aliment.

Normalement, les racines ne portent jamais de feuilles et leurs cellules ne contiennent pas cette matière verte spéciale, à laquelle on a donné le nom de *chlorophylle*, qui fait la beauté des feuilles et qui joue un rôle considérable dans la vie du végétal. Cependant, certaines racines, mises accidentellement au contact de l'air, deviennent vertes et ne tardent pas à produire des bourgeons qui, souvent, prennent un développement égal à celui de la tige normale. Les racines des Ormes, des Frênes, etc., présentent souvent des formations de cet ordre. Ici encore c'est le milieu qui détermine la transformation. Mise accidentellement au contact de l'atmosphère, la racine acquiert les caractères des portions du végétal qui ont l'habitude de vivre dans l'atmosphère. Une expérience d'un botaniste du siècle dernier, du Hamel, est restée célèbre comme démonstration de la facilité avec laquelle les racines peuvent acquérir les propriétés des rameaux. Il arrachait un jeune arbre, et le retournait, enfonçant ses branches dans le sol tandis que les racines étaient exposées à l'air. Les branches poussaient des racines et les racines poussaient des branches, et le végétal continuait à vivre la tête en bas, placé dans une situation inverse de celle que, héréditairement, il était destiné à garder.

Faut-il conclure de ces derniers faits qu'il n'y a pas de

différence entre la racine et la tige; que ces deux membres, susceptibles de devenir des organes semblables au point de vue physiologique, ne forment, en réalité, qu'un seul et même membre? Pas le moins du monde. Un certain nombre de caractères, même extérieurs, permettent de distinguer, dans les conditions ordinaires, et chez des végétaux aussi élevés que le Sapin, la racine de la tige. Normalement, je l'ai déjà dit, la racine ne porte pas de feuilles, tandis qu'il est dans la nature même de la tige de produire ces organes. Normalement, la racine vit dans le sol, tandis que la tige vit dans l'air. Normalement, le double rôle de la racine est de fixer la plante au sol et de puiser dans la terre l'eau et les aliments solubles indispensables à l'alimentation du végétal, tandis que la tige ne joue que le rôle de conducteur des matériaux puisés dans le sol par les racines et des aliments qui sont fabriqués dans les feuilles sous l'influence de la lumière. Ces seuls caractères extérieurs permettent de distinguer la racine de la tige et de ses ramifications. Nous verrons que certains traits d'organisation intérieure rendent la distinction encore plus facile; mais nous ne perdrons pas de vue que sous l'influence d'un changement de milieu, qu'en sortant de son milieu normal pour tomber dans un autre, la racine est susceptible de subir des modifications assez considérables pour qu'elle perde son rôle propre et joue le rôle physiologique normalement assigné à la tige.

Je ne parle pas ici des caractères morphologiques qui distinguent les racines des feuilles. Ce sujet sera traité avec beaucoup plus d'à-propos quand nous nous occuperons des feuilles.

Je ne veux ajouter qu'un mot relativement à la façon dont les racines se ramifient. C'est par là que je terminerai leur histoire morphologique.

L'examen, même superficiel, des racines d'un jeune Sapin soigneusement arraché, de façon à ne pas l'endommager, suffit pour mettre en évidence ce fait important qu'il n'y a pas deux racines ayant exactement le même âge. Chacune est plus jeune que celle qui la porte. D'un autre côté, on s'assurera aisément qu'aucun sommet de racine n'est bifurqué, mais qu'au contraire tous sont absolument entiers. Si l'on a la bonne fortune de rencontrer des racines naissantes, on peut constater qu'elles se développent toujours à une certaine distance en arrière de l'extrémité de celles qui les produisent. En un mot, on s'assure ainsi que la ramification n'est jamais terminale, qu'elle ne se fait pas par bifurcation, mais qu'elle est latérale. Les botanistes ont imaginé des mots pour traduire ce fait. Ils disent que la ramification est une *monopodie*; la monopodie ayant pour caractère que la ramification n'est jamais terminale, mais toujours latérale. On ajoute que la monopodie est *grappique* quand elle offre le caractère signalé plus haut, que le sommet de chaque rameau continue à s'allonger au-dessus du point où il a produit un autre rameau, pour en donner ultérieurement un nombre indéfini d'autres de plus en plus jeunes.

Les caractères de ramification que nous venons d'indiquer ne se trouvent jamais tous réunis dans les tiges. Celles-ci se ramifient ordinairement plus ou moins, mais les rameaux y naissent toujours dans l'aisselle d'une feuille, du moins normalement, et il arrive fréquemment, ou bien que chaque rameau en produise deux, trois ou un plus grand nombre à la même hauteur, ou bien que chaque rameau cesse de s'accroitre après en avoir produit un autre. Nous reviendrons plus bas sur ces faits en parlant de la tige.

CHAPITRE III

MORPHOLOGIE ET PHYSIOLOGIE GÉNÉRALES DE LA TIGE

Parmi les caractères les plus remarquables de la racine du Sapin, nous avons signalé plus haut la propriété qu'elle possède de se diriger vers le centre de la terre, propriété à laquelle on a donné le nom de *géotropisme primitif*. Nous avons indiqué, en même temps, la différence qui existe, à ce point de vue, entre la racine et la tige, celle-ci se dirigeant, au contraire, vers un point de l'espace céleste ; mais il importe de remarquer que la direction suivie est toujours une ligne perpendiculaire à la surface de la terre, d'où le nom de *géotropisme négatif* donné à la propriété des tiges. Parmi les arbres de nos forêts, le Sapin est un de ceux qui manifestent cette propriété au plus haut degré. C'est à elle qu'il doit la rectitude à la fois si remarquable et si utile de son tronc. Mais le Sapin nous offre, en même temps, un bon exemple d'un autre fait indiqué plus haut, à savoir que la pesanteur agit moins puissamment sur les branches de la racine ou de la tige que sur la racine principale et la tige principale elles-mêmes. Tandis que la tige du Sapin s'élève perpendiculairement à la surface de la terre en suivant une ligne habituellement tout à fait droite, ses branches sont les unes horizontales, les autres même inclinées vers le sol ; les plus élevées seules, c'est-à-dire les plus jeunes, sont plus ou moins redressées ; mais à mesure qu'elles vieillissent, elles deviennent horizontales, puis s'infléchissent vers le sol. Dans un Sapin, ne portant encore qu'une vingtaine de verticilles de branches, que j'ai sous les yeux au moment où j'écris cette page, toutes les branches sont dressées, mais elles le sont déjà fort inégalement. Celles de la base ne sont que peu élevées au-dessus de l'horizon, tandis que celles du sommet, qui datent de deux ou trois ans, forment avec lui un angle très prononcé. Celles de la dernière année, encore très courtes, sont presque appliquées contre la tige dont la rectitude est parfaite.

Il faut peut-être attribuer au géotropisme, c'est-à-dire à l'action de la pesanteur, le fait remarquable que, dans le Sapin, les grosses branches ne portent ordinairement de rameaux que sur leurs faces latérales, la face supérieure et la face inférieure en étant presque toujours dépourvues. Cela s'expliquerait si la tige et les branches du Sapin ne produisaient de feuilles que sur leurs faces latérales, car, ainsi que nous l'avons dit déjà, les rameaux ne naissent que dans l'aisselle des feuilles ; mais il n'en est pas ainsi. Les feuilles du Sapin sont insérées sur un grand nombre de spirales qui font tout le tour de la tige et des rameaux et ces derniers en portent sur toutes leurs faces. Il est même aisé de constater, par l'examen des sommets des rameaux, qu'il naît plus souvent des bourgeons auxiliaires sur leurs faces supérieure et inférieure que sur leurs faces latérales ; or, sur la tige, les bourgeons se développent de façon à ce que celle-ci porte des branches indifféremment sur toutes ses faces, tandis que les branches ne portent de rameaux de second ordre et ceux-ci de rameaux de troisième ordre que presque exclusivement sur leurs faces latérales. Faut-il penser que la pesanteur met obstacle au développement des bourgeons qui se forment sur les faces supérieure et inférieure ou bien qu'elle change leur direction? Je serais très disposé à le croire, ne voyant pas d'autre cause à laquelle on puisse attribuer ce curieux phénomène.

La pesanteur est, du reste, loin d'agir de la même façon sur la tige et les branches des diverses plantes. Chez quelques-unes, comme le Peuplier d'Italie, toutes les branches, à quelque ordre qu'elles appartiennent, sont presque également douées de géotropisme négatif; toutes se dressent presque perpendiculairement, en s'appliquant les unes contre les autres, de façon à donner à cet arbre la forme pyramidale si élégante qui le fait rechercher pour l'ornementation des parcs et des routes.

A côté des plantes qui, comme le Peuplier d'Italie, offrent un géotropisme négatif si prononcé, non seulement dans leur tige principale, mais encore dans toutes leurs branches, il en est d'autres dont la tige principale est douée d'un géotropisme positif tout aussi prononcé que celui des racines les plus géotropiqués. Je citerai, parmi elles, la Tulipe sauvage. On sait que la tige principale de cette plante a la forme d'un plateau très court, couvert d'écailles, et qu'elle constitue ce que les botanistes appellent une bulbe; mais ce que le lecteur sait probablement moins, c'est la façon dont cette bulbe se comporte dans le sol. Chaque année son sommet s'allonge en une tige nue qui sort de la terre et se termine par une fleur; cette tige est donc négativement géotropique. Mais, en même temps, la bulbe donne naissance à un autre rameau qui s'enfonce dans le sol plus profondément encore que la bulbe d'où il est né, puis se renfle en bulbe qui l'année suivante se comportera comme la première. Il y a donc ici, dans un même rameau, alternance du géotropisme positif et du géotropisme négatif. Un grand nombre d'autres tiges se montrent ou positivement géotropiques ou indifférentes à la pesanteur. Il me suffit de citer toutes celles dont les tiges principales rampent dans la terre et ont reçu le nom de rhizomes. Parmi ces plantes, il en est un certain nombre dont la tige principale se montre positivement géotropique ou indifférente pendant toute la durée de son existence, tandis que les branches qu'elle porte sont les unes semblables à elle et rampent également dans le sol; les autres, négativement géotropiques, sortent du sol et se développent dans une direction perpendiculaire à la surface de la terre et par suite à la tige qui leur a donné naissance. Dans d'autres plantes rhizomateuses, au contraire, chaque rameau est d'abord indifférent ou positivement géotropique, puis il se montre doué de géotropisme négatif, sort du sol et s'élève dans l'atmosphère. Je citerai, comme étant dans ce cas, une plante très abondante dans nos bois, le Sceau de Salomon. Parmi les arbres, il en existe un grand nombre dont les branches principales se montrent indifférentes à la pesanteur, tandis que les rameaux de second et de troisième ordre sont négativement géotropiques. Il me paraît inutile d'insister sur ces faits. Je ne veux en tirer qu'une seule déduction, c'est que, malgré les variations que nous offrent les plantes au point de vue de la façon dont leurs tiges et leurs rameaux subissent l'action de la pesanteur, il y a toujours un moment où celle-ci se fait sentir de façon à imprimer à la tige ou à quelques-uns de ses rameaux une direction perpendiculairement opposée au centre de la terre, tandis qu'au contraire elle porte les racines à se diriger vers le centre de notre globe.

Les tiges se distinguent encore généralement des racines en ce qu'elles recherchent la lumière, vont en quelque sorte au-devant d'elle, sont, suivant l'expression des botanistes, *positivement héliotropiques,* tandis que la plupart des racines fuient la lumière et sont *négativement héliotropiques*. Ces propriétés contraires contribuent, avec le géotropisme, à pousser les racines dans le sol et les tiges vers l'atmosphère. Mais, de même que certaines racines paraissent rechercher la lumière, il est des tiges qui la fuient d'une manière manifeste, du moins lorsqu'elle est suffisamment intense, et quelques autres qui s'y montrent tout à fait indifférentes. La tige de la Cuscute se trouve dans ce dernier cas. Quelles que soient les conditions dans lesquelles on la place, elle ne montre jamais aucune tendance à se porter vers la lumière. D'autres, comme la tige des Prêles, se montrent insensibles à la lumière tant qu'elles sont en plein jour ; mais si on les place dans une demi-obscurité, et qu'on les éclaire d'un seul côté, elles s'inclinent vers ce point. La plupart des tiges s'inclinent vers une lumière faible et fuient une lumière trop intense.

La sensibilité de la plupart des tiges à la lumière est extrêmement délicate. J'en puis citer un exemple emprunté à une expérience qui se fait en ce moment sous mes yeux. La pièce dans laquelle je travaille se trouve éclairée par une seule fenêtre au sud ; la cheminée est située sur la face ouest de la pièce à deux mètres seulement de la fenêtre ; sur chacune des extrémités de la cheminée, se trouve un vase contenant quelques pieds de Marguerite sauvage *(Bellis perennis)* qu'on y a mis il y a une quinzaine de jours. L'un des vases se trouve donc à deux mètres de la fenêtre, tandis que l'autre en est à trois mètres. Toutes les tiges des deux pieds de Marguerite sont fortement inclinées vers la lumière et toutes se sont démesurément allongées depuis qu'on les a placées en cet endroit ; mais celles du pied qui est le plus éloigné de la fenêtre sont plus longues de cinq centimètres que celles de l'autre pied. Or, je le répète, il y a moins d'un mètre de distance entre les deux pieds ; il faut donc supposer que le pied le plus éloigné est sensible à une différence d'intensité de lumière qui doit cependant être très minime et que n'indiqueraient probablement pas nos instruments les mieux perfectionnés.

Comme les racines, les tiges sont très sensibles à l'humidité ; mais, tandis que les racines placées dans un milieu où elles reçoivent plus d'humidité par une de leur face que par les autres, se courbent de façon à diriger leurs extrémités vers le point d'où vient l'humidité, les tiges se comportent tout différemment : elles se courbent en sens contraire, par suite de l'accroissement plus rapide de celle de leurs faces qui reçoit l'humidité. Cette face devient convexe et par suite repousse l'extrémité de la tige dans une direction opposée à celle de la source d'humidité. Les tiges sont donc *négativement hydrotropiques*, tandis que les racines sont *positivement hydrotropiques*.

J'ai à peine besoin d'ajouter, pour terminer ces considérations, que dans les tiges, comme dans les racines, les seuls points qui se montrent sensibles, soit à la pesanteur, soit à la lumière ou à l'humidité, sont ceux où se produit le maximum de croissance et d'élongation ; mais, dans les racines, ce point est toujours situé très près de l'extrémité, et il est unique pour chaque branche radiculaire ; dans la tige, au contraire, il existe habituellement plusieurs points, sinon de croissance, du moins d'élongation. Tout entre-nœud, c'est-à-dire toute portion de tige ou de rameau situé entre deux points d'insertion de feuilles, est un point d'élongation et quelquefois de croissance jusqu'à ce qu'il ait atteint sa taille définitive, c'est-à-dire parfois assez longtemps pour qu'un assez grand nombre d'entre-nœuds puissent se former au-dessus, par croissance du sommet de la tige ou du rameau. L'étude de l'action des divers agents dont nous avons parlé plus haut demande donc, quand elle porte sur la tige, des précautions plus grandes que quand c'est la racine qui est la matière des expériences.

Nous avons vu plus haut que, normalement, les racines sont toujours dépourvues de cette matière verte à laquelle les botanistes ont donné le nom de chlorophylle et dont l'importance dans la vie des plantes est capitale. La tige, au contraire, possède presque toujours de la chlorophylle dans les cellules de sa surface pendant son jeune âge; mais, habituellement, elle perd ses cellules vertes avec l'âge, et n'en forme pas de nouvelles. Il en résulte que toutes les tiges des graines en voie de germination, que toutes celles des plantes annuelles et que tous les rameaux jeunes des arbres sont verts, tandis que les grosses branches et les troncs des arbres ne possèdent pas de chlorophylle. Cette différence est, comme nous le verrons, très importante au point de vue des fonctions physiologiques de la tige et des rameaux.

Les tiges et les rameaux offrent, comme les racines et comme, du reste, tous les organes des végétaux, des mouvements de circummutation manifestes, mais dont l'étendue varie avec les plantes. Le sommet de la tige ou du rameau en voie de croissance se porte successivement vers chacun des points de l'horizon, en décrivant une spirale à tours elliptiques. Ce mouvement résulte, sans aucun doute, de ce que l'accroissement ne se fait pas avec la même intensité sur tout le pourtour de la tige, mais qu'il est successivement plus fort sur les divers points de ce pourtour, de sorte que le sommet de l'organe étant toujours déjeté du côté opposé à celui où l'accroissement est le plus fort, il l'est tour à tour vers tous les points de l'horizon. Dans la plupart des plantes, il n'est pas permis de déterminer à quoi sert le mouvement de circummutation des tiges. Peut-être même n'est-il d'aucun usage et ne se présente-t-il dans ces organes que par suite d'une transmission héréditaire indifférente à la plante, comme cela existe beaucoup plus que certains naturalistes et philosophes ne paraissent le croire. Dans les plantes volubiles et dans les organes produits par transformation des rameaux, comme certaines vrilles, qui s'enroulent autour des corps, le mouvement de circummutation favorise, sans aucun doute, l'enroulement, en amenant le sommet de la plante au contact du corps qui doit lui servir de support. Les tiges souterraines et les tiges qui rampent à la surface du sol tirent de ces mêmes mouvements un avantage semblable à celui qu'en retirent les racines ; il met leur sommet en contact avec les corps durs qu'il doit éviter ou avec les portions du sol plus faciles à pénétrer; il facilite ainsi la marche de la tige et de ses branches à travers les innombrables obstacles qu'elles rencontrent.

Comme il est permis de supposer que les plantes à tiges rampantes ont précédé sur notre globe celles dont la tige s'élève droite et raide dans l'atmosphère, on peut admettre, avec quelques probabilités de ne pas se tromper, que les plantes à tige dressée ont hérité leurs mouvements de circummutation des plantes à tige souterraine ou rampante ; or, dans celles-ci, la tige se rattachant par des transitions insensibles à la racine, on est en droit de supposer que les mouvements de circummutation des racines et des tiges ont d'abord eu pour siège des plantes dans lesquelles il n'existait pas de différenciation sensible entre la racine et la tige, plantes dont il existe encore, sur la terre, de nombreux représentants.

La tige et le rameau se présentent, dans les diverses plantes, avec des formes plus variées encore que celles des racines et avec des fonctions plus diverses, s'il est possible. C'est surtout à eux que peuvent être appliquées les considérations générales émises plus haut relativement aux transformations qu'un même ordre de membres peuvent subir pour produire des organes différents.

Dans le Sapin, la tige est droite, cylindro-conique, beaucoup plus épaisse à la base qu'au sommet. Les rameaux ont la même forme; chacun se montre beaucoup plus épais au niveau du point par lequel il se rattache au rameau qui le porte, qu'à son extrémité. Tous aussi sont à peu près cylindriques. Les rameaux jeunes sont rendus verts par la chlorophylle contenue dans leurs couches périphériques, les rameaux plus âgés sont brunâtres et couverts d'une écorce rugueuse, crevassée, ayant l'aspect et la consistance d'un liège formé de minces feuillets superposés. Tronc et rameaux sont rigides, et formés au centre d'un bois assez dur auquel ils doivent la rectitude de leur port.

Avec ces caractères, la tige et les grosses branches du Sapin, semblables en cela à celles de tous nos arbres et arbrisseaux, ne peuvent servir qu'à porter les feuilles et les organes reproducteurs, à conduire vers les feuilles les liquides nutritifs puisés dans le sol par les racines et à distribuer dans toutes les parties du végétal les aliments préparés dans les feuilles. Nous verrons que, dans le Sapin et dans un grand nombre d'autres plantes, la tige et les rameaux servent encore à préparer des liquides spéciaux ; mais les feuilles et les racines jouissent toujours, dans ce cas, du même rôle ; cette fonction ne peut donc pas être considérée comme propre à la tige.

Nous venons de dire que dans le Sapin, j'ajoute, comme dans tous les végétaux supérieurs, le premier rôle de la tige est de servir de support aux feuilles et aux organes reproducteurs. L'exercice de cette fonction est beaucoup favorisé par la façon dont les branches sont disposées sur la tige, et les rameaux de divers ordres les uns sur les autres. Dans toutes les plantes, la ramification se fait, normalement, de telle sorte que l'équilibre de la tige soit assuré. Dans le Sapin, les branches naissent, d'ordinaire, en certain nombre, trois, quatre à un même niveau sur le tronc, s'étalent dans toutes les directions et atteignent à peu près les mêmes dimensions. Cette égalité de développement des branches nées à une même hauteur est tellement constante qu'elle ne peut manquer d'attirer l'attention de l'observateur même superficiel. Quand elle est violée, c'est-à-dire quand de deux ou trois branches, nées à la même hauteur sur le tronc, une partie se développe beaucoup, tandis que les autres avortent, il est habituel que cette inégalité soit compensée par des branches qui acquièrent plus de développement du côté où il y a eu avortement et moins de développement du côté où il y a exagération de taille. De cette façon l'équilibre qui avait été rompu se trouve rétabli. Quand les branches ne naissent pas sur le tronc, plusieurs à la même hauteur, quand à un même niveau il ne s'en forme qu'une seule, elles sont disposées de telle sorte, qu'elles forment une spirale très régulière et que l'équilibre se trouve finalement sauvegardé. Grâce à cette disposition toujours régulière des branches, les tiges les plus élevées, comme celles de nos Sapins qui atteignent jusqu'à 50 et 60 mètres de haut, se trouvent en mesure de résister aux assauts des vents et de la pluie. Ajoutons que, grâce à la forme allongée prise par les cellules de leur bois et à la façon dont ces cellules sont agencées, les tiges et les rameaux jouissent habituellement d'une flexibilité suffisante pour que le vent puisse les courber sans les briser.

Une autre fonction importante de la tige et des rameaux consiste à conduire les liquides nourriciers et les gaz nécessaires à la vie de tous les organes. Nous reviendrons sur ce rôle avec plus d'à-propos quand nous aurons étudié l'organisation intime des diverses parties du Sapin.

Alors aussi nous pourrons parler du rôle spécial que jouent les rameaux pourvus de chlorophylle, rôle qui se confond avec celui des feuilles. Je me borne, pour le moment, à rappeler que dans beaucoup de plantes, par exemple dans toutes celles que les botanistes nomment *annuelles* parce qu'elles naissent, fleurissent, fructifient et meurent dans le cours d'une seule année, la tige et les rameaux sont riches en chlorophylle et, par conséquent, prennent part à la fonction la plus caractéristique des feuilles. Ce seul fait montre que l'on aurait tort d'invoquer la fonction pour différencier d'une manière absolue et classer dans des catégories distinctes les tiges et les feuilles.

Dans certaines plantes, la confusion, au point de vue des fonctions, entre les tiges et les feuilles est poussée encore plus loin. Les feuilles réduisent leurs dimensions au point de n'être d'aucun usage, tandis que les rameaux s'aplatissent, s'étalent, se gorgent de chlorophylle et jouent seuls, ou presque seuls, le rôle qui est, ailleurs, l'apanage des feuilles. Il n'y a pas un seul des lecteurs de ce livre qui ne connaisse le petit Houx et qui peut-être ne s'y soit piqué les doigts ou les jambes. Cette plante est de la catégorie de celles auxquelles je viens de faire allusion ; les lames en forme de large fer de lance, terminées par une pointe raide et piquante qui couvrent les branches, ne sont pas des feuilles, comme leur forme et leur coloration tendrait à le faire croire, mais des rameaux. Au-dessous de chacune d'elles se trouve une petite feuille à peine visible, et, sans aucun doute, tout à fait inutile à la plante, du moins à l'âge adulte. Les feuilles sont ici remplacées dans leur rôle physiologique par une partie des rameaux. Les lames piquantes sont des membres de même nature que les rameaux arrondis et grisâtres du Sapin ; nous sommes mis en mesure de l'affirmer par la position qu'elles occupent, par le lieu où elles naissent, par les connexions qu'elles affectent avec les feuilles d'une part, avec les autres rameaux de l'autre, et aussi avec les fleurs qu'elles portent ; mais ce sont des membres modifiés, à la fois dans leur forme et dans leurs fonctions, et modifiés au point que si on ne leur appliquait pas la loi des connexions de Geoffroy Saint-Hilaire on les prendrait aisément pour des feuilles. Je me bornerai à rappeler, parmi les plantes dont les rameaux subissent des transformations de même ordre, la grande famille des

Cactées. Les grandes raquettes vertes du Cactus sur lequel on cultive la cochenille ne sont pas des feuilles, mais des rameaux aplatis, jouant à la fois le rôle des feuilles et celui de la tige, tandis que les feuilles sont réduites à l'état de petites épines grisâtres, bonnes tout au plus pour défendre la plante contre les attaques des animaux.

Je m'empresse d'ajouter que cette fonction protectrice est beaucoup plus souvent exercée par des rameaux qui subissent une transformation destinée à les adapter à ce but. Au lieu de s'allonger beaucoup et de porter des feuilles, comme dans le Sapin et la majorité des plantes, ils restent courts, acquièrent rapidement une grande dureté et se terminent par une pointe aiguë. Faut-il citer, parmi les plantes dont les rameaux subissent cette transformation, les Aubépines qui, dans nos haies, se couvrent, au printemps, de fleurs blanches et odorantes ? Que de différences n'y a-t-il pas entre les longues épines si désagréablement mêlées à leurs fleurs et les rameaux qui portent ces dernières. Les épines et les branches fleuries sont cependant des membres semblables ; les connexions qu'ils affectent avec les feuilles rendent cette similitude indéniable, mais une partie des rameaux s'est transformée en organes de défense.

Ailleurs, des rameaux se transforment en organes destinés à soutenir la plante. Examinez les branches flexibles d'une Vigne, vous verrez qu'elles s'accrochent aux corps avec lesquels elles se trouvent en rapport à l'aide de longs filaments grêles que les botanistes appellent des *vrilles.* Dans cette plante, les vrilles sont des rameaux transformés. Dans d'autres, nous verrons les feuilles subissant une transformation semblable.

Dans d'autres plantes, les rameaux, ou du moins une partie d'entre eux, subissent une modification dont nous avons déjà parlé à propos des racines ; ils se gorgent de liquides de diverses natures ou de corps solides, comme l'amidon, s'épaississent beaucoup, et deviennent de véritables sacs à provisions dont la plante fera ultérieurement usage. C'est ce que les botanistes appellent des *tubercules*. Tout le monde connaît ceux de la Pomme de terre. Quand on met en terre une Pomme de terre, elle émet, au niveau de ses « yeux », des branches qui sortent du sol, se couvrent de feuilles, de fleurs et de fruits, et produisent, sous le sol, d'autres branches qui rampent dans la terre, se renflent, se gorgent d'amidon et deviennent autant de Pommes de terre semblables à celle qui a été le point de départ de toutes ces formations. L'habitat dans le sol pourrait faire prendre ces tubercules pour des racines; mais les connexions qu'ils affectent avec les autres organes indique leur nature véritable: ce sont des rameaux transformés en organes de réserves alimentaires. C'est, en effet, l'amidon contenu dans ces organes qui sert à nourrir pendant une partie de leur existence les tiges et les feuilles vertes de la plante aérienne.

Il me paraît inutile de pousser plus loin ces considérations sur les transformations que la tige et les rameaux sont susceptibles de subir, tant au point de vue morphologique qu'au point de vue physiologique. Elles sont suffisantes pour mettre en relief cette vérité, à la démonstration de laquelle chaque partie de ce livre apportera son contingent de preuves, à savoir que tous les organes des végétaux comme toutes les espèces végétales sont produits par la transformation les uns des autres.

Je ne veux ajouter qu'un mot : de même que nous avons vu les racines produire, dans certains cas, des tiges, de même on voit souvent les tiges et les rameaux produire des racines. D'une façon générale, on peut dire que toute tige placée, soit dans l'eau, soit dans la terre humide, est susceptible de produire des racines ; mais les diverses plantes diffèrent beaucoup les unes des autres au point de vue de l'aptitude qu'ont leurs tiges à présenter ce phénomène. Le Sapin est une de celles dont les tiges et les rameaux se prêtent le moins à la production de ces racines que l'on nomme *adventives*. Mais, en revanche, beaucoup d'autres plantes y mettent une telle facilité qu'on n'emploie pour ainsi dire pas d'autre moyen pour les multiplier. Parmi les plantes cultivées et importantes, il me suffira de citer la Vigne. Coupez un rameau de Vigne, plantez-le dans un sol humide et vous ne tarderez pas à voir des racines se développer, soit au niveau de la plaie faite par la section, soit au niveau d'un nœud enfoncé dans le sol. Cette branche, cette *bouture*, comme disent les jardiniers, forme désormais un pied nouveau, orné de tous les caractères de celui auquel on l'a soustraite. Afin d'être plus sûr de ne pas la voir mourir avant de produire des racines, on trouve avantage à l'enfoncer dans la terre sans la détacher du pied de vigne auquel elle appartient; on fait ce que l'on nomme une *marcotte*. Des racines naissent dans le point enveloppé par la terre; puis on sépare la branche du tronc et l'on a un pied nouveau sans avoir couru aucun risque de perdre la branche mise en terre.

Cette propriété qu'ont un grand nombre de tiges et de rameaux de produire des racines accidentellement, quand on les met en contact avec la terre, c'est-à-dire quand on les place dans le milieu où vivent normalement les racines, d'autres la possèdent naturellement. Qui ne sait que le Fraisier émet des rameaux qui rampent à la surface du sol, et qui produisent, au niveau de chaque feuille, par la face qui touche à la terre, des racines qui s'enfoncent dans cette dernière, et qui servent à nourrir un nouveau pied de fraisier, désormais capable de vivre sans aucun secours de celui dont il est né. Ailleurs, dans le Lierre, par exemple, les racines ainsi produites normalement par les rameaux sont capables de jouer soit le rôle de racines véritables, c'est-à-dire d'organes nourriciers, soit une fonction toute différente, celle d'organes de support et de fixation. Observez dans nos bois, où il abonde, le Lierre poussant au voisinage d'un arbre. Parmi ses rameaux, les uns sont fixés au sol à l'aide de racines adventives très allongées, puisant dans la terre l'eau et les matières quelle tient en dissolution; les autres ont grimpé le long de l'arbre et s'y sont fixés par des racines adventives nées dans les mêmes points que les autres, mais ayant pris des caractères morphologiques et physiologiques différents parce qu'elles se sont trouvées en rapport avec un milieu différent. Elles sont restées courtes, se sont renflées à l'extrémité, et de distance en distance, en une foule de sortes de ventouses à l'aide desquelles elles fixent à l'écorce sèche de l'arbre le rameau qui leur a donné naissance.

Ailleurs les racines adventives produites par les rameaux ont encore un autre rôle. Dans la Cuscute, la tige s'allonge énormément tout en restant très grêle, elle se couche sur la Luzerne ou le Houblon, ou toute autre plante favorable, puis elle pousse un grand nombre de petites racines qui pénètrent dans les tissus de la plante qui la supporte et y sucent les liquides préparés par cette plante pour sa propre nourriture. Les racines véritables de la Cuscute meurent de très bonne heure, et la plante ne vit qu'en parasite à l'aide de ses racines adventives.

Dans tous ces cas, qu'il serait facile de multiplier beaucoup, les tiges et les rameaux qui produisent des racines adventives se comportent comme des racines principales qui émettent des racines secondaires. Empressons-nous d'ajouter que cette transformation ne s'effectue accidentellement que sous l'influence d'un changement de milieu, que quand on enlève les tiges à leur milieu naturel, l'atmosphère, pour les placer dans le milieu où vivent normalement les racines, c'est-à-dire la terre ou l'eau. C'est donc le changement de milieu qui, manifestement, détermine la transformation des organes, ou qui plutôt, et cela n'est pas moins intéressant, fait acquérir à la tige la propriété de donner naissance à des organes qu'elle ne produit pas dans son milieu normal. Quant aux tiges qui, normalement, produisent des racines adventives, il est permis de les considérer comme des descendantes d'individus qui, accidentellement, ont émis des racines adventives et qui, ayant trouvé dans ces organes nouveaux un avantage dans la lutte pour l'existence, ont transmis à leur progéniture le caractère avantageux qu'ils avaient acquis.

Tout ce que nous venons de dire au sujet de la faculté de produire des racines adventives qu'ont les rameaux et les tiges et de la facilité avec laquelle les rameaux de certaines plantes deviennent des pieds nouveaux et indépendants; tout cela, ajouté à la similitude d'organisation qui existe entre les rameaux secondaires, tertiaires, etc., et la tige qui les a produits, tous ces faits, dis-je, ont amené, depuis longtemps, les botanistes à considérer les rameaux et, par suite, les bourgeons, c'est-à-dire les rameaux encore jeunes et non développés, comme des individus semblables à celui qui existe dans la graine. Partant de là, on ne tarda pas à considérer un arbre, un arbuste, une plante quelconque, ramifiée, non pas comme un individu, mais comme une agrégation, une colonie d'individus ; chaque bourgeon, chaque rameau représentant un individu distinct ; de même que certains zoologistes considèrent une grappe de Siphonophores comme une colonie d'animaux.

A l'appui de cette manière de voir on pourrait invoquer non seulement les arguments très plausibles que j'ai exposés plus haut, mais les transformations extrêmement curieuses que subissent les bourgeons dans certaines plantes et le rôle non moins curieux qu'ils y jouent. Les lecteurs de ce livre ont certainement remarqué au pied des murs bâtis dans des endroits très humides, sur les bords de certains ruisseaux ombragés, dans les coins humides des bois, une plante à belles fleurs jaunes, assez semblables à celles du Bouton d'or, à feuilles luisantes, d'un joli vert gai, très touffues. J'ai nommé la Ficaire. Arrachez-en un pied et regardez-le d'un peu près. Il va vous fournir un argument presque irrésistible en faveur de la théorie exposée plus haut. Les fleurs de cette plante ne sont presque jamais suivies de fruits ; mais, dans l'aisselle de la plupart des feuilles, il se développe des bourgeons blanchâtres, arrondis, auxquels les botanistes donnent le nom de bulbilles, qui se détachent bientôt de la plante, tombent sur le sol, y poussent des racines et des feuilles et bientôt forment une plante nouvelle. Dans certaines espèces d'Oignons les fleurs sont habituellement remplacées par des bulbilles destinées à reproduire la plante.

La Ficaire, les Oignons dont nous venons de parler, doivent-ils être considérés comme des colonies dans lesquelles chaque bulbille représenterait un individu distinct? Je ne le pense pas. Je ne vois dans ces plantes qu'une manière d'être assez analogue à celle qu'il est aisé d'observer dans la plupart des végétaux et des animaux inférieurs. Toutes les fois qu'un organisme vivant est formé de parties peu différenciées les unes des autres, chacune des parties est susceptible de se détacher et de vivre indépendante, en reproduisant un individu nouveau. Prenez une de ces Algues filamenteuses, si abondantes dans nos ruisseaux, auxquelles on a donné le nom de *Spirogyra* parce que la chlorophylle y affecte la forme de cordons enroulés en spirale, coupez un de ces filalements en trois, quatre, cinq ou six fragments et, si la plante est encore en bon état au moment où vous faites cette opération, vous verrez chaque fragment donner naissance à un filament nouveau. De même quand on coupe un Polype d'eau douce en deux ou plusieurs fragments, chacun produit un individu nouveau.

Dans les plantes, la différenciation n'est presque jamais poussée très loin et il est fréquent que toutes les parties d'un individu puissent produire, après leur séparation, un individu nouveau. Cela est vrai surtout pour les plantes ligneuses dont la durée est assez grande. Les plantes herbacées se prêtent moins bien, en général, à cette opération; condamnées par hérédité à ne vivre que le temps nécessaire à la floraison et à la fructification, il semble que chacune de leurs parties soit frappée de la même caducité que la plante entière. Dans les plantes vivaces, au contraire, c'est-à-dire dans celles qui, par hérédité, sont destinées à vivre pendant plusieurs années, les diverses parties jouissent de la même longévité et continuent à vivre après leur séparation de l'individu qui les a produites. Seuls les organes reproducteurs, dont la durée est passagère, ne vivent pas quand on les sépare de la plante avant la fécondation, ou du moins sont incapables de produire, par simple végétation, des individus nouveaux. Dans un Saule, par exemple, tout rameau, si grand ou si minime qu'il soit, coupé et mis en terre, pousse des racines et se développe en un Saule nouveau ; mais les chatons mâles ou femelles meurent dès qu'on les sépare de l'arbre qui les porte. Ils ne servent à la reproduction que par les cellules femelles ou mâles qu'ils contiennent.

J'attire l'attention du lecteur sur ce fait qu'en général, dans les plantes, les diverses parties ne sont susceptibles de vivre isolément que si la plante elle-même est douée d'une certaine longévité.

Cela explique pourquoi dans les plantes ligneuses, qui cependant sont aussi différenciées que plantes puissent l'être, les divers membres sont capables de servir à perpétuer l'espèce. Dans les Champignons supérieurs, dans les Agarics, par exemple, c'est seulement la partie vivace, c'est-à-dire le mycélium qui est susceptible de servir, par ses fragments, à la multiplication de la plante; des fragments isolés du chapeau, organe essentiellement fugace, meurent dès qu'on les détache de l'ensemble de l'organe.

Les rameaux de toutes les plantes supérieures ne jouissent pas au même degré de la faculté de vivre après leur séparation de la plante. En général, cette faculté est d'autant plus prononcée que la plante est douée d'une végétation plus active. Les végétaux à sève abondante, à pousses nombreuses et atteignant chaque année de grandes dimensions, comme la Vigne, le Saule, etc., sont ceux qui se prêtent le mieux à la multiplication par les rameaux. Au contraire, les plantes à végétation lente, comme le Chêne, le Sapin, le Hêtre, sont difficilement multipliables par les rameaux. Il est inutile d'insister sur ces faits dont l'explication est fournie par les qualités mêmes des plantes.

Mais ces faits me paraissent contenir la réponse à la question posée plus haut : Faut-il, avons-nous demandé, considérer les rameaux et les bourgeons comme autant d'individus distincts? Le Sapin, le Chêne, le Hêtre, le Saule, sont-ils des colonies d'individus? Je n'hésite pas à répondre négativement. Il me paraît plus simple d'admettre que dans les organismes non encore très différenciés, c'est-à-dire dans ceux dont les diverses parties se ressemblent beaucoup, chaque partie jouit des mêmes propriétés que le tout; par conséquent, chaque partie peut être séparée du tout sans cesser de vivre, pourvu qu'on la place dans les conditions de milieu qui sont nécessaires à la vie de l'ensemble dont elle a été détachée. C'est cette solution que Buffon avait devinée, il y a plus d'un siècle, quand il écrivait les remarquables propositions suivantes : « Les sels et quelques autres minéraux sont composés de parties semblables entre elles et semblables au tout qu'elles composent ; un grain de sel marin est un cube composé d'une infinité d'autres cubes que l'on peut reconnaître distinctement au microscope ; ces petits cubes sont eux-mêmes composés d'autres cubes qu'on aperçoit avec un meilleur microscope, et l'on ne peut guère douter que les parties primitives et constituantes de ce sel ne soient aussi des cubes d'une petitesse qui échappe toujours à nos yeux, et même à notre imagination. Les animaux et les plantes, qui peuvent se multiplier et se reproduire par toutes leurs parties, sont des corps organisés composés d'autres corps organiques semblables, et dont nous discernons à l'œil la quantité accumulée, mais dont nous ne pouvons apercevoir les parties primitives que par le raisonnement et par l'analogie que nous venons d'établir (1). »

Reprenons le raisonnement de Buffon en l'adaptant à l'état actuel de nos connaissances et nous aurons la réponse à la question posée plus haut, en même temps que l'explication de tous les faits que nous avons indiqués. Buffon part des minéraux cristallisés ; il admet avec raison qu'ils sont formés de corpuscules tous semblables les uns aux autres et jouissant tous des mêmes propriétés. Il leur compare les animaux et les végétaux, ceux qui « peuvent se multiplier et se reproduire par toutes leurs parties ». Nous avons cité plus haut, parmi ces organismes, les filaments de *Spirogyra*, nous aurions pu y joindre un grand nombre d'autres organismes inférieurs, animaux ou végétaux ; parmi les animaux : les Amœbiens, les Grégariniens, etc. ; parmi les végétaux : les Bactéridiens, les Champignons de la levûre, etc., tous organismes formés, soit d'une seule cellule, et ne se multipliant que par la division de cette cellule, soit de plusieurs cellules toutes semblables et toutes susceptibles de reproduire l'orga-

(1) Voyez : Buffon, *Œuvres complètes*, édit. J.-L. de Lanessan, t, IV, p. 155.

nisme dont elles ont été détachées, parce qu'elles ont toutes les propriétés de l'ensemble de cet organisme. Au-dessus de ces animaux et de ces végétaux, il en existe d'autres dont la composition, quoique très rudimentaire encore, est cependant plus complexe, en ce qu'ils sont formés de cellules dissemblables et ne jouissant pas toutes exactement des mêmes propriétés. Chez ceux-là toutes les parties ne sont plus susceptibles de reproduire le tout. Dans un Polype d'eau douce, par exemple, les tentacules ne produiront pas un animal nouveau, il faudra une partie du corps lui-même. Dans les Agarics, le chapeau ne reproduira pas le Champignon; il faudra pour cela un fragment du mycélium. Dans le Saule, un morceau du bois central de la tige ou d'un rameau ne reproduira pas le Saule; il faudra un fragment complet de rameau ou de tige; de même les chatons mâles ou femelles ne reproduiront pas la plante par seule végétation.

Si nous cherchons l'explication de ces faits, nous trouverons que dans le Champignon, comme dans le Saule, les parties qui sont incapables de reproduire la plante par végétation simple sont des parties formées d'éléments très différenciés, vieillis, tandis que celles qui se montrent capables de vivre après l'isolement sont, au contraire, formées d'éléments peu différenciés, très semblables à ceux qui composent la jeune plante contenue dans la graine, d'éléments encore très jeunes et très vivaces. Là est l'explication des différences qui existent entre tels et tels organes d'une même plante, au point de vue de la faculté de vivre isolément en reproduisant la plante, entre tel végétal et tel autre, au point de vue de la faculté de se multiplier par des membres isolés. Si les rameaux des végétaux vivaces sont capables de produire des racines et de s'accroître en un végétal semblable au premier, c'est parce qu'ils renferment toujours des éléments jeunes et non encore différenciés ; si les chatons d'un Saule sont incapables de végéter en dehors de l'arbre qui les a produits, c'est parce qu'en dehors des cellules reproductrices ils ne possédent que des éléments vieillis ; si les rameaux de la plupart des plantes annuelles sont incapables de végéter isolément, cela tient à ce que tous leurs éléments se différencient de bonne heure et vieillissent avec une grande rapidité.

En résumé, tous les organismes inférieurs qui jouissent de la propriété de se reproduire indifféremment par l'une quelconque de leurs parties doivent cette faculté à ce que toutes leurs parties se ressemblent. A mesure que les organismes s'élèvent, ils se montrent formés d'éléments de plus en plus différents les uns des autres. Parmi ces éléments, les uns prennent de fort bonne heure une forme définitive, ceux-là sont incapables de reproduire le végétal ; d'autres, au contraire, restent semblables aux éléments très simples qui forment la plante pendant son premier âge, ceux-là peuvent servir à la multiplication parce qu'ils sont susceptibles, en se différenciant, de prendre les formes et les caractères propres aux éléments différenciés des divers organes végétaux. Qu'est-ce qu'une bulbille d'Ognon ou de Ficaire? Un organe formé, en majeure partie, de cellules encore très jeunes et jouissant par ce fait de la propriété de donner naissance à une plante nouvelle.

Enfin, répondant à la question posée plus haut, nous dirons : en dépit de toutes les théories, un Chêne, un Sapin adultes, avec tous leurs rameaux et leurs bourgeons, ne représentent qu'un seul individu, mais un individu dont certaines parties sont vieillies, tandis que d'autres sont encore assez jeunes pour produire les organes indispensables à la vie de la plante et par-dessus tout des racines, et par conséquent pour permettre à la partie détachée dont elles font partie de vivre en dehors de l'individu primitif, en devenant semblable à celui-ci.

Pour terminer cette histoire générale de la tige et des rameaux, je dois dire quelques mots des rapports de position que les rameaux affectent avec la tige et entre eux.

La règle générale, dans tous les végétaux Phanérogames, est que les rameaux naissent dans l'aisselle des feuilles. C'est là un caractère qui suffirait à distinguer les racines de la tige et de ses rameaux. Mais il ne naît pas d'ordinaire autant de rameaux que de feuilles. Cela est particulièrement vrai pour le Sapin dont les feuilles sont extrêmement nombreuses, tandis que les rameaux sont relativement rares.

Dans beaucoup de végétaux la ramification est plus abondante que dans le Sapin. Dans les plantes herbacées il se développe souvent un rameau dans l'aisselle de chaque feuille. Dans quelques-unes, comme le Chèvrefeuille, il n'est pas rare de voir plusieurs rameaux se développer dans l'aisselle d'une même feuille, mais ce ne sont là que des exceptions.

Les tiges et les rameaux, de même que les racines, ne se bifurquent jamais. Chaque rameau naît toujours un peu au-dessous de l'extrémité de celui qui lui a donné naissance. Nous avons dit plus haut que ce caractère est également offert par les racines du Sapin et de toutes les autres Phanérogames. Mais, tandis que chaque racine ou radicule s'accroît toujours indéfiniment par son extrémité, et ne produit jamais qu'une seule branche radiculaire à la même hauteur, l'accroissement terminal de la tige et des rameaux s'arrête souvent après la production d'un ou de plusieurs rameaux. Dans ce cas, l'arrêt de développement est déterminé, soit par un simple avortement du rameau, soit par la production d'une fleur à son extrémité.

Tous les modes de ramification de la tige et des rameaux peuvent être classés dans deux catégories principales : la *monopodie* et la *dichotomie*. Dans la dichotomie le sommet de chaque rameau s'arrête à un moment donné, et

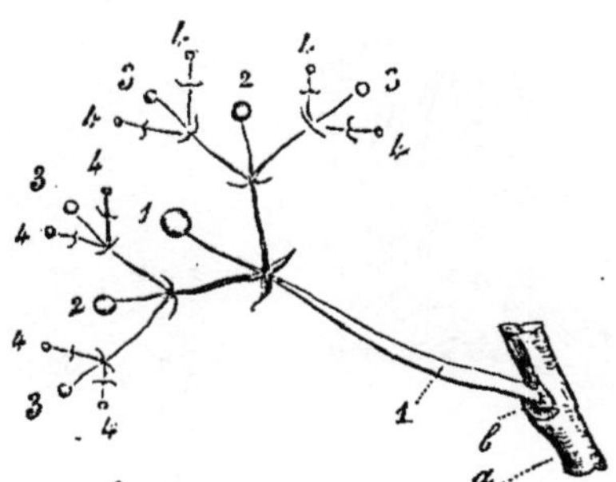

Fig. 2. — Schèma d'une ramification cymique bipare.

deux rameaux nouveaux naissent très près de ce sommet. Si ces deux rameaux acquièrent des dimensions égales,

Fig. 3. — Schèma d'une ramification cymique unipare scorpioïde.

Fig. 4. — Schèma d'une ramification cymique héliçoïde.

on dit que la *dichotomie* est *bifurquée*. Si l'un d'eux se développe beaucoup et se ramifie comme le premier, tandis que l'autre reste très court et ne se ramifie pas, on dit que la *dichotomie* est *sympodique*. Si c'est toujours la branche du même côté qui avorte, l'ensemble de la rami-

Fig. 5. — Dattier. Tige jamais ramifiée.

fication se roule en crosse et la dichotomie sympodique est dite *scorpioïde* ; si, au contraire, c'est alternativement la branche d'un côté et celle de l'autre côté qui avortent, la dichotomie sympodique est dite *héliçoïde*, parce que la ligne indiquant la disposition des rameaux affecte la forme d'une hélice.

Quant à la ramification monopodique, elle est souvent *grappique* comme celle de la racine, chaque axe s'allongeant indéfiniment, ou *cymique* si chaque axe n'acquiert qu'une faible longueur après en avoir produit un seul ou deux autres situés à la même hauteur. Si chaque axe s'arrête après en avoir produit un seul, on dit que la monopodie cymique est *unipare*. Deux cas peuvent alors se présenter. Dans un premier, tous les rameaux sont situés du même côté, c'est la monopodie cymique unipare dite *scorpioïde*, parce qu'elle est enroulée comme la queue d'un scorpion; ou bien les rameaux sont alternativement déjetés d'un côté et de l'autre, et la monopodie cymique unipare est dite *héliçoïde*. La monopodie cymique est dite *bipare* lorsque chaque rameau produit, avant de se terminer, deux rameaux situés à la même hauteur; elle est dite *tripare* si chaque rameau produit, avant de se terminer, trois rameaux situés à la même hauteur; *multipare*, s'il en produit un grand nombre, ce qui est fort rare. Je crois qu'il est inutile d'insister ici sur ces détails dont la nature est un peu trop technique pour convenir à un ouvrage de vulgarisation. Je me borne à attirer l'attention du lecteur sur la régularité tout à fait mathématique avec laquelle les modes de ramification s'effectuent. Nous aurons un exemple meilleur encore de cette régularité dans la disposition des feuilles et nous pourrons alors, avec plus d'à-propos, signaler les particularités les plus intéressantes de ces questions.

CHAPITRE IV

MORPHOLOGIE ET PHYSIOLOGIE GÉNÉRALES DES FEUILLES

Les feuilles du Sapin sont des sortes d'aiguilles vertes, trigones, insérées en très grand nombre sur tous les rameaux encore jeunes. Elles se distinguent des feuilles de la plupart des autres arbres de nos forêts en ce qu'elles persistent pendant l'hiver, tandis que les autres tombent à l'automne. Mais, chez le Sapin, comme chez les autres arbres, lorsqu'un rameau déterminé a perdu ses feuilles il n'en produit jamais d'autres.

Les feuilles du Sapin se distinguent encore par leur forme de celles de presque toutes les autres plantes Phanérogames. Tandis que les premières sont très étroites, les secondes ont, en général, la forme de lames aplaties, étalées, atteignant parfois une largeur et une longueur considérables. A cet égard, les feuilles de Sapin se distinguent beaucoup moins nettement des rameaux que celles de la majeure partie des autres végétaux. Mais la nature de leurs connexions entre elles et avec les autres membres de l'arbre ne permet pas de confondre les feuilles du Sapin avec des rameaux. Comme les feuilles de toutes les autres plantes, elles sont toujours disposées dans un ordre très régulier, dont nous parlerons plus bas, et c'est dans leur aisselle que naissent les rameaux.

De tous les organes des végétaux, les feuilles sont, sans contredit, ceux dont les formes varient le plus. Nous avons vu que dans les Sapins elles ont l'aspect d'aiguilles à trois faces, longues de deux à trois centimètres au plus et de la grosseur d'une épingle un peu forte ; cette forme leur a fait donner par les botanistes le nom d'aiguilles. Elles se présentent avec les mêmes caractères dans toutes les espèces de Sapin et dans les Pins. Dans les graminées et en général dans toutes les Monocotylédones, elles ont la forme de lames aplaties, étroites, ordinairement terminées en pointe aiguë, parcourues dans toute leur longueur par des lignes saillantes ou nervures, parallèles les unes aux autres, celle du milieu ordinairement plus forte que les autres. Dans la plupart des Dicotylédones, les feuilles ont la forme de lames beaucoup plus larges, diversement découpées sur les bords et, d'habitude, rattachées aux rameaux par une portion rétrécie, à laquelle on donne le nom de *pétiole*, tandis qu'on nomme *limbe* la lame foliaire. Quand le pétiole manque et que le limbe s'insère directement sur le rameau, on dit que la feuille est *sessile*. Le pétiole se continue dans le limbe de la feuille, soit par une seule nervure dite médiane, parce qu'elle occupe la ligne médiane du limbe, soit par plusieurs nervures étalées dans le limbe en éventail. De ces nervures principales partent un grand nombre d'autres nervures plus grêles, dites secondaires, qui se ramifient un grand nombre de fois dans le limbe et vont se terminer sur ses bords par des branches de plus en plus fines. D'ordinaire, les nervures sont plus visibles, plus saillantes sur la face inférieure du limbe que sur sa face supérieure.

Les feuilles très jeunes ont toujours la forme de petites lames plus ou moins triangulaires, à bords non découpés;

mais, à mesure que la feuille grandit, des saillies se forment souvent sur ses bords à la façon de petits rameaux aplatis. Suivant que ces ramifications prennent un développement plus ou moins grand, la feuille est plus ou moins profondément découpée. Souvent elle ne montre, à l'état adulte, que des bords légèrement dentelés; mais, parfois, son limbe est découpé jusque vers le milieu de la largeur, ou même plus profondément, jusqu'au voisinage de la nervure médiane, en un nombre variable de grands lobes eux-mêmes entiers, découpés ou dentelés. Parfois même

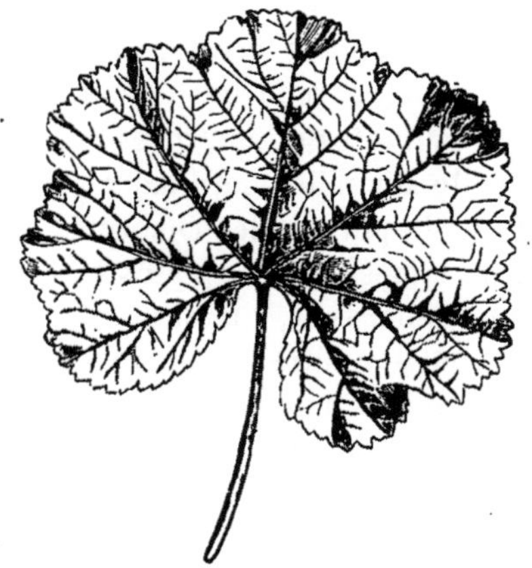

Fig. 6. — Feuille simple, lobée, à nervures palmées (Mauve).

le pétiole principal de la feuille porte de chaque côté un nombre plus ou moins considérable de pétioles secondaires qui, au lieu de s'étaler directement en limbes, portent des pétioles tertiaires. Dans ces cas on dit que la feuille est *composée*; tandis qu'on la considère comme *simple* toutes les fois qu'il n'y a qu'un seul pétiole et un seul limbe, même lorsque celui-ci est très profondément découpé. Nous reviendrons plus tard sur l'évolution des feuilles et nous verrons qu'elle se fait comme celle des rameaux, de telle sorte que les feuilles nous apparaîtront simplement comme des rameaux aplatis. J'ai à peine besoin d'ajouter que les botanistes ont donné des noms à toutes les formes principales que les feuilles des diverses

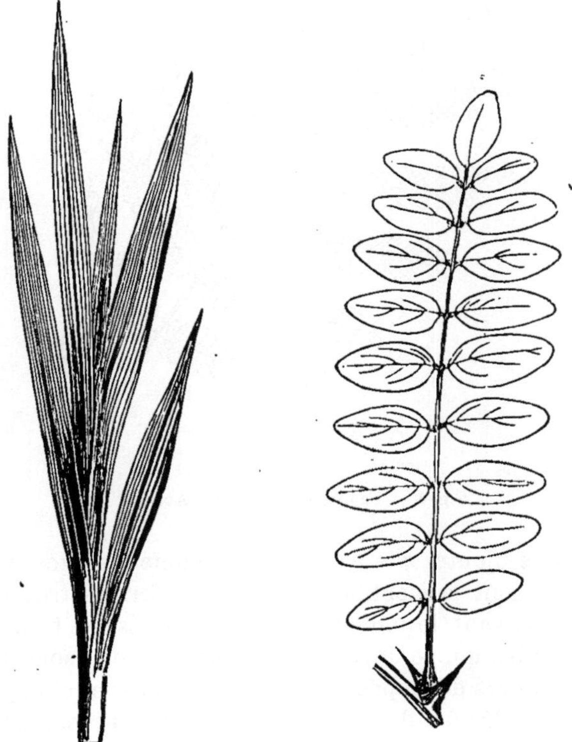

Fig. 7. — Feuilles simples, entières, à nervures toutes parallèles (Glaïeul).

Fig. 8. — Feuille composée (Robinier).

plantes présentent, formes extrêmement nombreuses, mais qu'il serait beaucoup trop long d'indiquer, même sommairement, dans un ouvrage de la nature de celui-ci. Si j'en ai parlé, c'est uniquement dans la mesure où la connaissance de ces formes peut être utile au lecteur pour comprendre ce que nous aurons à dire des propriétés et des fonctions physiologiques des feuilles.

Fig. 9. — Feuille décomposée (Acacia).

Je dois ajouter que les feuilles, comme les tiges et les racines, sont susceptibles d'offrir des formes très différentes, suivant le milieu dans lequel elles se trouvent. Les feuilles qui se développent normalement sous l'eau sont toujours découpées en lanières étroites et allongées, tandis que les feuilles aériennes ont presque toujours un limbe largement étalé. Les feuilles des tiges souterraines sont toujours très petites, comme des organes inutiles et, pour ainsi dire, en voie de disparition. Les feuilles des plantes qui croissent dans les lieux secs sont volontiers rudes et velues, tandis que celles des plantes aquatiques ou des lieux humides sont plus épaisses, plus charnues et glabres. Certaines plantes sont particulièrement instructives au point de vue du rôle que joue le milieu sur la forme des feuilles. La plupart de mes lecteurs ont vu dans nos étangs une jolie plante à fleurs blanches, que les botanistes nomment la Renoncule aquatique. Elle possède deux sortes de feuilles, les unes développées au-dessous de l'eau, les autres se formant et vivant au-dessus d'elle, dans l'atmosphère. Les premières n'offrent pas de limbe véritable; elles sont découpées en lanières étroites, tandis que les secondes ont un limbe large, étalé, presque arrondi. On peut, à volonté, en immergeant plus ou moins la tige de cette plante, lui faire produire un nombre plus

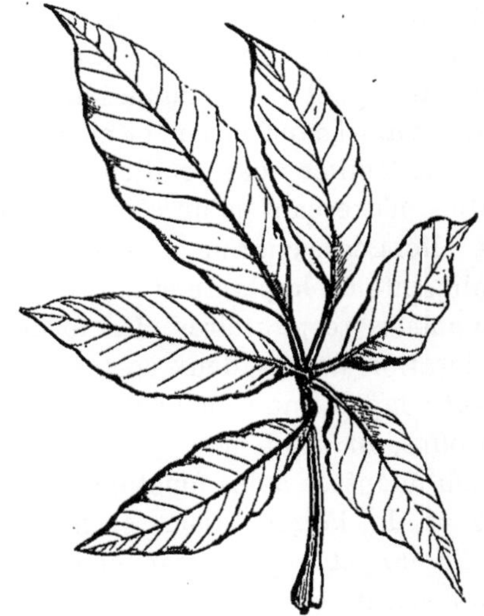

Fig. 10. — Feuille composée palmée.

ou moins grand de feuilles de la première ou de la seconde sorte, et, quand on la trouve dans des marais depuis assez longtemps desséchés, on ne voit plus sur sa tige que des feuilles à limbe étalé.

Les feuilles sont adaptées, non seulement au milieu dans lequel elles se trouvent, mais encore au rôle qu'elles jouent dans les plantes qui les portent. Examinez avant le printemps un bourgeon de Sapin : vous trouverez à sa surface un assez grand nombre de petites lamelles rougeâtres, sèches, dures, étroitement imprimées et couvertes de résine ; ces lames, que les botanistes nomment des *bractées*, sont des feuilles véritables, mais des feuilles adaptées à un rôle de protection ; au-dessous d'elles, en effet, nous trouvons d'autres feuilles encore très jeunes mais laissant déjà deviner la forme d'aiguilles qu'elles auront à l'état adulte. Au printemps, les écailles s'écartent les unes des autres, sous la poussée qu'exercent de dedans en dehors les jeunes aiguilles en croissance, puis, elles tombent, tandis que le rameau et les feuilles qu'elles protégeaient s'allongent et s'épanouissent.

Nous trouvons ainsi dans un seul et même rameau jeune deux espèces de feuilles : des feuilles sans chlorophylle, sèches, aplaties, n'exerçant qu'un rôle protecteur, et d'autres feuilles allongées, charnues, vertes, destinées à fabriquer les aliments de la plante et à être le siège principal des phénomènes respiratoires. La forme, la consistance, la coloration de ces deux sortes de feuilles sont admirablement adaptées au rôle qu'elles jouent. L'ognon d'une Tulipe offre, au printemps, trois sortes de feuilles également bien adaptées à des fonctions différentes. A la surface ce sont de larges lames sèches, rougeâtres, enveloppant l'ognon et le protégeant contre le froid et les accidents. Au-dessous de ces feuilles protectrices s'en trouvent d'autres très épaisses, charnues, gorgées de liquides sucrés et huileux, destinés à nourrir une troisième sorte de feuilles qui bientôt sortiront du bulbe, s'allongeront dans l'air, se coloreront en vert et exerceront toutes les fonctions des feuilles véritables.

Dans l'Epine-Vinette, une partie des feuilles se transforme en épines aiguës, qui jouent vis-à-vis des animaux le rôle d'armes défensives. Dans les Nepenthes, la portion terminale des feuilles prend la forme d'une urne dans laquelle viennent se noyer des insectes que les parois de l'urne digèrent et absorbent. Dans le Dionœa le limbe des feuilles se transforme en piège à mouches; dans la Clématite le sommet du pétiole s'allonge en une vrille qui s'enroule autour des arbres et fixe les longs rameaux grêles de la plante aux arbres et aux arbustes plus résistants sur lesquels elle s'appuie.

Dans tous les cas, nous trouvons la même adaptation parfaite de la feuille à des rôles spéciaux et utiles à la

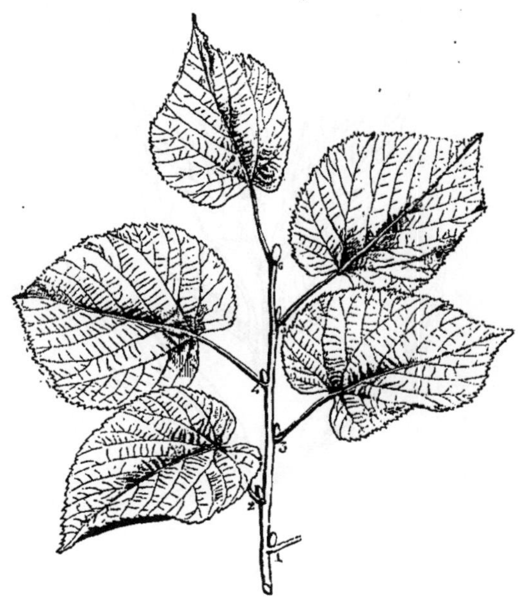

Fig. 11. — Rameau à feuilles alternes distiques (Orme).

plante, sans que nous puissions mettre les transformations remarquables de cet organe sur le compte d'une action exercée par le milieu. A moins cependant de nous en tenir à la théorie surannée et inacceptable aujourd'hui des causes finales, nous devons expliquer de semblables transformations et c'est dans l'ordre naturel que nous sommes contraints d'en chercher l'explication. Ce que je dis ici des transformations des feuilles, j'aurais pu le dire également de celles des racines et des rameaux, mais je réserve pour un autre chapitre la discussion de cet important problème. Je me réserve aussi de discuter plus tard, à propos des organes reproducteurs, les transformations que subissent les feuilles pour s'adapter aux rôles spéciaux et divers qu'elles jouent dans ces organes.

Je terminerai ces considérations sur la morphologie des

Fig. 12. — Rameau à feuilles opposées (Apocyn).

feuilles par quelques détails relatifs à la disposition qu'elles affectent à la surface des rameaux, disposition qui est toujours d'une régularité strictement mathématique. Mon intention n'est pas de faire ici un exposé complet de cette question tout à fait spéciale, mais seulement d'en indiquer les grandes lignes, pour en faciliter l'étude plus complète à ceux de mes lecteurs qui voudraient l'entreprendre. Deux cas peuvent se présenter : ou bien il n'existe qu'une seule feuille sur un plan transversal déterminé du rameau, ou bien il en existe plusieurs. Dans le premier cas, on dit que les feuilles sont *isolées*; on dit, dans le second, qu'elles sont *verticillées*. Ce dernier cas, quoique plus complexe en apparence, est, en réalité, le plus simple. En effet, toutes les fois que les feuilles sont verticillées leurs points d'insertion alternent d'un verticille à l'autre. Je m'explique : supposons que chaque verticille soit composé de deux feuilles, comme cela se voit dans la Menthe, dans la Sauge, dans toutes les Labiées, dans la Scrofulaire, etc., et plaçons-nous en face de la tige : si les deux feuilles du premier verticille sont insérées, l'une à droite et l'autre à gauche de la tige, par rapport à nous, celles du verticille immédiatement supérieur seront insérées l'une en avant et l'autre en arrière de la tige; les deux du verticille situé plus haut seront, comme celles du premier verticille, l'une à droite et l'autre à gauche, et ainsi de suite jusqu'au sommet de la tige. On exprime cette disposition en disant que les feuilles de chaque verticille *alternent* avec celles des verticilles situés immédiatement au dessus et au dessous. Il résulte de cette disposition spéciale que toutes les feuilles portées par cette tige sont disposées en quatre rangées verticales, une rangée à gauche et une rangée à droite, une rangée en avant et une autre en arrière.

Lorsque chaque verticille est composé de trois feuilles, comme cela se voit dans le Laurier-rose, l'alternance étant la même, il en résulte que toutes les feuilles de la tige sont disposées sur trois rangées longitudinales. Il y en a huit rangées si les verticilles se composent chacun de quatre feuilles, etc.

Comme les rameaux poussent toujours dans l'aisselle

des feuilles, ils devraient être verticillés lorsque les feuilles sont verticillées. Il en est souvent ainsi; lorsque les verti-

Fig. 13. — Rameau à feuilles verticillées par trois (Laurier-rose).

cilles sont formés seulement de deux feuilles, ou, pour me servir d'une expression consacrée, lorsque les feuilles sont

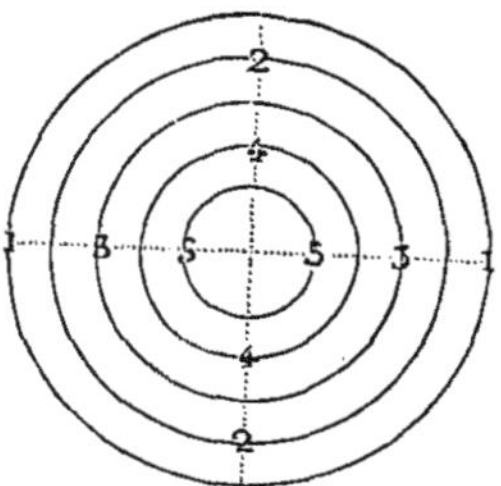

Fig. 14. — Schéma de la disposition des feuilles opposées.

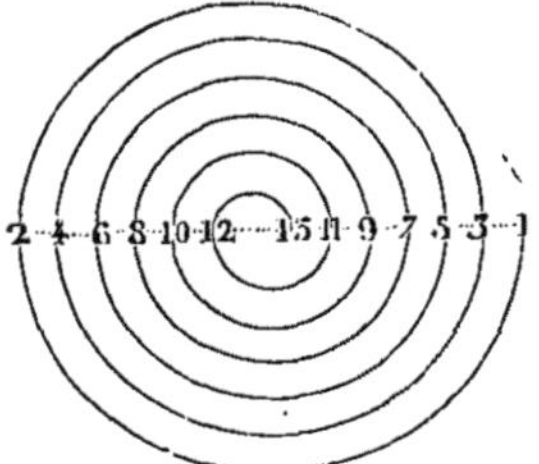

Fig. 15. — Schéma de la disposition des feuilles alternes suivant la fraction 1/2.

opposées, il arrive très fréquemment que les rameaux soient également opposés. Cela est vrai surtout pour les rameaux florifères. Mais il arrive souvent que l'un des rameaux d'un verticille avorte. Cet avortement est presque constant dans les plantes où les verticilles sont composés de plus de deux feuilles.

Lorsque les feuilles sont isolées, c'est-à-dire, lorsqu'il n'en existe qu'une seule à une même hauteur de l'axe, elles sont toujours disposées le long de ce dernier sur une

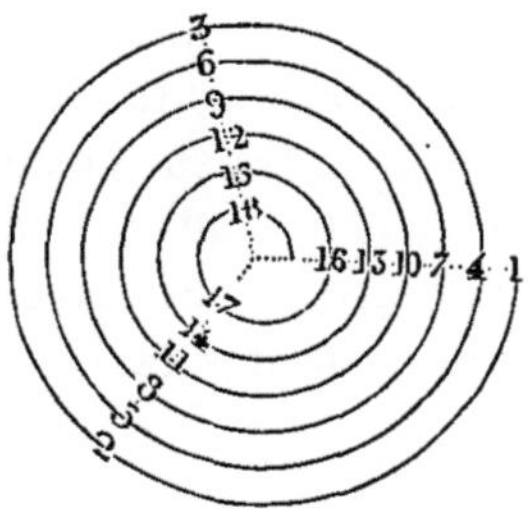

Fig. 16. — Schéma de la disposition des feuilles alternes suivant la fraction 1/3.

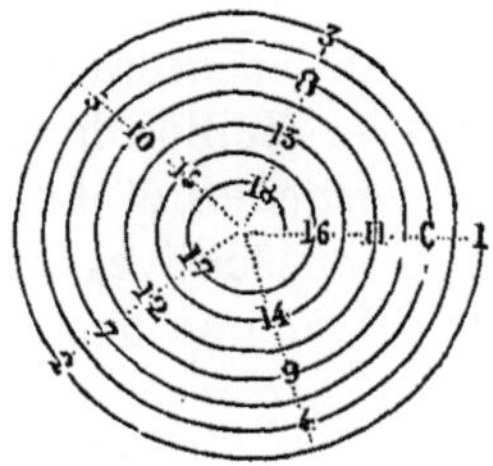

Fig. 17 — Schéma de la disposition des feuilles alternes suivant la fraction 2/5.

ligne spiralée dont les tours sont plus ou moins serrés et sur laquelle les feuilles sont plus ou moins rapprochées. Si l'on envisage une feuille déterminée, on en trouvera

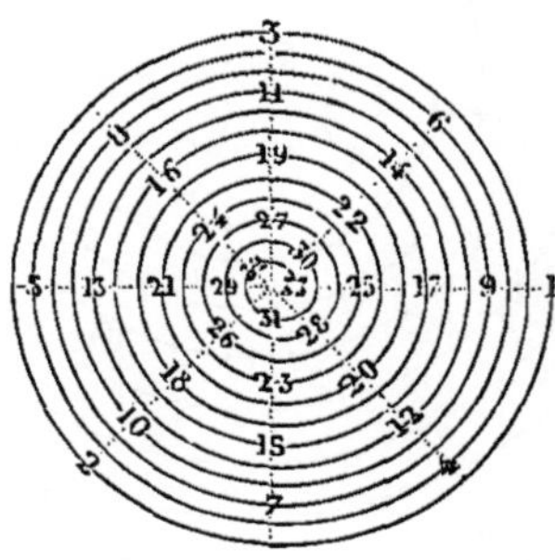

Fig. 18. — Schéma de la disposition des feuilles alternes suivant la fraction 3/8.

toujours une autre qui lui est verticalement superposée ; entre les deux il en existe un nombre constant dans chaque espèce végétale.

Le cas le plus simple est celui dans lequel une seule feuille est insérée sur la ligne spirale qui relie deux feuilles immédiatement superposées. Dans ce cas, une ligne verticale élevée au-dessus de la feuille la plus inférieure, que nous numéroterons 1, passera par les feuilles 3, 5, 7, 9, 11, etc. Une autre ligne verticale, partant de la feuille 2, c'est-à-dire de la feuille située entre 1 et 3, passera par les feuilles 2, 4, 6, 8, 10, 12, etc. Toutes les feuilles de la tige seront insérées sur ces deux lignes verticales et il sera aisé de s'assurer qu'entre deux feuilles consécutives, entre 1 et 2, entre 2 et 3, entre 3 et 4, etc., il y a une demi-circonférence ; toutes les feuilles

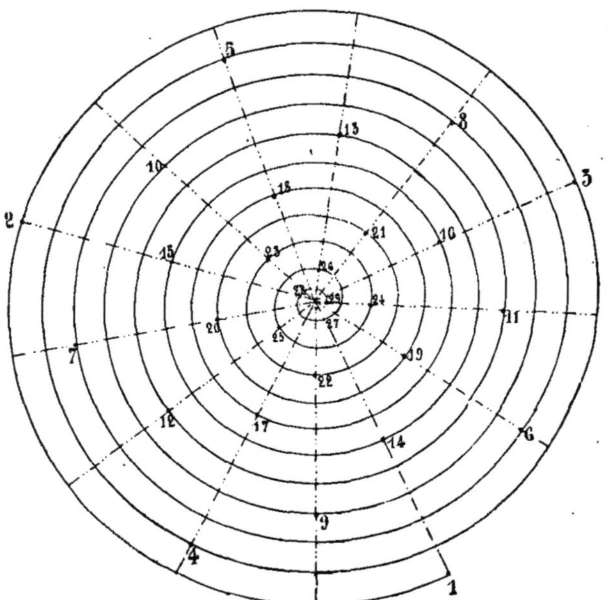

Fig. 19. — Schèma de la disposition des feuilles alternes suivant la fraction 5/13.

sont donc situées sur deux rangées verticales répondant à deux faces opposées de la tige. On exprime cette disposition par la fraction $\frac{1}{2}$, indiquant que toutes les feuilles sont distantes l'une de l'autre d'une $\frac{1}{2}$ circonférence, et l'on dit que les feuilles sont *distiques*. L'Orme en offre un excellent exemple. Dans l'Aune, on s'assure facilement que toutes les feuilles sont disposées sur trois rangées verticales ; au-dessus de la feuille 1 se trouvent les feuilles 4, 7, 10, etc. ; au-dessus de la feuille 2 se trouvent les feuilles 5, 8, 11, et au-dessus de la feuille 3 se trouvent les feuilles 6, 9, 12, etc. Entre les feuilles 1 et 2 et entre les feuilles 2 et 3, il y a $\frac{1}{3}$ de circonférence ; cette fraction $\frac{1}{3}$ indique donc l'écartement des feuilles. Dans les deux cas précédents, la spirale sur laquelle les feuilles sont insérées ne

Fig. 20. — Rameau à feuilles isolées ou alternes disposées suivant la fraction 1/3 (Bouleau).

fait qu'un seul tour entre deux feuilles directement superposées l'une à l'autre. Dans d'autres cas, elle en fait deux, trois, quatre, etc.

Dans le *Prunus-Padus* on constate assez facilement que toutes les feuilles sont disposées sur cinq rangées verticales, que c'est la feuille 6 qui est immédiatement superposée à la feuille 1, que la spirale fait deux tours entre la feuille 1 et la feuille 6 et enfin que la feuille 2 n'est pas située sur la ligne verticale la plus voisine de la feuille 1, mais sur la deuxième ; comme entre chaque ligne verticale il y a $\frac{1}{5}$ de circonférence, il en résulte que la feuille 2 est à $\frac{2}{5}$ de circonférence de la feuille 1. On s'assure aussi aisément que la feuille 3 est à $\frac{2}{5}$ de circonférence de la feuille 2, que la feuille 4 est à $\frac{2}{5}$ de circonférence de la feuille 3, en un mot qu'entre deux feuilles consécutives il y a $\frac{2}{5}$ de circonférence. La fraction $\frac{2}{5}$ indique donc la disposition des feuilles de cette plante. Les fractions les plus fréquentes après celles-là sont $\frac{3}{8}$, $\frac{5}{13}$, $\frac{8}{21}$, $\frac{13}{34}$, etc. On remarquera que ces fractions peuvent être obtenues en additionnant les numérateurs et les dénominateurs de deux fractions consécutives, ainsi que le montre la série suivante :

$$\frac{1+1}{2+3}=\frac{2}{5}\cdot\ \frac{1+2}{3+5}=\frac{3}{8}\cdot\ \frac{2+3}{5+8}=\frac{5}{13}\cdot\ \frac{3+5}{8+13}=\frac{8}{21}\cdot\ \frac{5+8}{13+21}=\frac{13}{34}\ \text{etc.}$$

Si l'on considère que la fraction $\frac{2}{5}$ est la moyenne arithmétique entre $\frac{1}{2}$ et $\frac{1}{3}$; que la fraction $\frac{3}{8}$ est la moyenne arithmétique entre $\frac{1}{3}$ et $\frac{2}{5}$, en d'autres termes que toutes ces fractions sont des moyennes arithmétiques, on voit que la disposion des feuilles obéit à des lois mathématiques rigoureuses, et l'on a devant soi toute une mécanique végétale dont je crois inutile d'exposer ici les détails. Qu'il me suffise de faire remarquer qu'entre les divergences indiquées par les fractions $\frac{1}{2}$, $\frac{1}{3}$, $\frac{2}{5}$ on peut mathématiquement en trouver d'autres obéissant aux mêmes règles et former des séries distinctes de celle que j'ai reproduite parce qu'elle est la plus fréquente, mais non moins régulières. On peut avoir par exemple, la série

$$\frac{1}{3},\ \frac{1}{2},\ \frac{2}{5},\ \frac{3}{7},\ \frac{5}{12},\ \frac{8}{19},\ \frac{13}{31}\ \text{etc.},$$

dont chaque terme est obtenu en additionnant les numé-

Fig. 21. — Rameau à feuilles alternes disposées suivant la fraction 2/5 (Peuplier).

rateurs et les dénominateurs des deux fractions qui le précèdent. On aura encore la série :

$$\frac{1}{3},\ \frac{1}{4},\ \frac{2}{7},\ \frac{3}{11},\ \frac{5}{18},\ \frac{8}{29},\ \text{etc.},$$

ou bien :

$$\frac{1}{4},\ \frac{1}{3},\ \frac{2}{7},\ \frac{3}{10},\ \frac{5}{17},\ \text{etc.},$$

ou bien encore :

$$\frac{1}{4},\ \frac{1}{5},\ \frac{2}{9},\ \frac{3}{14},\ \frac{5}{23},\ \text{etc.},$$

ou aussi :

$$\frac{1}{5},\ \frac{1}{4},\ \frac{2}{9},\ \frac{3}{13},\ \frac{5}{22},\ \text{etc.}$$

Par l'examen de ces séries il est aisé de s'assurer qu'elles marchent deux par deux, ne différant dans chaque couple que parce que la fraction qui ouvre chaque série du couple devient la seconde du couple suivant. Ainsi la série $\frac{1}{2}$, $\frac{1}{3}$, $\frac{2}{5}$, etc., et la série $\frac{1}{3}$, $\frac{1}{2}$, $\frac{2}{5}$ ne diffèrent qu'en ce que dans la seconde la fraction $\frac{1}{2}$ vient au second rang, tandis que la fraction $\frac{1}{3}$ ouvre la marche, tandis que dans la première série $\frac{1}{3}$ vient au second rang et $\frac{1}{2}$ au premier. Il est facile de faire la même observation pour toutes les autres séries.

Cela permet d'indiquer toutes ces séries de la façon suivante :

$$\left(\frac{1}{2},\ \frac{1}{3}\right) \text{ et } \left(\frac{1}{3},\ \frac{1}{2}\right),\quad \left(\frac{1}{3},\ \frac{1}{4}\right) \text{ et } \left(\frac{1}{4},\ \frac{1}{3}\right),$$
$$\left(\frac{1}{4},\ \frac{1}{5}\right) \text{ et } \left(\frac{1}{5},\ \frac{1}{4}\right) \text{ etc.}$$

Laissant de côté ces considérations, j'appellerai l'attention du lecteur sur ce fait que dans un même végétal toutes les feuilles ne sont jamais disposées de la même façon dans les diverses parties de la plante. Dans toutes les Dicotylédones, les deux premières feuilles sont opposées, et cependant beaucoup de Dicotylédones ont des feuilles isolées et insérées en spirale.

La fraction qui indique la disposition des feuilles n'est pas non plus, d'ordinaire, la même pour les divers rameaux d'une même plante. Cela est très facile à voir dans certains Cactus dont les séries longitudinales de feuilles sont marquées par des côtes saillantes de la tige ; on voit souvent à une certaine hauteur de la tige le nombre des côtes augmenter brusquement par dédoublement d'un certain nombre d'entre elles. Ainsi dans l'*Echinocactus spiralis*, les feuilles sont disposées dans le bas suivant la fraction $\frac{2}{5}$ et il y a cinq côtes répondant à cinq rangées de feuilles ; mais plus haut cinq des côtes se dédoublent en même temps que cinq rangées verticales de feuilles, et celles-ci affectent la disposition $\frac{5}{13}$.

Dans les Sapins et les Pins les premières feuilles sont verticillées, toutes les autres sont isolées, très rapprochées les unes des autres, et affectent des dispositions indiquées par des fractions à grands dénominateurs. Dans l'espèce que nous avons prise pour type dans cette étude, les feuilles des branches et les écailles des cônes sont disposées suivant la fraction $\frac{5}{13}$.

Lorsque les feuilles sont extrêmement rapprochées, comme cela se voit dans le Sapin, il est très difficile de déterminer directement la fraction qui représente leur mode de disposition. On a recours pour cela à un subterfuge. Regardez avec attention un cône de Sapin ou de Pin et vous ne tarderez à voir que les écailles paraissent être disposées sur un certain nombre de spirales très marquées, tandis que vous ne percevez en aucune façon la véritable disposition. Ces spirales nettement perceptibles ont reçu le nom de *spirales secondaires*. Avec leur aide il vous sera possible et même facile de déterminer la véritable disposition des écailles. Vous remarquerez d'abord qu'on peut distinguer deux sortes de spirales décrites par les écailles, les unes allant de droite à gauche, les autres de gauche à droite. Pour compter ces spirales, faites un trait d'encre sur les cinq ou six écailles inférieures de chaque spirale en procédant d'abord de droite à gauche, puis de gauche à droite, et comptez les lignes d'encre ainsi tracées ; vous trouverez qu'il y en a cinq dans un sens et huit dans l'autre ; additionnez ces deux chiffres et vous obtenez le dénominateur de la fraction indiquant la disposition des écailles, c'est-à-dire le chiffre 13. En parcourant les séries indiquées plus haut vous verrez que la seule fraction ayant ce dénominateur est la fraction $\frac{5}{13}$.

Si l'on veut donner aux écailles du cône le numéro qu'elles ont réellement dans la spirale principale, on emploie le procédé suivant. On inscrit le n° 1 sur l'une

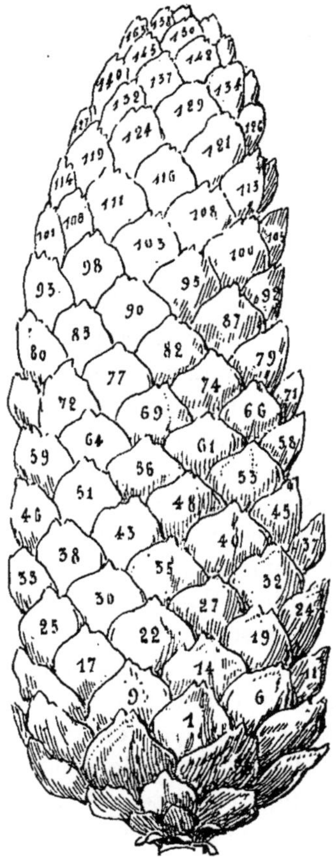

Fig. 22 — Cône de Sapin dont les écailles ont été numérotées.

des écailles les plus inférieures de l'une des spirales secondaires qui marchent de gauche à droite, puis on inscrit sur l'écaille située immédiatement au dessus, dans cette spirale le n° 6, c'est-à-dire le numéro répondant au nombre des spirales qui vont de gauche à droite augmenté de 1 ; l'écaille située dans la même spirale au-dessus de l'écaille 6, c'est-à-dire la 3e écaille de cette spirale, sera marquée 11, chiffre formé du numéro que porte la 2e écaille augmenté du nombre des spirales allant de gauche à droite, c'est-à-dire 5 ; la 4e écaille recevra le n° 16, c'est-à-dire 11 + 5 ; la 5e le numéro 21 = 16 + 5 ; la 6e, le numéro 26 = 21 + 5, etc.

Lorsqu'on a ainsi numéroté toutes les écailles de la spirale allant de gauche à droite au bas de laquelle on a inscrit le n° 1, on revient à l'écaille n° 1, et l'on voit aisément qu'elle fait partie d'une autre spirale allant de droite à gauche. On numérote les écailles de celle-ci en suivant la même règle que précédemment, c'est-à-dire qu'on donne à la 2e écaille de cette spirale un numéro formé du chiffre 1, augmenté du nombre de spirales allant de droite à gauche, c'est-à-dire 8. La 2e écaille recevra donc le n° 9 = 1 + 8 ; le 3e recevra le numéro 17 = 9 + 8 ; la 4e le numéro 25 = 17 + 8, etc. La même opération, exécutée d'après les mêmes règles, sera appliquée à toutes les spirales allant soit de gauche à droite, soit de droite à gauche, jusqu'à ce que toutes les écailles aient reçu le numéro qui leur convient et qui est celui qu'elles portent dans la spirale véritable, c'est-à-dire celle qui s'enroule sur le cône de bas en haut et qui passe par toutes les écailles sans exception.

Toutes les opérations que nous venons de faire sont légitimées par cette simple considération, facile à mettre en évidence à l'aide de la figure 22, que chaque écaille est située, à la fois, sur une spirale secondaire allant de gauche à droite et sur une spirale secondaire allant de droite à gauche et que, par conséquent, le nombre total des spirales indique le nombre des lignes verticales sur lesquelles sont situées toutes les écailles. Or, ce nombre forme, comme nous l'avons dit plus haut, le dénominateur de la fraction qui indique la disposition des feuilles. Ajoutons que le plus petit des deux nombres de spirales secondaires répond au numérateur de la fraction, ainsi que l'indique bien la figure 22.

En prêtant attention à la façon dont les feuilles sont disposées sur les plantes qui se trouvent à notre disposition et surtout en réfléchissant à toutes les considérations qui précèdent, et en examinant les quelques figures qui les accompagnent, le lecteur arrivera facilement à cette conviction que les feuilles sont disposées de façon à se recouvrir le moins possible les unes les autres et par conséquent à recevoir la plus grande somme possible des rayons lumineux et calorifiques du soleil, ce qui est la condition indispensable à l'accomplissement des fonctions qui leur reviennent dans la vie de la plante.

Ce qui est beaucoup plus difficile à établir, ce sont les causes physiques qui déterminent une disposition aussi favorable. Parmi ces causes, il en est une qui a été bien mise en lumière par Hofmeister et qui est, sans nul doute, la plus puissante de toutes celles qu'on peut invoquer; c'est la condition même dans laquelle les feuilles naissent sur l'axe. Nous verrons plus bas que les feuilles commencent à se montrer à une époque où le rameau qui leur donne naissance est encore extrêmement court. Comme chaque feuille apparait à la surface du rameau sous la forme d'un petit mamelon, et que les plus jeunes sont toujours les plus rapprochées du sommet, il en résulte qu'au moment où chaque feuille apparaît, il existe déjà un nombre plus ou moins considérable de mamelons foliaires; la nouvelle venue n'est donc pas libre de naître indifféremment en un point quelconque, elle ne peut surgir que dans les espaces inoccupés; et, comme l'a fait remarquer Hofmeister, elle naît toujours au niveau de l'espace le plus large laissé libre entre les mamelons foliaires déjà nés.

Je m'empresse d'ajouter que cela ne suffit pas à expliquer la régularité mathématique avec laquelle les feuilles naissent et se disposent sur les rameaux, et que la cause de cette régularité nous échappe dans la plupart des cas. Dans certaines Mousses où les feuilles sont disposées sur trois rangées longitudinales très régulières, on remarque que la tige se termine par une seule cellule dont les segmentations se font suivant trois directions successives, perpendiculaires les unes aux autres; comme c'est cette cellule qui donne naissance aux feuilles, il résulte nécessairement de son mode régulier de segmentation une disposition non moins régulière des feuilles. C'est, sans doute, à des phénomènes de même ordre qu'il faut attribuer la régularité parfaite de la disposition des feuilles dans toutes les autres plantes, mais les phénomènes sont d'autant plus difficiles à découvrir que dans la plupart des plantes les cellules qui servent à l'accroissement terminal des rameaux sont très nombreuses. Il resterait d'ailleurs encore à établir pourquoi, dans les Mousses dont nous avons parlé plus haut, la cellule terminale se divise toujours alternativement dans trois directions perpendiculaires. Nous constatons les faits ; nous pouvons, dans l'état actuel de la science, affirmer, sans crainte de nous tromper, que, quels qu'ils soient, ils sont déterminés par des causes mécaniques, mais la nature de ces causes nous est encore presque toujours inconnue.

Pour terminer ces considérations générales sur les feuilles, il nous reste à parler de quelques-unes de leurs propriétés physiques et de leurs fonctions physiologiques.

Les feuilles partagent avec les tiges et les rameaux la propriété d'être négativement géotropiques. En dehors de toute action de lumière et de température, le pétiole et le limbe tendent à s'éloigner du sol et à se disposer de façon à ce que la face ventrale de la feuille soit dirigée vers les espaces célestes. Quand on soustrait à l'action de la pesanteur une feuille en voie de croissance, elle ne prend pas la position dont nous venons de parler; c'est donc bien à la pesanteur qu'elle doit la propriété de se redresser. Les feuilles ne manifestent, d'ordinaire, cette propriété que pendant l'époque de la croissance; elles restent ensuite dans la position qu'elles ont prise pendant cette période. Les feuilles qui sont renflées à la base, comme celles des Légumineuses, ou des Graminées, obéissent encore à l'action de la pesanteur, même quand elles ont atteint tout leur développement, parce que les renflements basilaires possèdent un nombre suffisant de cellules encore jeunes. Quand on couche un pied de blé on ne tarde pas à le voir se redresser au niveau d'un de ses nœuds, par suite d'un accroissement plus considérable de la face inférieure de cette région.

Dans le Sapin, les feuilles jeunes, encore enfermées dans les écailles du bourgeon, se montrent sous l'aspect de petites baguettes droites, très étroitement appliquées les unes contre les autres, d'autant plus courtes que le bourgeon est plus jeune. Dans la plupart des autres plantes, elles sont repliées dans le bouton les unes au-dessus des autres, de manière à s'envelopper plus ou moins, et elles présentent par conséquent une face interne plus ou moins concave et une face externe convexe. Plus tard, lorsque le bourgeon s'épanouit, la feuille s'étale, devient plane et parfois même un peu concave sur la face inférieure qui, autrefois, était convexe. Il était naturel d'attribuer ces formes à un développement inégal des deux faces de la feuille; tant que la face inférieure se développe plus que la supérieure, celle-ci se montre concave; lorsque les deux faces s'accroissent également, la feuille est plane et, lorsque c'est la face supérieure qui offre le maximum d'accroissement, l'inférieure se montre concave à son tour. On a donné un nom à ces phénomènes, on a appelé *épinastie* la disposition dans laquelle la feuille a la face supérieure concave et *hyponastie* celle où c'est sa face inférieure qui est concave et où sa pointe se dirige vers le bas. Mais les noms ne sont pas des explications et nous ignorons encore d'une façon absolue à quoi doivent être attribuées les inégalités de développement qui donnent lieu, soit à l'épinastie, soit à l'hyponastie.

Les feuilles de toutes les plantes qui ont été observées, de ce point de vue, sont douées de mouvements de circummutation semblables à ceux que nous avons signalés dans les racines, les tiges et les rameaux. Ces mouvements font décrire au sommet de la feuille une ellipse allongée et étroite.

Darwin a fait cette remarque fort intéressante que, dans toutes les feuilles observées par lui, le mouvement de circummutation des feuilles est accompagné d'une élévation et d'un abaissement alternatifs et périodiques. La feuille s'abaisse légèrement chaque matin, et se relève chaque soir de la même quantité.

De là aux mouvements de sommeil ou mouvements nyctitropiques des feuilles, il n'y a qu'un pas facile à franchir. Qu'est-ce, en effet, que le mouvement de sommeil des plantes ? Uniquement un mouvement assez étendu pour qu'on l'ait constaté à l'œil nu.

Darwin ne considère comme mouvements nyctitropiques que ceux par lesquels la feuille devient verticale pendant la nuit ou se rapproche de la verticale de moins de 30 degrés, c'est-à-dire s'élève au-dessus de l'horizon, au lieu de s'abaisser au-dessous de lui, d'au moins 30 degrés. La limite, en apparence très arbitraire, établie par Darwin, s'explique par le rôle qu'il attribue aux mouvements nyctitropiques. Il les considère comme destinés à diminuer le rayonnement de la chaleur par les feuilles pendant la nuit. Il fait remarquer que le rayonnement est aussi intense que possible lorsque la feuille est horizontale, tandis que « quand le limbe se rapproche de 30 degrés de la verticale, la partie de la surface qui demeure dirigée vers le zénith pendant la nuit, et qui souffre de la radiation, représente tout au plus la moitié de celle qui subirait les mêmes effets si le limbe était horizontal (1) ». Le même effet est produit quand la feuille s'abaisse de 30 degrés au-dessous de l'horizon. Aussi trouve-t-on des feuilles qui s'abaissent et d'autres qui s'élèvent pendant la nuit. Darwin a établi, par des expériences positives, l'influence des mouvements nyctitropiques sur le rayonnement de la chaleur par les plantes. Les feuilles sommeillantes qu'il maintenait pendant la nuit dans la position horizontale souffraient beaucoup plus du rayonnement que celles dont il n'avait pas contrarié le mouvement nyctitropique.

Le mouvement nyctitropique est, dans quelques plantes, assez étendu pour que les feuilles ou les folioles appliquent leurs faces supérieures l'une contre l'autre. Darwin estime que le résultat, ou, pour mieux dire, le but de cette position est de protéger les feuilles contre le froid ; le même résultat est obtenu quand les feuilles ou les folioles s'imbriquent pendant le sommeil.

Le point de la feuille qui est le siège du mouvement nyctitropique varie d'une plante à l'autre. Dans la plupart des cas c'est dans le pétiole que se produit le mouvement; et le plus souvent, c'est dans la portion par laquelle le pétiole s'insère sur la tige, portion ordinairement un peu renflée et désignée par les botanistes sous le nom de *coussinet*.

Chez quelques plantes, le pétiole se meut dans une direction, tandis que le limbe se meut dans une autre. Ainsi, dans un grand nombre de Légumineuses, le pétiole s'élève pendant la nuit, tandis que les folioles s'abaissent.

(1) DARWIN, *la Faculté motrice des plantes.*

Parfois, le pétiole se tord sur lui-même de façon à diriger vers l'atmosphère la face inférieure du limbe, dont le pouvoir rayonnant est moindre que celui de la face supérieure.

Les feuilles de la Sensitive ont présenté à Francis Darwin des mouvements brusques assez semblables à ceux que fait un animal endormi. « J'étais, dit-il, assis tranquillement dans la serre, une nuit, attendant l'heure de faire une observation, quand tout à coup la feuille d'une Sensitive s'abaissa et s'ouvrit rapidement, puis se releva lentement et reprit sa position de nuit. Dans cette occasion la plante se comporta exactement comme si elle avait été touchée à son point sensible. Il est à croire que quelque excitation intérieure produisit sur la plante la même impression qu'un excitant extérieur. De la même façon, un chien rêvant près du feu jappera et remuera les jambes, comme s'il chassait un lapin véritable, au lieu d'un lapin imaginaire (1). »

Ainsi que je l'ai indiqué plus haut, Darwin fait remarquer que les mouvements nyctitropiques ne sont que des mouvements de nutation exagérés, simplifiés, pour ainsi dire, en même temps qu'accrus en intensité dans une seule direction, celle de l'abaissement et du relèvement. Les feuilles douées de ces mouvements les présentent du reste pendant toute la durée des vingt-quatre heures; ils augmentent seulement d'intensité le matin et le soir. « Quiconque, écrit Darwin (2), n'aurait jamais observé d'une manière suivie une plante sommeillante supposerait naturellement que les feuilles se meuvent seulement dans la soirée, pour prendre leur position de sommeil, et le matin pour s'ouvrir. Mais ce serait là une erreur complète, car nous n'avons pas trouvé une seule exception à la loi qui veut que les feuilles sommeil-

(1) Voy. *Revue internationale des sciences*, 1878, I, p. 706.
(2) *La Fac. mot. des plantes*, p. 405.

lantes continuent à se mouvoir pendant toute la durée des vingt-quatre heures ; seulement ce mouvement est beaucoup plus fort lorsqu'elles prennent leur position de veille ou de sommeil qu'à tout autre moment. »

Il importe aussi de faire remarquer que les feuilles sommeillantes n'atteignent le maximum de l'élévation ou de l'abaissement qu'un certain temps après la tombée de la nuit ou après le lever du jour. Dans la Sensitive, qui a été tant de fois observée à cet égard, la position nocturne n'est entièrement atteinte que vers deux heures du matin. A partir de ce moment, où les pétioles principaux ont atteint leur maximum d'élévation et où les folioles sont étroitement appliquées les unes sur les autres, le pétiole principal commence à s'abaisser jusqu'à devenir horizontal, en même temps que les folioles s'écartent les unes des autres et s'étalent, en dirigeant leur face supérieure vers le ciel. Vers le soir, les pétioles principaux commencent à s'abaisser ; à huit heures, ils sont tout à fait inclinés en bas ; les pétioles secondaires se sont de nouveau rapprochés ; les folioles se dirigent en dedans et se mettent en contact par leurs faces supérieures, mais le pétiole principal commence à se relever et atteint son maximum de redressement vers deux heures du matin, comme il a été dit déjà.

Je ne veux pas entrer dans plus de détails sur ce sujet pour lequel je renvoie le lecteur à l'excellent livre de Darwin sur *la Faculté motrice des plantes*. J'ai moi-même fait ailleurs un exposé complet des faits les plus intéressants qu'il me paraît hors de propos de reproduire ici (1). Je dois cependant dire quelques mots des explications qui ont été produites de ces faits.

En premier lieu, toutes les observations établissent d'une façon irrécusable que les mouvements nyctitropi-

(1) Voy. DE LANESSAN, *la Botanique*, p. 402 et suiv.

ques sont dus à l'alternance d'intensité de la lumière solaire qui caractérise le jour et la nuit. Dans les régions septentrionales de la Norvège, où le jour est constant pendant six mois, les feuilles de la Sensitive gardent d'une façon permanente la position qu'elles prennent chez nous pendant le jour. En exposant cette plante à une lumière artificielle continue et d'une intensité toujours égale à elle-même, on obtient le même effet. On peut encore tromper la plante, à l'aide de la lumière artificielle, de manière à lui faire prendre la position diurne pendant la nuit solaire et la position nocturne pendant le jour.

Mais il ne suffit pas d'établir que les mouvements nyctitropiques sont placés sous la dépendance des alternances du jour et de la nuit, il faudrait encore déterminer de quelle façon les alternances d'intensité dans la lumière agissent sur les plantes. Ce problème est des plus difficiles à résoudre.

On s'accorde cependant à admettre que l'alternance du jour et de la nuit détermine une alternance correspondante de turgescence et de flaccidité des parties motrices des feuilles, qui, elle-même, produirait l'élévation et l'abaissement de ces organes. D'après cette manière de voir, le redressement nocturne pourrait être attribué à ce que la plante, continuant, pendant la nuit, à absorber de l'eau tandis qu'elle n'en évapore presque pas, les feuilles, et surtout leurs renflements moteurs, se gorgent d'eau ; d'où redressement des pétioles. L'abaissement graduel qui commence au lever du soleil et qui atteint son maximum le soir, après huit heures, serait déterminé par la prédominance de l'évaporation sur l'absorption pendant cette période de temps. Une autre opinion a été émise par M. P. Bert. Il suppose qu'il y a alternativement accumulation et destruction de glucose dans les renflements moteurs des feuilles, l'accumulation coïncidant avec la période nocturne et la destruction avec la période diurne. La glucose jouant le rôle de substance endosmotique attirerait l'eau dans le renflement moteur, lorsqu'elle y est accumulée, d'où élévation de la feuille pendant ce temps; après la destruction de la glucose, l'eau n'étant plus attirée avec la même puissance, le renflement moteur deviendrait flasque et la feuille s'abaisserait. Il est nécessaire d'ajouter que cette interprétation des phénomènes est purement hypothétique.

Indépendamment des mouvemements nyctitropiques placés sous la dépendance de l'intensité de la lumière, les feuilles en présentent d'autres, semblables à ceux que nous avons déjà signalés dans les tiges sous le nom d'héliotropisme, dus à la direction des rayons lumineux.

De même que la majorité des tiges, les feuilles sont toutes ou à peu près toutes douées d'héliotropisme positif, c'est-à-dire qu'elles vont pour ainsi dire au-devant des rayons lumineux. Placez une plante quelconque dans une chambre éclairée par une seule de ses faces et vous verrez bientôt toutes les feuilles diriger leur extrémité supérieure vers le point par lequel entrent les rayons lumineux. Lorsque les plantes sont à une certaine distance de la fenêtre, les pétioles des feuilles s'allongent beaucoup plus qu'à l'état normal, comme pour porter les feuilles au-devant des rayons lumineux. Des Ficaires qui croissent sur ma cheminée, en ce moment, à deux mètres environ de la fenêtre, ont des pétioles trois fois plus longs que ceux de leurs congénères qui croissent dans l'endroit où je les ai prises. Si deux plantes sont disposées à des distances inégales de la fenêtre, les feuilles de la plante la plus éloignée s'allongent beaucoup plus que celles de l'autre plante, alors même que la différence des distances est peu considérable. Cela indique naturellement une très grande sensibilité des feuilles à la lumière.

On signale cependant un petit nombre de feuilles modifiées, particulièrement des vrilles, comme douées d'héliotropisme négatif, c'est-à-dire s'éloignant de la lumière.

D'après Darwin, deux vrilles foliaires de *Bignonia capreolata* exposées à une lumière latérale ne tardèrent pas à diriger leurs extrémités vers un point diamétralement opposé à celui d'où venait la lumière ; pendant la nuit, elles firent un léger mouvement en sens contraire, mais dès le lendemain matin elles se hâtèrent de tourner le dos à la lumière comme elles l'avaient fait la veille.

Au point de vue des mouvements héliotropiques, il faut avoir soin de distinguer les pétioles et les limbes des feuilles. Les premiers dirigent presque toujours leur extrémité vers la lumière, de façon à devenir parallèles aux rayons lumineux et, en quelque sorte, à prolonger la direction de ces derniers ; les seconds se comportent d'habitude différemment ; ils se placent de façon à couper les rayons lumineux soit perpendiculairement, soit plus ou moins obliquement. La conséquence de ce mouvement est d'exposer le limbe à recevoir une quantité de rayons lumineux d'ordinaire aussi considérable que possible. On lui a donné le nom d'*héliotropisme transversal* ou *diahéliotropisme*. C'est à lui qu'est due l'ombre formée par nos arbres ; leurs feuilles étant étalées horizontalement, en travers de la marche des rayons lumineux, tous ceux des rayons qui tombent sur les feuilles sont arrêtés et, si les feuilles sont très pressées, il règne nécessairement sous l'arbre une ombre complète. Pour observer très nettement le diahéliotropisme vous n'avez qu'à faire pousser sur une fenêtre un pied de houblon. Vous verrez toutes les feuilles, quelle que soit leur position sur la tige, se disposer de façon à ce que leur face supérieure soit tournée vers le dehors. L'héliotropisme positif du pétiole se manifeste en même temps par l'effort que font toutes les feuilles pour diriger l'extrémité supérieure de leur pétiole vers le dehors, c'est-à-dire rendre leurs pétioles parallèles aux rayons lumineux.

Cependant, sous l'influence d'une lumière très intense,

les feuilles d'un certain nombre de plantes disposent leurs limbes de façon à ce qu'ils ne reçoivent qu'une quantité relativement minime de rayons lumineux. Quand le soleil est très ardent on voit les pétioles du faux Acacia ou Robinier se tourner de façon à ce que les rayons lumineux frappent un de leurs bords et non leur face supérieure. Les folioles de l'*Oxalis Acetosella* s'inclinent fortement vers le sol lorsqu'elles sont exposées à une lumière intense ; les rayons solaires ne tombent alors sur leur face supérieure que suivant un angle très aigu. Les feuilles d'autres plantes parviennent au même résultat en se rabattant les unes sur les autres, etc. Tous ces mouvements sont connus depuis longtemps sous le nom de *mouvements parahéliotropiques* ou de *sommeil diurne*. Quand on les empêche de se produire, les plantes qui en sont douées ne tardent pas à souffrir, par suite, sans doute, d'une activité trop grande des fonctions vitales dont la feuille est le siège.

Les feuilles d'un certain nombre de plantes se montrent encore très sensibles aux excitations artificielles dont elles sont accidentellement l'objet. Sans m'étendre sur ce sujet, je dois en exposer les traits principaux. Les feuilles qui ont été le mieux étudiées à cet égard sont celles de la Sensitive, de la Dionée gobe-mouche, etc.

Il suffit de toucher avec le bout du doigt une foliole de Sensitive pour qu'elle se replie et prenne la position qu'elle affecte pendant le sommeil. Si l'excitation a été un peu vive, elle se propage rapidement aux folioles voisines, puis aux autres feuilles, et toute la plante se met dans la position du sommeil. Celle-ci ne persiste du reste que peu de temps et la plante ne tarde pas à reprendre son attitude normale. Une goutte d'acide, une brûlure, une coupure, le passage d'un courant électrique, agissent de la même façon que le contact. Une secousse imprimée au sol par le pas d'un homme ou d'un cheval suffit souvent pour troubler la plante entière. Il est manifeste que dans la Sensitive le siège de ces mouvements est à la base du pétiole, dans le renflement ou coussinet que le pétiole présente au niveau de son point d'insertion sur la tige. C'est aussi le coussinet qui est le siège des mouvements nyctitropiques, mais son état n'est pas le même dans les deux cas. Quand la feuille s'abaisse d'elle-même, au début de la période nocturne, le coussinet est rigide et gorgé d'eau ; quand elle s'abaisse sous l'influence d'une excitation, il est flasque et pauvre en eau. Les longs poils qui tapissent les feuilles du *Drosera rotundifolia*, petite plante abondante dans les tourbières de nos régions, sont doués d'une très grande sensibilité aux excitations ; quand on les touche ils se replient en dedans ; si c'est un insecte qui s'est posé sur la feuille ils se replient autour de lui, l'enveloppent et sécrètent un liquide qui le tue, le dissout et le digère.

Les feuilles de la Dionée gobe-mouche, plante très curieuse des marais de la Caroline, sont formées de deux moitiés mobiles sur la nervure médiane et munies sur les bords de longues dents rigides ; quand un insecte touche la face supérieure du limbe qui est munie de poils glanduleux, les deux moitiés de la feuille se replient l'une sur l'autre en engrenant leurs dents, et prennent l'insecte comme dans un piège ; les poils sécrètent alors un liquide digestif qui dissout et digère toutes les parties nutritives de l'animal.

Je pourrais citer encore un grand nombre de plantes dont les feuilles se montrent plus ou moins sensibles à des excitants divers, mais je crois que les faits précédents suffiront pour donner une idée de ces mouvements dont nous discuterons ultérieurement la cause, à propos de la partie vivante des cellules, le protoplasma.

Les mouvements héliotropiques des feuilles dont nous avons parlé plus haut suffiraient à montrer l'importance des rapports qui existent entre les feuilles et la lumière. Tout dans l'organisation, la disposition, la forme, etc. des feuilles, confirme ces relations. Par leur forme étalée, par la position qu'elles prennent relativement aux rayons lumineux, par les dimensions considérables qu'elles atteignent souvent, les feuilles sont aussi bien adaptées que possible au rôle d'organes récepteurs de la lumière solaire. Dans les plantes où elles sont de petites dimensions, elles rattrapent par le nombre ce qu'elles perdent par la surface. Il n'y a pas un lecteur de ce livre qui n'ait remarqué l'énorme quantité de feuilles portées par le moindre petit rameau d'un Sapin, d'un Pin, d'un Mélèze ; il n'y en a pas un qui n'ait été frappé du rapport qui existe presque toujours entre le nombre des feuilles et leurs dimensions. Quand elles sont de petite taille, elles sont habituellement très nombreuses ; quand elles sont en petit nombre, elles sont presque toujours de grandes dimensions. Dans les rares plantes où elles sont à la fois petites et peu nombreuses, on constate aisément que les rameaux sont verts, nombreux, souvent aplatis, en un mot organisés de façon à remplacer physiologiquement les feuilles.

La grande surface des feuilles est exigée non seulement par le rôle indispensable qu'exerce la lumière dans leurs fonctions physiologiques, mais encore par les échanges de vapeurs et de gaz qu'elles sont chargées d'opérer entre la plante qui les porte et l'atmosphère. C'est par les feuilles que la plante exhale l'acide carbonique produit par les actes respiratoires, c'est par les feuilles aussi qu'elle absorbe l'oxygène indispensable à la respiration. A cet égard, on peut comparer les feuilles à la membrane cutanée ou muqueuse qui, dans les animaux, sert à l'échange des gaz. Me plaçant au point de vue de la physiologie comparée, je dirai volontiers que les feuilles sont les poumons des plantes. On verra plus bas que du point de vue de l'organisation anatomique cette comparaison n'est pas moins juste que de celui de la physiologie. Tout en elles est merveilleusement disposé pour faciliter l'entrée, la sortie et la circulation des gaz et de la vapeur d'eau.

Mais, en même temps, grâce à la présence dans leurs cellules de la matière verte à laquelle on a donné le nom de chlorophylle, les feuilles jouent, sous l'influence des rayons lumineux, le rôle de sortes de laboratoires chimiques, dans lesquels se fait la synthèse des matériaux inorganiques puisés dans le sol par les poils radiculaires et transportés par les racines, la tige et les rameaux, ou puisés directement dans l'air par les feuilles.

Je ne fais qu'indiquer ici ces fonctions, me réservant d'en parler plus en détail dans un autre chapitre, et je m'empresse d'aborder la morphologie et la physiologie générales comparées des organes de la reproduction.

CHAPITRE V

MORPHOLOGIE ET PHYSIOLOGIE GÉNÉRALES DES ORGANES REPRODUCTEURS

Le Sapin appartient à la catégorie des végétaux que les botanistes nomment *monoïques* et qui sont caractérisés par ce fait que les organes mâles et femelles ne sont pas réunis dans une même fleur, mais que le même individu porte des fleurs mâles et des fleurs femelles.

Dans le Sapin, les fleurs mâles sont disposées à l'extrémité des rameaux inférieurs, tandis que les fleurs femelles sont portées par les rameaux supérieurs de l'arbre. Les unes et les autres sont les plus rudimentaires qu'on puisse trouver parmi les plantes Phanérogames.

Fig. 23. — Écaille mâle du Sapin.

Les fleurs mâles sont toujours beaucoup plus nombreuses que les femelles. Dans notre pays, on peut les observer aisément en avril et au commencement de mai. Elles sont disposées en inflorescences auxquelles on a donné le nom de *chatons*. Examiné avant son épanouissement, chaque chaton se présente sous l'aspect d'un corps conique, assez semblable à un bourgeon à feuilles. Chacun de ces bourgeons à fleurs est enveloppé, comme les bourgeons à feuilles, d'une dizaine de bractées sèches, dures, très étroitement imbriquées et recouvrant d'abord tout le bourgeon. Plus tard, les bractées s'écartent et on voit sortir le bourgeon à fleurs, coloré en jaune. Examinez alors ce bourgeon et vous verrez qu'il est formé d'un très grand nombre d'écailles très étroitement appliquées les unes contre les autres et imbriquées, disposées en spirale sur un petit rameau mince et court, et ne différant des jeunes feuilles ordinaires que par leur coloration et par leur forme. On peut avec quelque soin, à l'aide d'une bonne loupe et en employant le procédé indiqué plus haut, s'assurer que les écailles sont insérées dans le même ordre que celles du fruit ou que les feuilles, c'est-à-dire que leur écartement est indiqué par la fraction $\frac{5}{13}$.

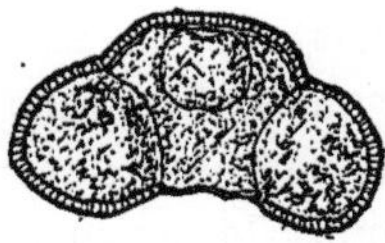

Fig. 24. — Grain de pollen du Sapin.

Examinée isolément, sous la loupe, chacune de ces écailles se montre formée d'une partie basilaire, étroite, épaisse, et d'une partie terminale étalée, très mince, légèrement dentelée sur les bords. Cette dernière rappelle entièrement les bractées dures et sèches qui enveloppent les bourgeons à feuilles ou à fleurs avant leur épanouissement. Quant à la partie basilaire, si l'on en fait une coupe transversale, on s'assure aisément qu'elle constitue une sorte de sac pyramidal, à face supérieure étroite, parcourue dans toute sa longueur par une petite nervure saillante qui se prolonge manifestement dans la partie dilatée et mince de l'organe, à face inférieure beaucoup plus large, parcourue par un sillon longitudinal qui la divise en deux parties à peu près égales, à faces latérales planes. La portion mince de l'écaille fait un angle à peu près droit avec le sac qui forme la portion inférieure. Celle-ci ayant été coupée en travers, on s'assure que le sac est divisé dans toute sa longueur par une cloison mince qui répond à la nervure de sa face supérieure et au sillon longitudinal de sa face inférieure. Les deux cavités du sac sont remplies de petits corps arrondis.

Si nous voulons donner à ces diverses parties de l'écaille dont nous venons de faire l'analyse des noms semblables à ceux que portent les parties analogues des fleurs mâles dans les Pharénogames les plus parfaites, nous nommerons l'ensemble de l'écaille une *étamine* ; le sac sera l'*anthère* ; les deux cavités prendront le nom de *loges anthériques*. La cloison qui les sépare, ainsi que la nervure saillante visible sur la face supérieure du sac, seront le *connectif* ; la portion supérieure, dilatée, de l'écaille recevra le nom d'*appendice du connectif* ; enfin, les corpuscules contenus dans les deux loges anthériques recevront le nom de *grains de pollen* ou *corpuscules polliniques*. Quant au pédicule très court d'où part la nervure médiane et par lequel l'écaille s'insère sur le petit rameau qui la porte, nous lui donnerons le nom de *filet*.

Toutes les écailles du bouton à fleurs mâles ont exactement la même structure, sauf celles qui l'enveloppaient pendant le jeune âge, et chaque écaille peut être considérée comme représentant une fleur mâle tout entière. Nous dirons donc, faisant emploi du terme indiqué plus haut, que dans le Sapin chaque fleur mâle est constituée par une seule étamine et que les fleurs mâles sont disposées en spirale le long d'un rameau très court, muni à la base de bractées scarieuses.

Si nous observons une de ces inflorescences mâles quelques jours après l'écartement des bractées scarieuses de la base, nous verrons que les écailles sont très écartées les unes des autres, par suite de l'allongement intercalaire de l'axe qui les porte, de même que, dans un bourgeon à feuilles, le rameau en s'allongeant détermine l'écartement des feuilles qui d'abord étaient étroitement appliquées les unes contre les autres.

Après que l'écartement des écailles ou étamines s'est produit, un nouveau phénomène peut être observé. Chaque loge anthérique s'ouvre, au niveau de sa face inférieure, un peu latéralement, par une fente longitudinale qui s'étend du haut en bas. Les deux lèvres de cette fente s'écartent et les grains de pollen contenus dans chaque loge en sortent. Les inflorescences mâles sont en si grand nombre et les grains de pollen sont en quantité tellement prodigieuse que si l'on secoue, à ce moment, un rameau de Sapin, on est bientôt couvert d'une poussière jaune, formée par les grains de pollen. Dans les forêts de Sapins, au moment de l'ouverture des anthères, le pollen jonche le sol et le saupoudre en jaune.

Comme chaque grain de pollen représente un élément mâle suffisant à la fécondation d'une fleur femelle, on juge de la facilité avec laquelle ces dernières peuvent être fécondées.

Je dois cependant faire immédiatement, à ce propos, une remarque importante. Le lecteur n'a pas oublié que les inflorescences mâles se développent sur les branches inférieures du Sapin, tandis que les inflorescences femelles sont situées dans la région la plus élevée de l'arbre. La conséquence de cette disposition est que les grains de pollen d'un Sapin déterminé ne peuvent pas tomber sur les fleurs femelles du même Sapin ; il faudrait pour qu'ils atteignissent ces dernières qu'ils fussent soulevés verticalement par le vent, ce qui doit être fort rare, étant donné que les vents soufflent horizontalement et non verticalement. On pourrait supposer encore que les Insectes se chargent du pollen d'un Sapin et vont le porter sur les fleurs femelles du même Sapin, comme cela est fréquent dans certaines plantes de nos jardins ; mais l'organisation des fleurs femelles du Sapin ne se prête pas du tout, ainsi que nous le verrons dans un instant, à ce mode de pollinisation. Il faut donc admettre que la disposition relative des fleurs mâles et des fleurs femelles sur le Sapin met un empêchement presque absolu à ce que le pollen d'un individu de cette espèce féconde les fleurs femelles du même individu. En revanche, rien de plus facile que la pollinisation des fleurs femelles d'un individu déterminé par le pollen d'un ou de plusieurs autres individus; il suffit pour cela que le vent porte le pollen d'un arbre sur un autre.

Ainsi que nous le verrons plus tard, le végétal trouve dans cette fécondation croisée entre individus différents un avantage considérable.

En lisant ce que nous venons de dire de la disposition des fleurs mâles sur l'axe qui les porte, on a dû être frappé de la ressemblance qui existe entre cette disposition et celle des feuilles ordinaires. On a dû même être fortement tenté de considérer chaque écaille, ou, si l'on veut, chaque fleur de l'inflorescence mâle, comme l'analogue d'une feuille ordinaire.

Tout, en effet, corrobore cette opinion. Les fleurs se développent sur un rameau entièrement semblable à ceux qui portent les feuilles, muni, comme ces dernières, à la base, de bractées dures, sèches, couvertes de résine, qui protègent le bourgeon avant son épanouissement. Les fleurs mâles sont, comme les feuilles, insérées en spirale, et la fraction indiquant leurs rapports réciproques est la même que pour les feuilles. Il est vrai qu'elles n'ont pas la même forme que les feuilles ordinaires et qu'elles ne sont pas colorées en vert ; mais les feuilles ordinaires sont de deux sortes : les unes aplaties, sèches, en forme d'écailles et dépourvues de matière verte, celles-là occupant la base aussi bien des rameaux à fleurs que des rameaux à feuilles; puis, des feuilles vertes, en forme d'aiguilles. Les étamines diffèrent incontestablement beaucoup de ces dernières, mais elles ont plus d'un trait de ressemblance avec les bractées qui enveloppent les bourgeons ; par la forme, elles leur ressemblent même davantage que les feuilles véritables. Elles leur ressemblent aussi par l'absence de chlorophylle. Restent l'organisation et le rôle physiologique. Ces deux caractères établissent une différence considérable entre les feuilles véritables et les écailles de l'inflorescence mâle; mais nous avons déjà eu maintes occasions de constater que le même membre peut, dans des plantes différentes, ou même sur un individu déterminé, s'adapter, par son organisation, à des rôles physiologiques très distincts. N'avons-nous pas vu, par exemple, que dans le Lierre il existe normalement deux espèces de racines : les unes organisées en vue de vivre dans le sol et d'y puiser les matériaux solubles nécessaires à la vie des plantes , les autres adaptées à la fonction de crampons qui fixent la tige et ses rameaux aux corps sur lesquels ils s'appuient ? Dans l'Épine-Vinette nous aurions pu signaler des feuilles de deux sortes, les unes en forme de lames largement étalées, vertes, jouant le rôle qui, normalement, appartient aux feuilles, dans les échanges des gaz et dans la fabrication des aliments ; les autres réduites à l'état d'épines incolores, ne pouvant servir qu'à la défense du végétal. Dans la Courge, la Vigne, etc., nous avons indiqué deux sortes de rameaux, les uns portant des feuilles nombreuses, des inflorescences et des fruits, les autres courts, transformés en vrilles destinées à accrocher la plante aux branches des arbres sur lesquels elle s'efforce de grimper toutes les fois qu'elle en trouve le moyen.

Dans le Lierre, dans la Vigne, dans l'Épine-Vinette, nous avons déterminé la nature véritable des racines, des feuilles, des rameaux, anormalement transformés, en tenant compte de leurs rapports avec les autres membres du végétal, et entre eux, c'est-à-dire en appliquant la célèbre loi des connexions de Geoffroy Saint-Hilaire. Appliquons le même principe aux écailles-étamines de l'inflorescence mâle du Sapin, et nous arriverons nécessairement à cette conclusion que les écailles-étamines sont des feuilles transformées.

Dans le Sapin, un même membre, la feuille, produit ainsi, par des transformations diverses, trois sortes d'organes déjà connus de nous : 1° des organes servant à l'échange des gaz et à la fonction chlorophyllienne ; ce sont les feuilles vertes en forme d'aiguilles ; 2° des organes destinés à protéger tous les autres pendant leur

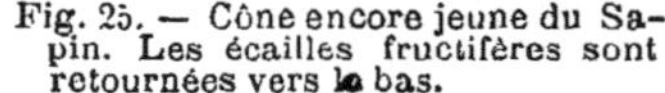

Fig. 25. — Cône encore jeune du Sapin. Les écailles fructifères sont retournées vers le bas.

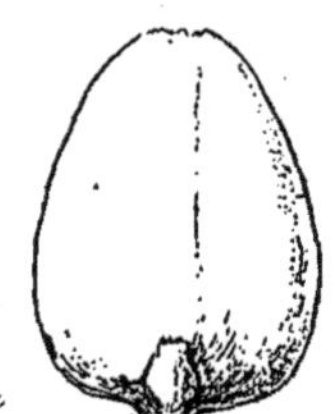

Fig. 26. — Écaille fructifère et sa petite bractée axillante.

jeunesse ; ce sont les bractées qu'on trouve à la base des bourgeons à feuilles et à fleurs ; 3° des organes reproducteurs mâles ; ce sont les écailles-étamines des inflorescences mâles.

Nous aurons à nous demander tout à l'heure si c'est le

même membre qui se transforme pour constituer les organes femelles.

En résumé, en nous plaçant au point de vue de la morphologie comparée des organes et en prenant notre point d'appui sur la loi des connexions, nous pouvons affirmer sans hésitation que l'inflorescence mâle est l'analogue d'un rameau à feuilles et que chaque écaille de cette inflorescence, c'est-à-dire chaque fleur mâle, représente une feuille transformée.

A l'état jeune, avant la fécondation, l'inflorescence femelle se présente sous l'aspect d'un corps fusiforme, allongé, formé par des écailles nombreuses et étroitement

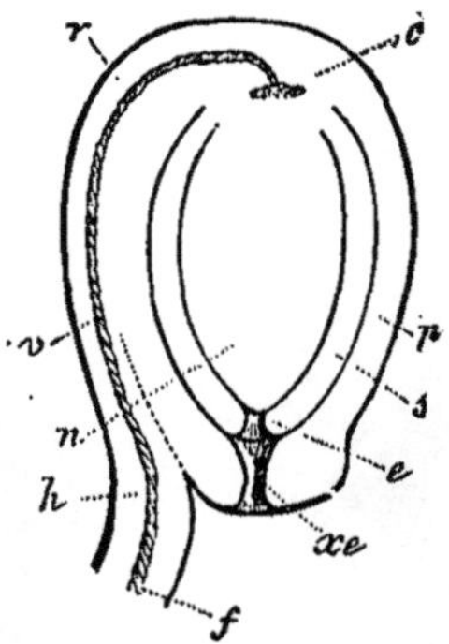

Fig. 27. — Coupe longitudinale schématique d'un ovule anatrope. *f*, funicule, cordon par lequel l'ovule est fixé à l'ovaire; *v*, faisceau qui parcourt le funicule; *r*, saillie formée sur le côté de l'ovule par le faisceau du funicule, désignée sous le nom de *raphé*; *c*, chalaze ou point dans lequel le faisceau du funicule se distribue dans les enveloppes de l'ovule; *p*, enveloppe externe de l'ovule ou *primine*; *s*, enveloppe interne de l'ovule ou *secondine*; *xe*, orifice de l'enveloppe externe ou *exostome*; *e*, orifice de l'enveloppe interne ou *endostome*; les deux orifices forment un canal ou *micropyle* qui permet au boyau pollique de parvenir jusqu'au nucelle *n* et à l'œuf qu'il contient.

imbriquées, aplaties. Ces écailles sont de deux sortes : les unes très courtes, minces, délicates, finement dentelées sur les bords ; les autres beaucoup plus longues, plus épaisses et plus dures, tronquées à l'extrémité, larges, à bords non dentelés, seulement un peu ondulés, d'abord repliées vers le bas.

Il importe beaucoup de remarquer que ces écailles sont toujours disposées deux par deux, une écaille épaisse au-dessus et pour ainsi dire dans l'aisselle d'une écaille mince. Sur la face inférieure de chaque écaille épaisse et un peu au-dessus de sa base se voient deux petits corps blanchâtres qui représentent chacun un organe reproducteur femelle. En tenant compte de ce fait, nous donnerons aux deux sortes d'écailles de l'inflorescence femelle des noms différents : nous nommerons *bractées* les écailles stériles et *écailles fructifères* celles qui portent les organes femelles.

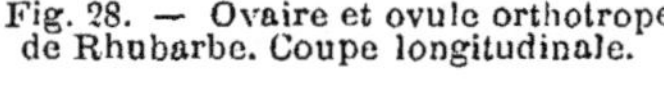

Fig. 28. — Ovaire et ovule orthotrope de Rhubarbe. Coupe longitudinale.

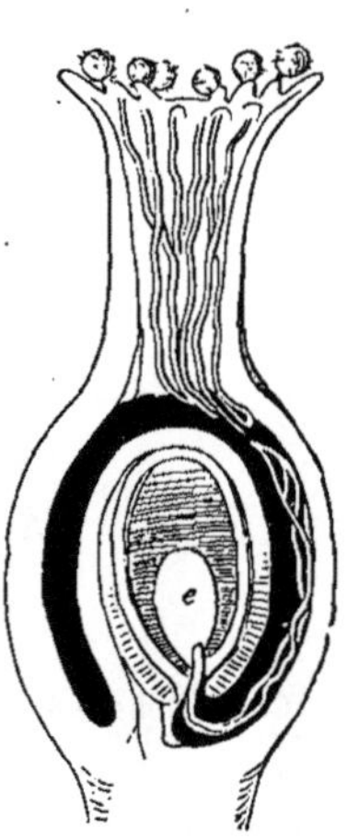

Fig. 29. — Coupe longitudinale schématique d'un ovaire et d'un ovule anatrope de Phanérogame, montrant en e l'œuf que le boyau pollinique a atteint.

Observés avec la loupe, les organes femelles se montrent composés d'un petit sac à orifice béant, légèrement divisé en deux lèvres saillantes, et tourné vers la base de l'écaille fructifère. Au fond de ce sac fait saillie un petit cône blanchâtre, dans lequel se trouve la cellule femelle destinée à être fécondée par le pollen et à se développer en un embryon ou plante nouvelle. Je n'entrerai pas ici dans l'étude de la structure anatomique de ces parties; je me bornerai, comme pour les organes précédemment étudiés, à rechercher quelle est leur véritable nature.

Aucun sujet n'a été l'objet, de la part des botanistes, de discussions plus prolongées et plus passionnées.

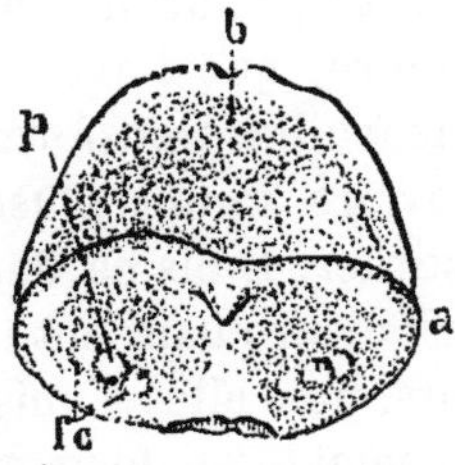

Fig. 30. — Développement de l'écaille fructifère et de l'ovaire du Pin (d'après H. Baillon). *b*, bractée; *a*, écaille fructifère; *fc*, feuilles carpellaires naissantes; *p*. nucelle.

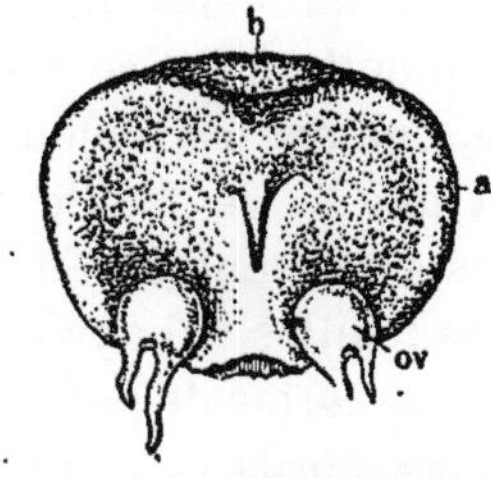

Fig. 31. — Développement de l'écaille fructifère et des fleurs femelles (d'après H. Baillon). *b*, bractée; *a*, écaille frucifère; *ov*, ovaire.

Pour que le lecteur puisse entendre ce que je vais en dire ici, il est nécessaire de rappeler que dans toutes les

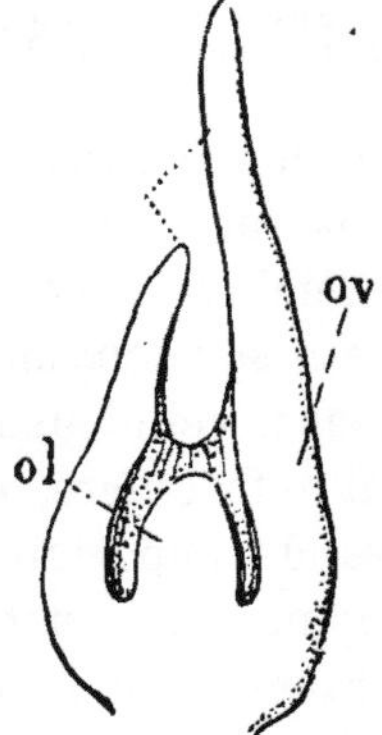

Fig. 32. — Coupe longitudinale de la fleur femelle du Pin. *ov*, ovaire; *ol*, ovule (d'après H. Baillon).

plantes Phanérogames l'organe femelle se compose essentiellement d'un sac à une ou plusieurs loges, désigné sous le nom d'*ovaire*, contenant un ou plusieurs corps arrondis ou ovoïdes, fixés à ses parois, et connus sous le nom d'*ovules*. Chaque ovule est constitué par une ou deux membranes d'enveloppe et par une masse celluleuse centrale, le *nucelle*, dans laquelle se trouve la *cellule femelle* ou *œuf* proprement dit. Je dois ajouter, pour la compréhension entière de ce que je vais dire, que l'ovaire des Phanérogames est toujours formé de feuilles transformées ; tantôt une seule feuille forme l'ovaire, tantôt plusieurs feuilles s'unissent afin de le constituer. Dans ce dernier cas, les feuilles qui doivent former l'ovaire naissent isolément sous forme de petits croissants, puis elles s'unissent par leurs bords et grandissent ensemble en formant un sac, tantôt à une seule, tantôt à plusieurs cavités (1).

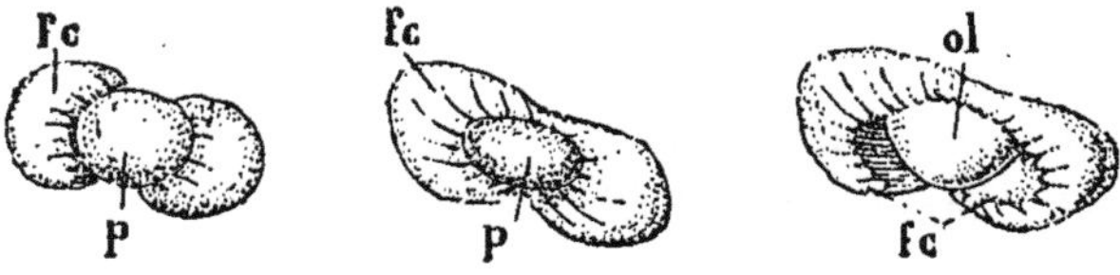

Fig. 33. — Trois phases successives du développement des carpelles du Pin (d'après H. Baillon). *fc*, feuilles carpellaires ; *p*, *ol*, nucelle.

D'après l'opinion la plus ancienne, l'organe reproducteur des Sapins serait formé uniquement d'un *nucelle* pourvu d'une seule membrane d'enveloppe ouverte. La membrane serait le petit sac dont nous avons parlé plus haut ; le nucelle, la masse celluleuse qui se voit au fond du sac. Quant à l'écaille fructifère, les anciens botanistes n'attachaient pas grande importance à sa signification morphologique. L'organe reproducteur seul les intéressait et ils le considéraient comme un ovule nu, c'est-à-dire non enveloppé d'un ovaire, d'où le nom de *gymno-*

(1) J'engage le lecteur désireux d'acquérir une connaissance exacte de l'organisation et du développement des diverses parties de la fleur, à étudier les ouvrages capitaux, à ce double point de vue, de Payer et de M. Baillon (Payer, *Traité d'organogénie comparée de la fleur*. 1 vol. grand in-8°, avec un atlas de 154 planches. H. Baillon, *Développement de la fleur et du fruit*, in *Adansonia*.)

spermes ou plantes à ovules nus, qu'ils donnaient à toutes les plantes organisées comme le Sapin.

Il y a une trentaine d'années, une opinion très différente fut émise par M. H. Baillon (1). Il considéra l'écaille fructifère comme un rameau développé dans l'aisselle d'une feuille modifiée, la bractée axillante décrite plus haut, les sacs ouverts insérés sur la base de l'écaille fructifère comme des ovaires, et la masse celluleuse qui se voit au fond du sac comme un ovule sans enveloppes séminales, c'est-à-dire réduit au nucelle. Les arguments sur lesquels il appuie cette manière de voir sont les suivants : l'écaille fructifère se développe dans l'aisselle de la bractée stérile; il a, par conséquent, en tenant compte des connexions normales des membres des végétaux, la valeur d'un rameau ; il ne diffère des rameaux ordinaires du Sapin que par sa forme aplatie. En étudiant le développement de ce rameau dans des plantes voisines du Sapin, M. Baillon vit qu'à une époque très précoce, ce rameau produit au voisinage de son sommet deux petits mamelons en forme de croissant, tout à fait semblables à ceux qui indiquent les feuilles carpellaires naissantes des autres Phanérogames ; il constata que ces petits croissants s'unissent par leurs bords, puis grandissent ensemble, tandis que, dans le fond du sac, se développe le nucelle. Il en conclut que la fleur femelle du Sapin se compose d'un ovaire à deux feuilles carpellaires, contenant un ovule réduit à son nucelle. Il vit encore que l'axe sur lequel se développent les fleurs femelles, après avoir donné naissance à ces dernières, s'aplatit beaucoup, puis s'accroît par son sommet, en arrière du point au niveau duquel sont nées les feuilles carpellaires, de façon à former au-dessus de ce point une grande

(1) H. Baillon, *Développement de la fleur et du fruit*, in *Adansonia*.

écaille fructifère. Par suite de cet accroissement spécial, les ovaires, qui d'abord étaient droits, se trouvent renversés, de façon à diriger leur ouverture vers la base de l'écaille qui les porte.

En résumé, d'après M. Baillon, l'écaille fructifère de l'inflorescence femelle du Sapin et des autres Conifères est un rameau né dans l'aisselle d'une feuille, représenté par la bractée stérile ; le rameau porte deux fleurs femelles situées côte à côte, près de sa base, et constituées chacune par un ovaire à deux feuilles carpellaires, et par un ovule nu, c'est-à-dire réduit à son nucelle.

Une troisième opinion a été émise plus récemment par M. Van Tieghem (1). D'après lui, l'écaille florifère et la bractée stérile sont l'une et l'autre des feuilles ; la bractée stérile représente une seule feuille, tandis que l'écaille florifère est constituée par deux feuilles connées par toute l'étendue d'un de leurs bords, de manière à n'en plus faire, en apparence, qu'une seule ; ces feuilles sont portées par un rameau avorté ; elles se regardent par leurs faces ventrales. Le rameau avorté qui les a produites a donné naissance, par sa face inférieure, à une seule feuille, la bractée stérile ; tandis que par sa face supérieure il a engendré les deux feuilles connées en une écaille florifère. L'écaille florifère représente donc un carpelle à deux feuilles étalées, un ovaire, non seulement ouvert, mais entièrement étalé, portant deux ovules ; car pour M. Van Tieghem, comme pour les anciens botanistes, les deux corps insérés à la base de l'écaille fructifère sont deux ovules entourés chacun d'une enveloppe séminale à orifice béant. Les arguments de M. Van Tieghem sont tirés uniquement de l'organisation anatomique de l'écaille fructifère et de la bractée stérile. Comme nous n'avons pas

(1) *Anatomie comparée de la fleur des Cycadées, des Conifères et des Gnétacées*, in *Ann. des sc. natur., Botan.*, sér. X, 1869

encore étudié l'anatomie de ces organes, nous n'exposerons pas ici ses arguments qui seront mieux à leur place dans le chapitre relatif à l'anatomie des organes reproducteurs.

L'opinion de M. Van Tieghem et celle de M. Baillon, quoique très différentes, ont été inspirées l'une et l'autre par une conception identique de l'organisation des organes femelles de toutes les Phanérogames.

Pour M. Baillon, comme pour M. Van Tieghem, l'ovaire des Phanérogames est toujours formé de feuilles transformées; mais M. Baillon regarde l'ovule comme se développant toujours sur le rameau qui porte les feuilles carpellaires, tandis que pour M. Van Tieghem l'ovule est toujours porté par les feuilles carpellaires elles-mêmes, et n'a morphologiquement que la valeur d'un poil. Un grand nombre de botanistes admettent une opinion intermédiaire; ils regardent les ovules comme portés, tantôt par le rameau sur lequel s'insèrent les feuilles carpellaires, tantôt par les feuilles carpellaires elles-mêmes.

Afin de permettre au lecteur de bien comprendre ces théories, je dois entrer ici dans quelques considérations sur les principales formes que revêtent les organes reproducteurs dans les diverses Phanérogames. Je ne ferai en cela que suivre le plan déjà adopté dans l'étude des racines, des tiges et des feuilles.

Pour avoir une idée de l'organisation des fleurs des Phanérogames, il suffit d'examiner un petit nombre de ces fleurs convenablement choisies. La fleur du Magnolia, si remarquable par sa beauté, ne l'est pas moins au point de vue qui nous occupe ici. Elle est formée d'un nombre variable (ordinairement 12, 15 et 20) de folioles insérées en spirale comme les feuilles, les plus externes ordinairement verdâtres, parfois même tout à fait vertes, les autres blanches et très odorantes. La forme, le mode d'insertion, l'organisation de ces folioles mettent hors de doute qu'elles sont produites par des feuilles transformées.

En dedans, ou plutôt au-dessus de ces folioles, que l'on réunit sous le nom de *périanthe*, se voient un grand nombre de baguettes, également insérées en spirale, formées d'un filament court (*filet*) et d'une anthère allongée, à deux loges, contenant un grand nombre de grains de pollen. Ces corps représentent autant d'étamines et leur ensemble constitue l'appareil reproducteur mâle ou *androcée*. La disposition de ces organes rappelle tout à fait celle des feuilles de la plante, mais leur forme est tellement différente, leur organisation est si distincte, qu'il paraît difficile, au premier abord, de les considérer comme des feuilles transformées.

Cette opinion apparaît cependant comme conforme à la réalité quand on a connaissance de l'organisation de certaines fleurs et des modifications que les étamines sont susceptibles de subir sous l'influence de certaines conditions. Examinez une fleur de Nénuphar jaune, plante qui est abondante dans nos mares et nos étangs, et vous verrez toutes les transitions imaginables entre les folioles du périanthe et les étamines. Les étamines les plus voisines du périanthe sont formées de lames jaunes et larges, ne différant de celles du périanthe que par un peu moins de largeur et par la présence, vers le sommet, d'une petite anthère rudimentaire. A mesure que les étamines s'éloignent davantage du périanthe, elles se montrent formées de lames plus étroites et d'anthères plus grandes, jusqu'à ce qu'on arrive aux plus internes, dont l'anthère est supportée par un simple filet.

Dans le Nénuphar, il est donc bien évident que les étamines sont produites par la transformation des folioles du périanthe ; de même que dans le Magnolia, il est non moins évident que les folioles du périanthe sont des feuilles transformées. Un autre fait indique la nature réelle des étamines. On sait combien ces organes sont nombreux dans la Rose sauvage, dont le périanthe n'est représenté que par cinq folioles vertes (sépales) et cinq folioles blanches ou roses (pétales); dans les Roses cultivées, au contraire, les étamines sont très peu nombreuses, tandis que les pétales, devenus très nombreux, font la beauté de la fleur ; or, l'examen le moins attentif permet de s'assurer que les nombreux et magnifiques pétales de la Rose domestique sont produits par une transformation des étamines qui les ramènent vers un état par lequel elles ont dû passer, état intermédiaire à celui des feuilles et à celui qu'elles présentent actuellement dans la Rose sauvage.

Ces faits, qu'il serait aisé de multiplier, mettent bien hors de doute que les étamines sont, comme les pétales et les sépales, des feuilles transformées. Nous verrons plus tard que cette opinion est encore corroborée par l'organisation anatomique des organes floraux comparée à celle des feuilles.

Revenons à notre fleur de Magnolia. En dedans et au-dessus des étamines, sur une spirale qui continue celle des étamines, on voit un assez grand nombre de petits sacs verts, aplatis, contenant chacun deux corpuscules blancs. Ces sacs sont des ovaires; les corpuscules blancs qu'ils renferment sont des ovules.

La première pensée qui vient à l'esprit quand on examine attentivement un de ces ovaires est de le comparer à une feuille qui aurait été pliée longitudinalement et dont les bords se seraient soudés, d'où le nom de *feuilles carpellaires* qui leur a été donné. Cette opinion est encore corroborée par les monstruosités, fréquentes chez certaines plantes, dans lesquelles les feuilles carpellaires, au lieu de se plier pour former des sacs, restent étalées et augmentent de taille au point de rappeler tout à fait des feuilles.

Nous voici donc amenés à adopter cette idée, émise, pour la première fois, à la fin du siècle dernier, par l'illustre poète philosophe Gœthe, que toutes les parties des fleurs des Phanérogames, les sépales dont l'ensemble forme le calice, les pétales qui constituent la corolle, les étamines qui forment l'androcée et les carpelles qui contiennent les ovules, que toutes ces parties, dis-je, sont des feuilles transformées.

Mais, tandis que ces transformations sont encore faciles à constater dans certaines fleurs, comme celles du Magnolia, du Nénuphar, etc., elles sont, au contraire, poussées si loin dans un grand nombre d'autres, que c'est seulement par analogie et en tenant compte des formes transitoires existant ailleurs qu'on peut arriver à les admettre. Indépendamment des formes très diverses et des colorations variées que présentent les sépales, les pétales et les étamines, leur nature véritable est principalement dissimulée par la fusion qui se fait entre eux dans un grand nombre de plantes. Examinez la fleur d'un Volubilis ; vous aurez peine à reconnaitre que son cornet est formé de cinq pétales. Pour acquérir la conviction qu'il en est ainsi, vous serez obligé de suivre son développement. Vous verrez alors que la corolle naît par cinq mamelons tout à fait distincts l'un de l'autre ; plus tard, vous verrez le tissu situé entre ces mamelons se soulever avec eux, de telle sorte que la corolle sera bientôt représentée par un petit tube qui n'aura plus qu'à s'accroître pour devenir le superbe cornet coloré qui fait la beauté de la fleur du Volubilis. Qu'il s'agisse de la corolle, du calice, de l'androcée, du gynécée, les mêmes phénomènes se produisent dans un grand nombre de plantes et rendent parfois difficile à déterminer le nombre des pièces qui entrent dans la composition des organes floraux.

Il ne nous reste à résoudre qu'une seule question, celle qui a été posée plus haut, relative à la nature de l'organe qui produit et porte les ovules. Les ovules sont-ils toujours produits par le rameau sur lequel se développent les folioles florales, ou bien naissent-ils des feuilles carpellaires?

Pour Payer et pour M. Baillon, la partie qui porte les ovules est toujours de nature axile, c'est-à-dire constituée par le rameau qui produit les feuilles carpellaires. Afin d'établir cette opinion, M. Payer, qui lui a donné le premier une forme précise et qui a passé sa vie à l'établir, emploie la méthode organogénique, c'est-à-dire l'étude du développement des organes. Je me bornerai, pour donner une idée précise de son argumentation, à reproduire un petit nombre des faits sur lesquels elle repose. Si l'on observe la fleur adulte d'une Ortie, on voit que l'ovaire se présente sous l'aspect d'un petit sac ovoïde, dans le fond duquel se dresse un seul ovule droit, dont les enveloppes ont leur orifice en haut (ce que l'on nomme un ovule orthotrope). En suivant le développement de ce gynécée, on voit que l'ovaire est constitué par une seule feuille carpellaire ; que celle-ci naît autour du sommet de l'axe floral sous la forme d'un croissant dont les cornes se rapprochent au point d'embrasser toute la circonférence de l'axe ; que l'anneau ainsi produit se soulève ensuite en un sac à une seule cavité, tandis que le sommet de l'axe floral produit deux enveloppes séminales concentriques et se transforme lui-même en nucelle. A ne tenir compte que du développement, il semble bien qu'ici l'ovule est produit par l'axe floral, qu'il est de nature axile ; il n'offre, en effet, à aucun moment de son existence, aucun rapport avec la feuille carpellaire.

Dans la Primevère, l'ovaire est également un sac unique ; mais il est formé par cinq feuilles carpellaires. Celles-ci naissent autour du sommet de l'axe floral, sous la forme de cinq mamelons en forme de croissants qui se réunissent par leurs extrémités, puis se soulèvent simultanément en un sac unique. Dans le fond de l'ovaire, se voit un fort mamelon conique, sur lequel sont disposés un grand nombre d'ovules dont les enveloppes s'ouvrent au voisinage du point d'insertion (ovules anatropes). Pour Payer, le mamelon conique qui porte les ovules représente le sommet de l'axe floral et les ovules n'ont aucune relation avec les feuilles carpellaires, à aucun moment de leur existence. En se fondant sur l'organogénie, on ne peut donc pas admettre que les ovules soient des dépendances de ces feuilles.

Dans le Laurier, les phénomènes sont plus complexes et la solution du problème plus obscure. A l'état adulte, l'ovaire se montre formé d'un sac à cavité unique, contenant un seul ovule, comme dans l'Ortie ; mais tandis que l'ovule de l'Ortie se dresse au fond du sac et au sommet de l'axe floral, dans le Laurier, il est attaché sur la paroi même du sac ovarien, au niveau d'une portion un peu renflée et saillante de ce sac. L'ovaire n'est formé que d'une seule feuille carpellaire qui naît au-dessus du sommet de l'axe floral, sous l'aspect d'un petit croissant, mais la portion de l'axe située entre les deux cornes du croissant s'allonge en même temps que la feuille carpellaire, de telle sorte que, d'après Payer, le sac ovarien serait formé de deux parties : une feuille carpellaire et le sommet de l'axe situé entre les bords de la feuille, faisant saillie dans la cavité ovarienne et portant l'ovule. Cette portion saillante en dedans, que les botanistes appellent le *placenta*, serait donc, d'après Payer, en vertu des faits révélés par l'organogénie, de nature axile.

La fleur du Millepertuis offre, à l'état adulte, un ovaire à une seule cavité, contenant un grand nombre d'ovules ; ceux-ci sont portés par trois cordons ou placentas, qui font saillie dans la cavité de l'ovaire. D'après Payer, ces trois placentas représenteraient trois prolongements de l'axe floral entre les trois feuilles carpellaires qui forment l'ovaire, et les ovules n'auraient ici encore aucun rapport avec les feuilles carpellaires.

La fleur de la Pomme de terre nous offre encore un autre type d'organisation de l'ovaire. A l'état adulte, celui-ci se montre divisé en deux cavités par une cloison qui s'épaissit beaucoup en son milieu, dans chaque cavité, de façon à former deux placentas qui portent un grand nombre d'ovules. D'après Payer, les placentas sont produits par le soulèvement de l'axe entre les feuilles carpellaires qui composent l'ovaire et au milieu de la cavité de ce dernier.

En résumé, dans tous les cas dont je viens de parler, Payer considère les placentas comme formés par l'axe soulevé, soit au centre de la cavité ovarienne, soit sur ses côtés entre les feuilles carpellaires.

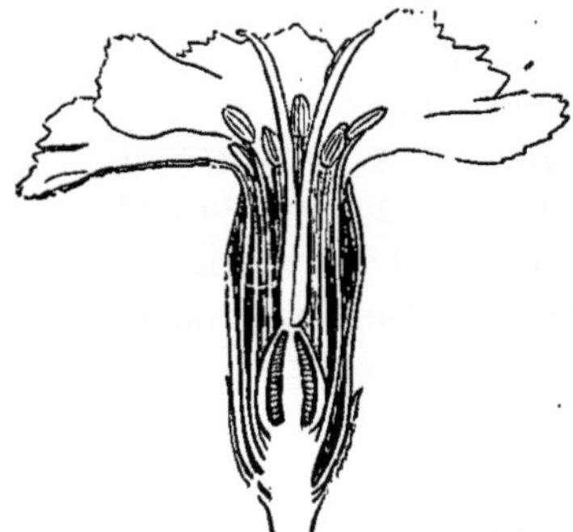

Fig. 34. — Fleur d'Œillet. Coupe longitudinale, montrant que l'ovaire est supère.

L'examen de toutes les fleurs dont je viens de parler montre que les étamines et les pétales sont insérés au-dessous de la base de l'ovaire, ce qui a fait donner à ce dernier le nom d'*ovaire supère*. Dans un grand nombre d'autres fleurs, au contraire, les étamines et les pétales se montrent insérés au-dessus de la cavité ovarienne, ce qui fait dire que l'ovaire est *infère*. Parmi les plantes bien connues de tous les lecteurs, il en est ainsi dans le Poirier, le Pommier, le Néflier, la Carotte, etc.

La fleur du Poirier se prête bien, à cause de sa grande taille, à l'examen de cette sorte de fleurs. Coupez cette fleur dans sa longueur en deux parties égales et vous verrez qu'elle présente à son sommet une sorte de cupule autour de laquelle sont attachés les sépales, les pétales et les étamines ; c'est au-dessous de cette cupule que se trouvent les cavités de l'ovaire.

Il n'y a pas de question qui ait été plus débattue que celle de savoir par quoi est formée la partie de cette fleur qui contient les cavités ovariennes et qui porte les pétales et les étamines. D'après Schleiden, Payer, M. Baillon, etc., cette partie serait entièrement formée par l'axe floral développé en une coupe plus ou moins profonde, sur les bords de laquelle naîtraient successivement les sépales, les pétales, les étamines et les feuilles carpellaires ; ces dernières ne formeraient, par suite, que la voûte des cavités ovariennes, tandis que les parois, les placentas et les cloisons, quand il en existe, seraient de nature axile. Cette opinion est fondée sur l'étude organogénique.

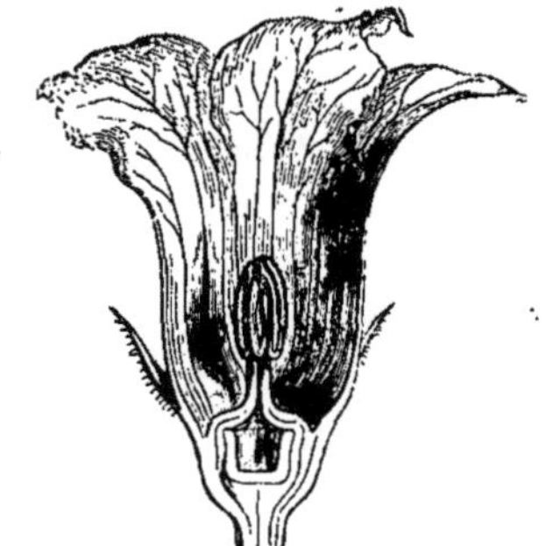

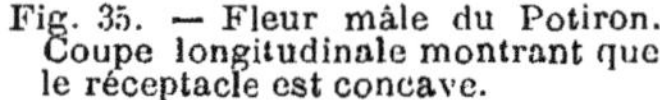

Fig. 35. — Fleur mâle du Potiron. Coupe longitudinale montrant que le réceptacle est concave.

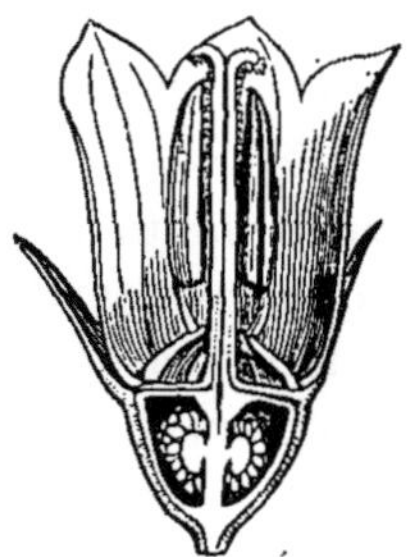

Fig. 36. — Fleur de Campanule, à ovaire infère. Coupe longitudinale.

D'après Payer, on voit dans toutes ces fleurs les feuilles carpellaires se développer, comme dans toutes les autres, autour du sommet de l'axe floral; mais, pendant qu'elles s'accroissent, le sommet de l'axe, au lieu de s'allonger comme il le fait dans les fleurs à ovaire supère, s'arrête dans son développement et ne s'accroît qu'au niveau de la partie qui porte le périanthe, l'androcée et les feuilles carpellaires, et au niveau des placentas et des cloisons, de telle sorte qu'il semble se creuser en une seule ou plusieurs cupules destinées à former les loges ovariennes. D'après cette manière de voir, les ovules naissent encore sur des placentas de nature axile et sans aucun rapport avec les feuilles carpellaires.

Ainsi, que l'ovaire soit infère ou qu'il soit supère, les ovules seraient toujours, d'après Payer, produits par l'axe floral ; dans les deux cas, les placentas seraient de nature axile ; mais, dans le cas des ovaires supères, les parois de l'ovaire sont, de l'avis de tout le monde, constituées par les feuilles carpellaires, tandis que dans le cas des ovaires infères les parois de l'ovaire seraient, d'après Schleiden, Payer et M. Baillon, formées, comme les placentas, par l'axe floral.

Cette dernière opinion a été vivement combattue à diverses époques. Quelques botanistes, parmi lesquels je me bornerai à citer Decaisne et Naudin, ont considéré les parois des ovaires infères comme formées par les feuilles carpellaires soudées, par leur face externe, avec une portion de l'axe floral creusée en cupule. A une date plus récente, M. Van Tieghem a émis l'opinion que dans le cas des ovaires infères les parois de l'ovaire sont formées « par la réunion de plusieurs verticilles d'appendices, simples quelquefois, mais le plus souvent composés, (1) » appendices dont les plus internes sont les feuilles carpellaires. Il en résulte que pour M. Van Tieghem, quelle que soit la nature de l'ovaire, qu'il soit infère ou supère, les ovules sont toujours insérés sur les feuilles carpellaires,

(1) Van Tieghem, *Recherches sur la structure du pistil et sur l'anatomie comparée de la fleur*, p. 28.

ou même, suivant son expression, sont « de nature foliaire (1). »

M. Van Tieghem ne conteste pas les faits observés par Payer, faits contrôlés par de nombreuses observations et absolument incontestables, du moins dans leur généralité, mais il leur refuse la valeur que leur attribuent Payer et M. Baillon. « Il est clair, écrit M. Van Tieghem (2), que, s'il affirme que tel organe qu'il voit apparaître sous forme de mamelon ou de cordon longitudinal est un axe ou une ramification d'axe, et non un appendice ni une fraction d'appendice, l'organogéniste dépassera la puissance de sa méthode, pour entrer dans le domaine des analogies de formes, des rapports de position, ou même des pures hypothèses. »

Je reconnais volontiers qu'il y a beaucoup de vrai dans cette manière de voir. Il est indéniable que voir naître un organe ne suffit pas pour déterminer sa nature exacte, à moins qu'il ne naisse dans des rapports de connexion avec les organes voisins tellement précis et tellement normaux qu'il rentre dans les cas les plus simples et les plus ordinaires. Mais, comme les fleurs sont formées de membres déjà transformés, il est permis de supposer, *à priori*, que les parties dont elles sont constituées sont susceptibles de présenter des anomalies de toutes sortes, anomalies de connexion comme anomalies de formes, d'organisation, etc.

Il faudrait donc, pour décider si telle partie de la fleur est de nature axile, c'est-à-dire appartient au rameau, ou est de nature foliaire, posséder un critérium certain, permettant d'affirmer, dans tous les cas, douteux ou non douteux, normaux ou anormaux, que tel organe végétal est de nature axile, c'est-à-dire fait partie de la tige et de ses ramifications, ou est de nature foliaire, c'est-à-dire doit

(1) Van Tieghem, *Recherches sur la structure du pistil et sur l'anatomie comparée de la fleur*, p. 209.

(2) *Ibid.*, p. 20.

être considéré comme un appendice de la tige ou des rameaux. Ce critérium a été cherché tour à tour dans la forme, dans les connexions, dans l'organisation anatomique, dans le développement organogénique ou histogénique, sans que jamais, à mon avis, on ait pu le rencontrer, ainsi que je le démontrerai dans un autre chapitre.

Quoi qu'il en soit, M. Van Tieghem ayant cru le trouver dans l'organisation anatomique des tiges, des feuilles et des organes floraux adultes, c'est à l'anatomie des fleurs adultes qu'il a demandé de résoudre la difficile et tant controversée question de la nature des placentas infères et des parois des ovaires; c'est sur l'anatomie des fleurs adultes qu'il a songé à fonder l'opinion d'après laquelle les parois des ovaires infères seraient toujours formées par la réunion d'organes foliaires, et celle d'après laquelle les placentas des ovaires supères ou infères seraient toujours de nature foliaire. Je ne veux pas discuter ici ces opinions ; je me borne à les noter ; les critiques qu'on peut leur adresser seront plus faciles à exposer lorsque nous aurons étudié l'organisation anatomique des tiges, des feuilles et des fleurs et lorsque nous serons en mesure d'apprécier la valeur des caractères anatomiques considérés comme caractéristiques des axes et des appendices et celle des divers critériums invoqués pour reconnaître ces deux sortes d'organes dans les cas douteux et anormaux.

Pour rester fidèle à l'ordre suivi dans les chapitres précédents, je dois dire quelques mots des propriétés mécaniques et du rôle des organes reproducteurs. Quant à leur rôle physiologique, il est suffisamment indiqué par le titre même sous lequel nous les avons décrits et par tout ce que nous en avons dit déjà. Les organes femelles renferment une cellule, l'œuf, qui, après avoir été fécondée par la cellule mâle, ou grain de pollen, donne naissance à une plante nouvelle. Nous n'insistons pas, en ce moment, sur l'acte même de la fécondation, mais nous dirons quelques mots des conditions dans lesquelles il s'effectue habituellement.

La première condition nécessaire est la mise en contact de la cellule mâle avec les organes femelles. Elle est réalisée de façons très diverses suivant les végétaux.

Nous avons dit déjà que dans le Sapin c'est le vent qui doit être considéré comme l'agent, sinon unique, du moins principal, du transport des grains de pollen sur les ovules. Il joue manifestement le même rôle pour tous les végétaux de la grande classe des Gymnospermes à laquelle appartient le Sapin et pour un petit nombre d'autres Phanérogames. A toutes ces plantes on donne le nom d'*anémophiles* (ἄνημος, vent; φίλος, ami). Il est assez curieux de remarquer que toutes ont des fleurs unisexuées; les fleurs mâles et les fleurs femelles pouvant être portées par le même individu, comme dans le Sapin (monoïques), ou par des individus distincts (dioïques).

On a cherché à expliquer ce fait par l'ancienneté de la plupart des plantes anémophiles. On a supposé que ces plantes s'étant montrées sur le globe avant l'apparition des insectes, elles avaient dû s'adapter à un mode de pollinisation dans lequel le vent seul était l'agent de transport. Ce qui est bien démontré par les documents paléontologiques, c'est que dans les premiers végétaux qui se sont développés à la surface de la terre les sexes étaient séparés; des individus distincts portaient chacun l'un des sexes. Puis, les deux sexes furent réunis sur un même individu, mais portés par des rameaux différents. Plus tard, seulement, ils se réunirent sur un même rameau et dans une même fleur. La séparation des sexes sur des individus distincts rendait évidemment nécessaire l'intervention d'un agent de transport capable d'amener le pollen au contact des organes femelles. Cet agent ne pouvait être que le vent à une époque où les insectes qui, aujourd'hui, sont les pollinisateurs par excellence des végétaux, n'existaient pas encore.

Le transport du pollen par le vent étant un moyen très imparfait de mettre les cellules mâles en rapport avec les cellules femelles, les plantes anémophiles ont dû nécessairement s'adapter à ce mode de pollinisation en produisant une quantité de pollen proportionnée aux nombreuses chances de perte. C'est en effet ce qui s'est produit. De toutes les plantes, celles qui sont fécondées par le vent sont aussi celles qui produisent la plus grande quantité de pollen. Il importe aussi de remarquer que le pollen de la plupart de ces plantes est extrêmement léger. Dans les Conifères il est muni de deux grandes ailes latérales qui, en augmentant sa légèreté, le rendent transportable à de plus grandes distances. D'après certains observateurs, on en aurait trouvé à plus de 160 lieues des arbres sur lesquels il s'était développé.

Chose digne d'attention, les quelques plantes anémophiles étrangères au groupe des Conifères et appartenant à des Phanérogames plus modernes, comme les Rosacées et les Crucifères, ne présentent ni la grande abondance de pollen dont nous venons de parler, ni la légèreté des grains. Il est permis d'en déduire que ces espèces ont été d'abord adaptées à la fécondation par les insectes, ou *entomophiles* (de ἔντομον, insecte ; φίλος, ami), comme les autres formes des familles auxquelles elles appartiennent, et qu'elles ne sont devenues anémophiles que plus tard, peut-être parce qu'ayant cessé de sécréter du nectar, elles n'ont plus été visitées par les insectes.

Un caractère remarquable des plantes qui ont toujours été anémophiles est l'absence de coloration et d'odeur de leurs fleurs. Quant aux plantes qui ont d'abord été entomophiles, elles ont des fleurs semblables à celles de leurs congénères, c'est-à-dire colorées ou odorantes.

Ainsi que je l'ai déjà fait remarquer plus haut, la conséquence de la pollinisation par le vent est que le même individu n'est pas, d'habitude, fécondé par lui-même et qu'il y a croisement entre individus distincts. Cela est presque nécessaire chez le Sapin dont les fleurs femelles sont insérées au-dessus des fleurs mâles. Je ne parle pas des plantes anémophiles dioïques, puisque la séparation des sexes sur des individus différents impose le croisement.

Une autre conséquence de l'anémophilie est la facilité de la fécondation croisée entre individus habitant des localités plus ou moins éloignées les unes des autres. En effet, grâce à sa légèreté et à son abondance, le pollen d'un Sapin déterminé pourra être transporté sur les organes femelles d'un autre Sapin croissant à plusieurs kilomètres de distance.

Or, il est bien démontré aujourd'hui que le croisement entre individus distincts, et surtout entre individus habitant des localités différentes, est extrêmement avantageux aux plantes. Lorsque des végétaux habitant une localité déterminée ne se fécondent qu'entre eux pendant un certain nombre de générations, leurs descendants ne tardent pas à s'abâtardir. C'est pour prévenir cet inconvénient que les horticulteurs ont soin de renouveler leurs graines très fréquemment. Il y a même avantage à ne jamais semer dans un jardin les graines qu'il a produites.

Quant au croisement entre individus distincts, il est tellement avantageux, sinon indispensable aux végétaux, que le plus grand nombre des espèces sont disposées de telle sorte qu'un individu ne puisse que difficilement être fécondé par lui-même, ou que du moins les organes mâles d'une fleur ne puissent pas féconder les organes femelles de la même fleur.

Les moyens mis en usage dans ce but par la nature sont extrêmement variés. Je me bornerai à citer les plus remarquables.

Dans un grand nombre de plantes, la fécondation des

ovules d'une fleur par le pollen de la même fleur est rendue impossible par ce fait que les organes mâles et les organes femelles n'arrivent pas à maturité au même moment; tantôt c'est le pollen qui n'est pas encore entièrement formé lorsque les ovules arrivent à l'âge d'être fécondés, tantôt ce sont les ovules qui ne sont pas encore prêts lorsque le pollen arrive à maturité. Dans les deux cas, l'intervention d'un pollen étranger est nécessaire pour que la fécondation ait lieu. On a nommé *dichogames* les plantes qui offrent ce caractère ; on leur ajoute l'épithète de *protandriques* quand c'est l'organe mâle qui prend les devants sur l'organe femelle, et celle de *protogyniques*, quand c'est, au contraire, l'organe femelle qui devient apte le premier à la fécondation.

La fécondation directe des organes femelles d'une fleur par les organes mâles de la même fleur est encore plus fréquemment empêchée par la position relative des deux sortes d'organes. Nous avons dit plus haut que les organes mâles ou étamines affectent très habituellement la forme de filaments (filets) plus ou moins allongés, supportant un sac (anthère) dans lequel se développent les cellules fécondatrices mâles (pollen) ; et que l'organe femelle se présente sous la forme d'un sac (ovaire) à une ou plusieurs loges contenant les ovules. Ajoutons que l'ovaire est surmonté d'une colonne plus ou moins allongée (style), terminée par une surface papilleuse (stigmate), sur laquelle les grains de pollen doivent parvenir et qui sécrète un liquide destiné à faciliter la germination de ces grains et la formation d'un tube qui pénètre dans l'ovaire et va porter au contact de l'œuf la substance fécondatrice mâle.

Cela dit, il est aisé de comprendre que la fécondation d'une fleur par elle-même est placée sous la dépendance des facilités plus ou moins grandes qu'a le pollen d'être mis en contact avec le stigmate. Si, par exemple, les filets des étamines sont plus longs ou de même longueur que le style, le pollen tombera naturellement sur le stigmate qui termine le style; mais si, au contraire, le style est plus long que les étamines, le pollen tombera au pied du style et non sur le stigmate. On a donné des noms particuliers aux fleurs qui présentent ces divers caractères : on désigne par l'épithète de *microstylées* les fleurs dont le style est plus court que les étamines, par celle de *macrostylées* les fleurs dont le style est plus long que les étamines, et par celle *d'isostylées*, celles dont le style et les étamines ont la même longueur. Dans les premières, si aucune autre cause n'y met obstacle, l'autofécondation est facile; elle est impossible dans les secondes.

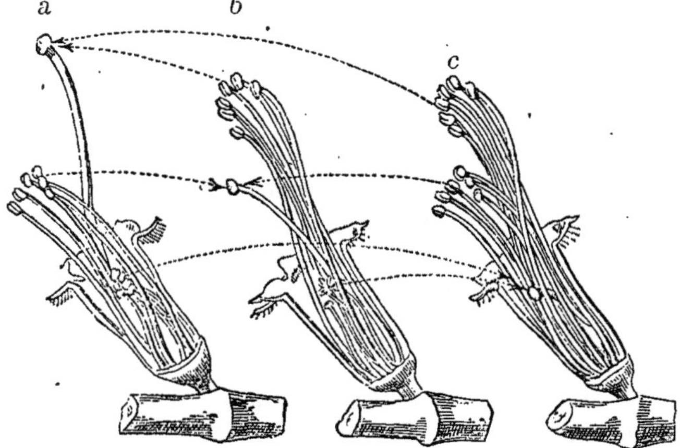

Fig. 37. — Figures schématiques indiquant les fécondations les plus utiles. *a*, fleur macrostylée; les flèches qui aboutissent à son stigmate indiquent qu'elle sera le plus avantageusement fécondée par le pollen provenant des étamines les plus longues des fleurs *b* et *c*. — *b*, fleur mésostylée; la direction des flèches qui aboutissent à son stigmate montre qu'elle sera fécondée le plus avantageusement par les étamines les plus longues de *a* et par les étamines les plus courtes de *c*. — *c*, fleur microstylée; les flèches qui aboutissent à son stigmate indiquent qu'elle est le plus utilement fécondée par le pollen des étamines les plus courtes de *a* et de *b*.

Il ne faudrait pas croire cependant que dans les fleurs isostylées et microstylées l'autofécondation soit aussi aisée que tenteraient de le faire croire les rapports des organes mâles et femelles. Des expériences curieuses de Darwin et d'autres naturalistes ont établi que fréquemment l'autofécondation ne s'accomplit pas, malgré les facilités qu'apporte à son accomplissement la longueur relative du style et des étamines. Il semble que le pollen ne trouve pas dans l'organe femelle les conditions favorables à son développement. Il y a mieux encore : dans les plantes qui possèdent à la fois des fleurs microstylées et des fleurs macrostylées, on a constaté que le pollen d'une fleur microstylée féconde plus aisément les ovules d'une fleur macrostylée que ceux d'une fleur microstylée. Dans une série d'expériences fort curieuses, faites sur une Primevère (*Primula veris*), Darwin féconda 13 fleurs microstylées par le pollen de fleurs macrostylées ; il obtint 12 fruits dont 11 bons, contenant 318 milligrammes de graines, soit 2 grammes 86 de graines pour 100 fruits. D'autre part, il féconda 15 fleurs microstylées par le pollen de fleurs également microstylées ; il n'obtint que 8 capsules, dont 6 seulement étaient bonnes et renfermaient 117 milligrammes de graines, soit 1 gramme 05 de graines pour 100 capsules.

Il me paraît inutile d'insister davantage sur ces faits. Ils suffisent pour nous faire concevoir que si l'autofécondation des fleurs est aussi rare, c'est qu'elle est désavantageuse aux plantes. Si, en effet, les plantes y trouvaient un bénéfice, celles qui en jouiraient résisteraient plus facilement que les autres dans la lutte pour l'existence que toutes soutiennent. Des expériences directes confirment cette vue déduite des conséquences de la lutte pour l'existence. Il est aujourd'hui bien démontré que dans toutes les plantes à fleurs hermaphrodites les graines sont plus nombreuses quand la fleur a été fécondée par le pollen provenant d'une autre fleur ; elles sont plus nombreuses encore quand le pollen vient des fleurs d'un autre individu. Non seulement, dans ces deux cas, les graines sont plus nombreuses que quand elles résultent de l'autofécondation, mais encore elles produisent des individus plus vigoureux. Il y a encore avantage pour les plantes à ce que le croisement ait lieu entre des individus appartenant à des variétés distinctes.

Il ne faudrait pas croire cependant que l'autofécondation ne se présente jamais ; elle est, au contraire, très fréquente et souvent même elle est favorisée par des mouvements particuliers des étamines. Dans l'Épine-Vinette, les étamines s'infléchissent pour porter les anthères au contact du stigmate au moment de l'émission du pollen ; dans les Violettes, il existe des fleurs souterraines qui ne s'ouvrent pas, dans lesquelles l'autofécondation seule est possible et où elle s'effectue réellement. Mais il importe de remarquer que dans toutes les plantes où l'autofécondation est possible ou facile, les individus ainsi produits s'abâtardissent, au bout d'un certain nombre de générations, d'une façon très manifeste. Il suffit alors de pratiquer la fécondation croisée pendant quelques générations pour relever la taille de la race.

Dans la nature, la plupart des plantes offrent indifféremment, soit l'autofécondation d'une fleur par elle-même, soit la fécondation d'une fleur d'un individu par d'autres fleurs du même individu, soit la fécondation des fleurs d'un individu par celles d'un autre individu, soit la fécondation des fleurs d'une race par celles d'une autre race. Ces divers modes de fécondation agissant les uns pour abâtardir la plante, les autres pour l'améliorer, il en résulte une sorte de moyenne qui la maintient dans les proportions normales de ses ancêtres.

L'autofécondation étant désavantageuse, les plantes doivent avoir à leur disposition des moyens de pratiquer la fécondation croisée, proportionnés par leur importance aux avantages que ce mode de fécondation leur procure. Parmi ces moyens nous avons indiqué plus haut le vent. Nous avons vu qu'il est à peu près le seul mis en usage pour les plantes du groupe auquel appartient le Sapin. Parmi les autres Phanérogames il n'est que rarement employé et ce sont les insectes qui, d'ordinaire, se chargent d'opérer le croisement, soit entre deux fleurs d'un même individu végétal, soit entre deux individus plus ou moins éloignés. Quelques oiseaux jouent le même rôle, mais leur nombre est si peu considérable qu'il est suffisant de citer le fait.

Le rôle des insectes dans la fécondation des fleurs est beaucoup plus important et il prête à des considérations sur lesquelles il est impossible que je ne m'appesantisse pas quelque peu.

Les insectes fréquentent les fleurs parce qu'ils y trouvent leur nourriture. Les uns, comme les Abeilles, recherchent à la fois le pollen dont ils se nourrissent et le liquide sucré (nectar) que sécrètent des glandes (nectaires) situées entre les organes floraux, liquide avec lequel elles fabriquent le miel destiné à l'alimentation de leur progéniture ; les autres, comme les Papillons et les Mouches, se nourrissent directement des liquides sucrés. Les uns et les autres fréquentent plus volontiers certaines espèces de plantes dans lesquelles ils trouvent plus aisément que dans les autres, soit le pollen, soit le nectar, objet de leurs convoitises. Les jeunes insectes se montrent, à cet égard, assez capricieux ou plutôt ignorants ; mais, bientôt, ayant acquis par l'expérience la certitude que telle plante leur est plus utile que telles autres, ils ne fréquentent plus qu'elle. Pour la reconnaitre, il leur faut des signes extérieurs. Ces signes sont, soit la coloration, soit, plus rarement, l'odeur. Notons en passant que les fleurs fréquentées par les insectes nocturnes n'offrent habituellement pas de couleurs vives, mais possèdent une odeur plus ou moins prononcée.

De nombreuses expériences ont mis en relief la faculté qu'ont les insectes de distinguer les fleurs des différentes espèces, non seulement d'après la coloration générale qui est la même dans un grand nombre de plantes très éloignées les unes des autres, mais encore d'après la forme des pétales et surtout d'après les taches et les stries que présentent la plupart des fleurs colorées. Ce sont ces caractères qui, fixés dans la mémoire des insectes, après une certaine période d'expérience, leur permettent de trouver rapidement les fleurs les plus riches en sucre ou en pollen. L'expérience des insectes, à cet égard, paraît être poussée très loin. « Les Bourdons et les Abeilles, dit Darwin, sont d'excellents botanistes, car ils savent que les variétés peuvent présenter de profondes différences dans la couleur de leurs fleurs sans cesser d'appartenir à la même espèce. J'ai vu fréquemment des Bourdons voler droit d'un pied de Fraxinelle toute rouge vers une variété blanche ; d'une variété de *Delphinium consolida* et de *Primula veris* à une autre différemment colorée ; d'une variété pourpre foncé de *Viola tricolor* à une autre jaune d'or, et dans deux espèces de *Papaver*, d'une variété à une autre qui différait beaucoup comme couleur. Mais, dans ce dernier cas, quelques Abeilles volaient indifféremment à l'une et à l'autre espèce, quoique passant à travers d'autres fleurs, et agissaient comme si ces deux espèces avaient été de simples variétés. »

Grâce à la faculté qu'ont les insectes de reconnaître les fleurs où ils trouvent le plus facilement les produits dont ils sont avides, il s'établit entre les différentes espèces d'insectes et de fleurs des relations plus ou moins étroites, telle espèce de fleurs étant fréquentée de préférence par telle espèce d'insectes, tandis que les autres insectes passent dédaigneux à côté d'elle. La conséquence de ces relations est que si les insectes emportent dans les poils qui souvent couvrent leur corps des grains de pollen recueillis en frôlant les organes floraux, il y a beaucoup de chances pour qu'ils les transportent sur d'autres fleurs du même pied ou sur des fleurs de pieds différents de la même espèce. Il en résulte des croisements fréquents entre fleurs du même individu ou entre fleurs d'individus distincts et plus ou moins éloignés les uns des autres. Comme les insectes sont sans cesse en maraude, volant d'une fleur à l'autre, d'un jardin à un autre, en faisant parfois des zigzags assez étendus, pour la recherche des fleurs qui leur plaisent le mieux, les croisements qu'ils opèrent sont extrêmement nombreux.

D'autre part, comme les croisements sont très avantageux aux plantes qui en sont l'objet, il est naturel de penser que les individus dont les fleurs sont les plus faciles à reconnaître, soit par la grandeur de leurs pétales, soit par la singularité de leurs formes, soit par la vivacité de leur coloration et la disposition de leurs taches, soit par leur odeur, soit par plusieurs de ces caractères réunis, il est naturel, dis-je, de penser que ces individus étant plus fréquentés que les autres par les insectes auront plus de chances de laisser une postérité nombreuse, offrant les caractères avantageux des ancêtres. Ces caractères subiront eux-mêmes par là une évolution ascendante qui les rendra de plus en plus prononcés et avantageux.

C'est ainsi que Richard Wallace, et, après, lui Darwin, ont expliqué la fréquence des fleurs à coloration brillante, à formes singulières ou à odeur caractéristique, et celle des fleurs produisant du nectar (1). Ces traits d'organisation sont la conséquence d'une véritable lutte pour l'existence entre les individus, ceux qui les possèdent ayant toutes les chances de laisser une postérité nombreuse et rendue vigoureuse par le croisement, tandis que ceux qui en sont dépourvus finissent par disparaître à la suite de l'abus de l'autofécondation qui leur est seule ou presque seule possible.

(1) Voyez : R. Wallace, *la Sélection naturelle* ; Ch. Darwin, *les Formes des fleurs*.

Je crois inutile d'insister davantage sur ces considérations et je m'empresse de terminer l'étude des organes reproducteurs des végétaux par quelques mots sur les transformations qu'ils subissent après la fécondation et sur la sensibilité qu'ils manifestent, comme les tiges, les racines et les feuilles, à la pesanteur, à la lumière, etc.

Après que les organes reproducteurs mâles ont émis leur pollen, ils ne tardent pas à se flétrir et à se détacher. Les organes protecteurs de la fleur, c'est-à-dire le calice et la corolle, quand ils existent, se détachent, d'ordinaire, en même temps que les organes mâles, et la fleur se trouve réduite aux organes femelles fécondés. Ceux-ci passent dès lors par une série de transformations qui ont pour résultat la production du fruit et de la graine.

Dans le Sapin, ces transformations sont très caractéristiques. Les écailles fructifères prennent, après la fécondation, un développement considérable; elles s'élargissent, s'épaississent et se lignifient, tandis que les bractées, dans l'aisselle desquelles elles sont situées, conservant leurs faibles dimensions et le peu de consistance qu'elles avaient dans la fleur, finissent par devenir tout à fait indivisibles.

Il n'en est cependant pas ainsi dans toutes les espèces de Sapin. Dans l'*Abies pectinata* notamment, les bractées s'allongent en même temps que les écailles florifères, et, dans le cône mûr, elles font une saillie très prononcée entre ces dernières.

Pendant que les écailles florifères du Sapin se développent, le sac qui enveloppe le nucelle, — sac que M. Baillon considère comme un ovaire, et qui pour d'autres représente l'enveloppe séminale, — ce sac s'agrandit, devient épais, dur, coriace, cassant comme du bois, dans la majeure partie de son étendue; il s'aplatit en même temps de façon à présenter la forme d'un œuf dont la grosse extrémité regarde en haut; la petite, dirigée vers le bas, offre un petit orifice arrondi. Sur son pourtour il se développe une sorte d'aile mince, membraneuse, sèche, qui atteint bientôt trois ou quatre fois la longueur du sac. Dans ce dernier la cellule femelle a subi une série de développements sur lesquels nous reviendrons plus bas, qui ont donné lieu à un *embryon*, c'est-à-dire à un Sapin minuscule, destiné à se développer, dans des conditions favorables, en un arbre semblable à celui qui l'a produit.

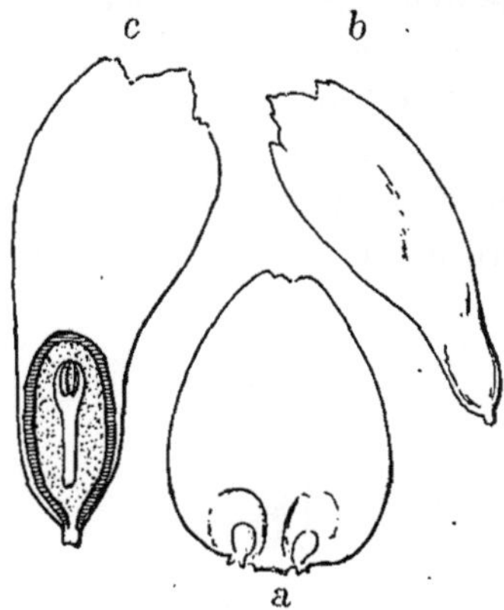

Fig. 38. — a, écaille fructifère du Sapin montrant vers la base les deux fruits encore jeunes. — b, fruit adulte, entier. — c, fruit adulte, coupé longitudinalement.

Examiné avec soin, l'embryon du Sapin se montre formé d'une courte racine conique (*radicule*), surmontée d'un nombre variable de languettes blanches qui représentent les premières feuilles auxquelles les botanistes ont donné le nom de *Cotylédons*. La plupart des botanistes s'accordent à regarder ces languettes comme représentant seulement deux cotylédons ou feuilles primitives ramifiées. Au-dessus des cotylédons, l'axe se prolonge en un cône très court qui, plus tard, s'allongera en tige. L'embryon est logé au centre d'un tissu huileux qui le nourrit pendant ses premiers développements et qui a reçu le nom d'*albumen*.

A ce moment le fruit est mûr. Dans le Sapin il lui faut

deux ans pour atteindre cet état. Les écailles fructifères ne tardent pas dès lors à s'écarter les unes des autres, et les fruits s'en détachent. Grâce aux ailes dont ils sont pourvus, ils sont presque toujours emportés par le vent à des distances plus ou moins grandes du lieu où ils se sont développés. Finalement ils tombent sur le sol, leur aile se détache, leur enveloppe dure se fend, l'embryon qu'ils renferment enfonce sa petite racine dans la terre et la jeune tige étale ses cotylédons, c'est-à-dire ses premières feuilles. Celles-ci sont encore blanchâtres, mais, sous l'influence de la lumière, elles ne tardent pas à verdir et à acquérir ainsi les propriétés caractéristiques des feuilles.

Fig. 39. — Embryon du Sapin coupé longitudinalement.

Dans le Sapin, si l'on admet la manière de voir de M. Baillon, le sac à paroi noirâtre et ailé qui enveloppe la graine représenterait seul le fruit et l'embryon formerait une graine sans enveloppes. D'après M. Van Tieghem, le fruit serait représenté par l'écaille florifère que ce botaniste considère comme un ovaire étalé; quant au sac brun et ailé, il serait l'enveloppe de la graine. Je ne reviendrai pas ici sur la discussion de ces opinions. Je ne les rappelle que pour comparer l'organisation du fruit du Sapin à celle du fruit des autres Phanérogames.

Dans toutes ces plantes le fruit est représenté par l'ovaire plus ou moins accru et transformé après la fécondation, contenant un nombre variable de graines dont chacune est formée d'une membrane d'enveloppe et d'un embryon. Dans un grand nombre de plantes, ce dernier est encore accompagné, comme dans le Sapin, d'un albumen riche en amidon, ou en huile, en sucre, etc., destiné à nourrir l'embryon pendant la première phase de son développement, tant que ses premières feuilles vertes ne sont pas encore formées. Examinez une graine de Ricin avec un peu d'attention, vous verrez que l'embryon, formé d'une courte radicule, de deux cotylédons minces, très larges et d'une courte tigelle, est placé entre deux lames très épaisses d'une substance blanche qui forme à elle seule presque toute la masse de la graine. C'est cette substance que les botanistes nomment l'albumen de la graine du Ricin. Examinée au microscope, elle montre des cellules extrêmement riches en gouttelettes d'huile et en d'autres substances alimentaires solides. Pendant la germination l'embryon absorbe ces substances et s'en nourrit; mais il faut au préalable qu'il les rende absorbables, c'est-à-dire solubles et assimilables. Il accomplit pour cela un véritable acte digestif, opéré à l'aide de ferments analogues à ceux des liquides digestifs des animaux, ferments qui émulsionnent la graisse, transforment les substances albuminoïdes solides en peptones solubles, l'amidon en dextrine et en sucre, etc. J'ai déjà parlé de ces opérations à propos de la racine, je crois inutile d'y revenir ici.

Lorsque l'albumen manque, comme dans le Haricot, le Pois, etc., ce sont les premières feuilles, c'est-à-dire les cotylédons qui possèdent dans leurs cellules l'amidon, le sucre, la graisse, les matières albuminoïdes, etc., nécessaires à l'alimentation de la jeune plante jusqu'à la production des feuilles vertes.

Il est important de remarquer que dans les deux cas la dissolution et la transformation des matières alimentaires de réserve ne commencent à s'opérer qu'au moment de la germination. Or, cette dernière exige deux conditions indispensables : un milieu suffisamment humide et un certain degré de chaleur. Tant que ces deux conditions ne sont pas réalisées, les graines restent dans une sorte d'état de repos, pendant lequel les fonctions biologiques de la jeune plante sont à peu près complètement suspendues. Cet état peut persister pendant une année au moins chez la majorité des plantes, mais dans quelques-unes il dépasse beaucoup ce terme.

Dans le Sapin, quelle que soit l'opinion adoptée relativement à la nature des parties qui entourent l'embryon, ces parties sont dures, sèches, et ne peuvent avoir d'autre rôle que de protéger la jeune plante jusqu'au moment où elle se trouvera dans des conditions favorables à la germination. Il en est souvent ainsi. Dans un grand nombre de plantes toutes les parties du fruit sont sèches et ne servent qu'à la protection de la graine. Parfois même ces parties, ou du moins certaines d'entre elles, acquièrent une très grande dureté ; je me borne à rappeler le noyau qui entoure l'embryon du Cerisier, de l'Amandier, du Pêcher, etc.

D'autres fois, comme dans les plantes dont je viens de parler, le fruit est formé d'une portion devenue charnue et succulente. Le rôle de cette dernière est de rendre humide, en pourrissant, la terre sur laquelle tombe la graine, de faciliter ainsi la pénétration de celle-ci dans le sol et sa germination, en fournissant à l'embryon, à la fois de l'eau et de la chaleur, car la putréfaction détermine toujours, on le sait, une certaine quantité de chaleur.

J'ai appelé l'attention du lecteur sur le transport par le vent des fruits du Sapin, transport que facilite l'aile dont ils sont entourés. Un grand nombre de graines ou de fruits sont organisés comme ceux du Sapin en vue de leur dissémination à une distance plus ou moins considérable de l'individu qui les a produits. Les uns possèdent des poils ou des ailes qui les font emporter par le vent; d'autres ont des crochets qui se prennent dans les poils des mammifères ou dans les plumes des oiseaux; les fruits charnus peuvent être mangés par des oiseaux qui vont en déposer les graines dans un autre lieu, etc.

Tous ces moyens de dissémination ont une importance considérable à un triple point de vue. En premier lieu, ils permettent aux végétaux de changer de localités, ce qui leur est éminemment avantageux. J'ai rappelé plus haut la pratique des horticulteurs qui, afin d'améliorer leurs plantes, ont soin de semer dans leurs jardins des graines récoltées dans d'autres localités, parce que, semées dans le lieu où elles ont été récoltées, les graines donnent bientôt des produits abâtardis. A ce point de vue, il y a donc avantage pour les végétaux sauvages à ce que leurs graines ne germent pas sur place.

Ils y trouvent encore un second avantage sur lequel je crois être le premier à avoir attiré l'attention. S'il est vrai, comme je l'ai établi, également le premier (1), que l'association fournisse aux végétaux, comme aux animaux, leur arme la plus puissante dans la lutte pour l'existence, il me paraît également certain que, pour que l'association soit efficace, il faut qu'elle s'établisse dans des conditions déterminées, en dehors desquelles elle peut devenir essentiellement nuisible. Voyons, à cet égard, ce qui se passe dans une forêt inculte au moment de la germination des graines

Voyez : DE LANESSAN, *la Lutte pour l'existence et l'association pour la lutte*, in *Bibliothèque biologique internationale*, et *le Transformisme*, p. 430.

et pendant le développement des jeunes arbres. Un Chêne laisse tomber ses fruits sur le sol ; grâce à l'humidité qu'entretient son épais feuillage, les graines ne tardent pas à germer et à enfoncer leurs radicules dans la terre ; les jeunes plantes, nourries par l'humus qu'ont formé les vieilles feuilles, grandissent rapidement et le Chêne se montre bientôt entouré d'une nombreuse et florissante postérité. Mais lorsque les enfants ont atteint un certain âge, on ne tarde pas à les voir dépérir ; ils cessent de croître, leurs feuilles jaunissent et tombent, et bientôt ils meurent. C'est qu'alors ils ont besoin de conditions spéciales qu'ils ne trouvent plus à l'ombre de leur père. Ils avaient eu jusque-là besoin d'ombre et de repos. Désormais, il leur faut, comme à leur père, le soleil, il leur faut le vent, il leur faut la pluie ; or le vieux chef de cette jeune famille intercepte et le soleil et le vent et la pluie ; c'est lui qui détermine l'anémie et la mort de ses enfants. Cependant, des plantes différentes croissent plantureusement là même où les jeunes chênes agonisent : des Mousses, des Lichens, des Ronces, des herbes, quantité de petits êtres se trouvent admirablement de l'ombre du vieux Chêne, et lui rendent les services qu'ils en reçoivent en entretenant la fraîcheur à ses pieds. Ceux-là, ayant des besoins différents, forment avec le Chêne une société prospère, tandis que les membres de sa propre famille, dont les besoins sont les mêmes que les siens, ne trouvent pas à ses pieds les moyens de les satisfaire, et par conséquent sont condamnés à succomber. La famille se montre ainsi impuissante à constituer une société durable, tandis que des êtres différents se prêtent l'aide mutuelle pour la lutte qui fait les sociétés nombreuses et prospères.

Pour que notre Chêne se multiplie et laisse une postérité florissante, il faut que ses fruits soient entraînés à une certaine distance ; ce seront les pluies, les animaux, une foule d'autres causes accidentelles qui détermineront cette dissémination indispensable. Plus les fruits et les graines seront richement pourvus d'organes de dissémination, moins les individus d'une même famille seront exposés à se gêner réciproquement et plus, par conséquent, la famille elle-même aura de chances de persister. Nous devons donc mettre le développement des moyens de dissémination des graines et des fruits des végétaux sur le compte de l'avantage que ces organismes en retirent. Si les fruits du Pissenlit ont les légères aigrettes qui permettent au vent de les enlever; si les graines du Coton ont les poils qui s'accrochent aux plumes et à la laine des animaux, si les baies du Gui sont entourées d'une glu qui les fait adhérer aux branches sur lesquelles les déposent les oiseaux, c'est parce que les individus dont les graines sont le plus activement dispersées sont les seuls qui puissent laisser une descendance; ceux dont les graines germent sur place succombent tôt ou tard dans la lutte pour l'existence qu'ils ont à soutenir, non seulement contre le monde extérieur, les animaux et les végétaux d'espèces différentes ou de la même espèce qu'eux, mais encore et surtout contre leurs parents les plus proches.

Les organes de dissémination des fruits et des graines ont encore pour effet de faciliter beaucoup la production de races, de variétés et, par conséquent, d'espèces nouvelles de végétaux.

Il me paraît bien démontré aujourd'hui, en dépit des dénégations de Darwin, que la cause la plus efficace, sinon la seule véritablement efficace de formation des espèces nouvelles, est le changement de milieu et, en même temps, l'isolement des individus, qui ont été transportés d'un milieu dans un autre (1). Or, il est bien évident que les organes de dissémination des fruits et des graines ont pour résultat de faciliter, d'une part, le transport des végétaux d'un

(1) Voyez pour la discussion de cette question mon livre *le Transformisme*.

lieu dans un autre, c'est-à-dire d'un milieu dans un autre, et, d'autre part, de séparer les individus ainsi transportés de ceux qui les ont produits, c'est-à-dire de les isoler, de les ségréger (de *segregare*, séparer).

La surface du globe sur laquelle les fruits et les graines d'une espèce végétale bien localisée, c'est-à-dire n'habitant qu'une région peu étendue, peuvent être disséminés est évidemment proportionnée à la nature des organes de dissémination, à la force des vents, à l'aire de dispersion des animaux qui sont susceptibles d'intervenir dans l'opération, etc. En général, les graines ainsi dissiminées se trouvent exposées, au moment de leur germination, à des conditions de climat, de nourriture, etc., peu différentes de celles au milieu desquelles ont vécu leurs parents, et les plantes qui en sortent conservent l'ensemble des traits des individus qui les ont produites.

Cependant il n'en est pas toujours ainsi. Il n'est pas rare de trouver dans la région habitée par une espèce végétale un nombre plus ou moins considérable de variétés de cette espèce. Or, il importe de noter que presque toujours ces variétés offrent des caractères propres d'autant plus marqués et d'autant plus distincts de ceux qui appartiennent aux formes typiques de l'espèce, quelles se trouvent plus éloignées du centre géographique de cette dernière.

Chaque espèce végétale habite, en effet, un territoire qui est, en quelque sorte, sa propriété. Ce territoire est tantôt très restreint, tantôt très étendu.

Dans le premier cas, tous les individus se ressemblent assez pour que, d'ordinaire, on ne puisse établir de variétés dans l'espèce. Dans le second cas, on peut, au contraire, presque toujours subdiviser l'espèce en un certain nombre de variétés qui occupent chacune une localité déterminée.

Dans ce cas, on peut presque toujours reconnaître un point central, où les individus sont plus semblables les uns aux autres et qu'on peut considérer comme le berceau de l'espèce. C'est là que l'espèce a pris naissance ; c'est de là qu'elle a rayonné par la dissémination lente des fruits ou des graines. Mais, à mesure que le rayon de la dissémination devenait plus grand, les individus se trouvaient exposés à des conditions d'alimentation, de climat, d'abri, etc., de plus en plus distinctes de celles du berceau de l'espèce et ils subissaient, sous l'influence de ces conditions nouvelles, des modifications plus ou moins considérables, qui allaient en s'accusant de générations en générations et qui finissaient par devenir assez caractéristiques pour qu'on fît une variété de tous les individus qui en étaient revêtus. On obtenait ainsi un nombre plus ou moins considérable de variétés, d'autant plus distinctes du type primitif, encore localisé dans le berceau de l'espèce, que les variétés envisagées étaient plus éloignées de ce dernier, et, par conséquent, soumises à des conditions plus différentes.

L'aire de dispersion graduelle peut devenir tellement considérable que les conditions de milieu se trouvent considérablement modifiées ; les variétés qui occupent les points extrêmes de l'aire de dispersion deviennent alors, à un moment donné, assez distinctes du type et assez constantes pour qu'on les considère comme de véritables espèces. La chose sera plus aisée encore si les variétés habitant les localités intermédiaires viennent à disparaître sous une influence quelconque.

La formation graduelle et lente de variétés et même d'espèces nouvelles résultant d'une dissémination faite pas à pas, de proche en proche, autour du berceau primitif de l'espèce, est probablement fréquente. C'est ainsi peut-être que se sont formées, dans la succession des périodes géologiques, un grand nombre d'espèces actuelles. Mais un autre cas peut se présenter et se présente, en effet, très souvent, celui dans lequel des graines ou des fruits sont brusquement transportés à une très grande distance du lieu où ils ont été produits, et exposés d'emblée à des conditions assez différentes de celles où vivent les parents pour qu'il se produise au bout d'un petit nombre de générations une variété, puis une espèce nouvelle.

Les oiseaux migrateurs et le vent sont des agents naturels de telles expatriations des graines et ces fruits. Le vent qui transporte des grains de sable, de petites pierres, à des centaines de lieues des côtes de l'Afrique ne peut-il pas plus aisément encore servir de véhicule à certaines graines qui sont d'une excessive légèreté ? Les oiseaux migrateurs qui parcourent en peu de jours plusieurs centaines de lieues, qui, d'une seule traite, traversent la Méditerranée, peuvent avec la même facilité transporter à de grandes distances des noyaux non digérés, des graines ou des fruits accrochés à leurs plumes ou empêtrés dans leurs pattes. Que ces graines tombent sur un sol suffisamment propice à leur germination, quoique très distinct de celui dans lequel existent leurs parents, et, au bout d'un certain nombre de générations, une variété d'abord, puis une espèce nouvelle se sera formée.

Il n'est même pas nécessaire que les graines ou les fruits soient transportés à de grandes distances pour qu'ils servent de point de départ à une variété ou à une espèce nouvelle. Il suffira souvent qu'ils passent d'un versant à l'autre d'une chaine de montagnes, ce qui est extrêmement facile, grâce aux oiseaux et aux mammifères. Qui ne sait, en effet, que le degré d'humidité, de chaleur, la nature et la direction des vents, la composition du sol, varient souvent d'un versant à l'autre d'une chaine de montagnes au point que les espèces animales et végétales elles-mêmes sont différentes? Mais si les espèces sont distinctes, les mêmes genres existent, d'ordinaire, sur les deux versants, d'où il est aisé de conclure que les espèces ont été produites par les conditions cosmiques et qu'elles sont issues d'une souche commune dont les individus ont été expatriés, soit que les espèces d'un versant soient issues des espèces d'abord localisées sur l'autre versant, soit que celles des deux versants y aient été simultanément apportées d'une autre localité.

En résumé, utile à la perpétuation des espèces, la dissémination des fruits et des graines est également très favorable à la formation de variétés et d'espèces nouvelles.

Pour clore cette étude rapide des organes reproducteurs, il me reste à dire quelques mots des mouvements qu'ils présentent dans un grand nombre de plantes, en comparant ces mouvements à ceux qui nous ont été offerts par les autres organes.

Les pédoncules floraux de la plupart des plantes, c'est-à-dire les petits rameaux terminés par une ou plusieurs fleurs, jouissent, comme tous les rameaux et les tiges, de mouvements de circummutation nettement prononcés, mais que je me borne à signaler en passant parce qu'ils n'offrent rien de particulier. Je ne parlerai pas davantage du géotropisme positif que présentent tous les pédoncules floraux et grâce auquel toutes les fleurs se dressent vers le ciel quand d'autres causes n'agissent pas sur elles.

Ils sont aussi, d'ordinaire, positivement héliotropiques. Quand on place un végétal en fleurs dans une chambre éclairée par une seule de ses faces, on ne tarde pas à voir toutes les fleurs se diriger vers le côté par lequel entrent les rayons lumineux ; il est aisé de s'assurer que, dans la plupart des cas, le mouvement s'est accompli dans les pédoncules floraux.

Dans quelques plantes cependant les organes floraux eux-mêmes se montrent doués d'héliotropisme positif. Ainsi, dans les Epilobes, l'ovaire, qui est infère et très allongé, se dirige très manifestement vers la lumière ; les sépales du Safran ont la même propriété, qu'on retrouve dans les étamines du Plantain, dans la corolle du Mélampyre, etc.

Dans la plupart des plantes, l'héliotropisme positif des pédoncules floraux est très prononcé au moment de l'épanouissement de la fleur. Celle-ci se tourne alors immédiatement vers le soleil. Mais, d'ordinaire, cette propriété s'affaiblit très vite. Dans quelques plantes cependant elle persiste avec assez d'intensité pour que les fleurs suivent le soleil dans sa marche. Les fleurs du Coquelicot, de la Renoncule, du Salsifis sauvage regardent l'est pendant la matinée, le sud au milieu de la journée et l'ouest le soir; pendant la nuit, elles se redressent en vertu de leur géotropisme positif. On ne connaît encore qu'une seule plante, le *Salvia verticillata*, dont les fleurs s'inclinent, au contraire, du côté opposé au soleil, même au moment de leur épanouissement. Quelques-unes, comme le Tournesol, inclinent leurs fleurs vers le soleil en plein midi et conservent ensuite cette position.

Les fleurs d'un assez grand nombre de plantes offrent des mouvements de sommeil ou mouvements nyctitropiques analogues à ceux dont nous avons parlé à propos des feuilles et se produisant sous l'influence des variations d'intensité de la lumière solaire. Le calice infundibuliforme et coloré de la Belle-de-nuit se ferme dans la journée; il s'ouvre vers cinq heures du soir, reste ouvert toute la nuit et pendant la matinée jusque vers dix heures. La fleur du Pissenlit s'ouvre le soir et se ferme le matin.

Dans quelques plantes, des mouvements analogues sont provoqués par des variations de température même très légères. D'après Francis Darwin, les sépales du Safran se montrent sensibles à une différence de température de moins de deux degrés. Il voit dans cette propriété un avantage pour la plante au point de vue de la fertilisation. « Au soleil, dit-il, les fleurs s'ouvrent toutes grandes et les abeilles travaillent de tout leur cœur à porter le pollen d'une fleur à l'autre. Si maintenant un nuage vient à cacher le soleil, la température se rafraîchit et le Safran commence à se fermer ; lorsque les premières gouttes de pluie tombent, le précieux pollen est à l'abri sous un toit de sépales. Le Safran est averti du danger qui approche par l'ombre du nuage, exactement comme la mouche est avertie par l'ombre de la main qui approche (1). »

L'opinion de F. Darwin, d'après laquelle les mouvements nyctitropiques des fleurs seraient surtout en relation avec la fécondation par les insectes a été adoptée par la plupart des botanistes ; cette propriété aurait été acquise par les plantes plus ou moins accidentellement, mais elle se serait perpétuée dans celles qui la possèdent parce qu'elles y trouveraient un avantage. « Il est évident, dit John Lubbock, que les fleurs fécondées par les insectes nocturnes ne trouveraient aucun avantage à rester ouvertes pendant la journée ; d'autre part, celles qui sont fécondées par les abeilles ne gagneraient rien à rester ouvertes pendant la nuit. Cette ouverture constante serait même un désavantage pour les plantes, car cela les exposerait à se faire voler leur nectar et leur pollen par des insectes incapables de les féconder. Je serais donc disposé à croire que la fermeture ou le sommeil des fleurs a quelques rapports avec les habitudes des insectes; je puis d'ailleurs ajouter, à l'appui de cette hypothèse, que les fleurs fécondées par le vent ne dorment jamais et que certaines fleurs, qui attirent les insectes par leur parfum, sentent particulièrement bon à certaines heures. Ainsi la Julienne des dames *(Hesperis matronalis)* et la Lychnide (*Lychnis vespertina*) émettent leurs parfums les plus suaves dans la soirée et l'*Orchis bifolia* pendant la nuit (2). »

Je cite cette opinion sans la discuter, me bornant à

(1) Francis DARWIN, *les Analogies de la vie végétale et de la vie animale*, in *Revue internationale des sciences*, t. I, p. 709.
(2) J. LUBBOCK, *Insectes et fleurs*, p. 26.

faire à son propos une remarque qui peut s'appliquer à beaucoup d'autres hypothèses du même ordre, à savoir que le désir fort légitime de tout expliquer, de trouver à tout une cause finale, toujours présent chez les disciples de Darwin, les entraîne parfois à assigner de grands motifs à des faits qui n'ont peut-être pas l'importance considérable qu'on leur attribue.

Les organes reproducteurs mâles de quelques végétaux présentent des mouvements réguliers, assez analogues aux mouvements nyctitropiques, dont je dois dire un mot. Dans la Rue, ces organes s'inclinent, les uns après les autres, dans l'ordre où ils sont nés, de manière à porter l'anthère au contact des stigmates. Ces mouvements se ralentissent dans l'obscurité complète ; ils mettent alors trois jours à s'effectuer, tandis qu'à la lumière, en vingt-quatre heures, toutes les étamines l'ont présenté.

Un grand nombre d'organes floraux se montrent, comme certaines feuilles, très sensibles aux excitations mécaniques ou chimiques. Les étamines de l'Epine-Vinette et des Mahonia sont depuis longtemps connues comme très sensibles au moindre contact. Il suffit du frôlement de l'aile d'un insecte, du contact de sa patte, d'un souffle un peu vif de vent dirigé sur la face interne des filets staminaux de ces plantes, pour déterminer une inflexion telle que l'anthère est portée au contact du stigmate ; en même temps, si ce choc est le premier que l'étamine reçoit depuis l'épanouissement de la fleur, l'anthère s'ouvre brusquement et le pollen qu'elle contient est projeté sur le stigmate. Cette excessive sensibilité est donc très favorable à l'autofécondation de la fleur.

Les mouvements dont nous venons de parler offrent quelques particularités intéressantes dont on me pardonnera de dire deux mots en passant. Quand on a déterminé l'inflexion d'un filet staminal d'Epine-Vinette par une excitation quelconque, on le voit, au bout d'un certain temps, reprendre sa position primitive; si, alors, on l'excite de nouveau, le mouvement d'inflexion est plus lent et moins étendu; à une troisième excitation, le chemin parcouru est encore moindre; il diminue ainsi à chaque excitation nouvelle et bientôt toutes les excitations deviennent impuissantes à déterminer le mouvement d'inflexion qu'il était tout à l'heure si facile de provoquer. Il se produit dans ces organes une sorte de fatigue, tout à fait semblable à celle des muscles des animaux soumis à des contractions trop fréquentes. On sait que pour les muscles la cause de la fatigue est la consommation trop rapide des matériaux qui par leur oxydation produisent la chaleur nécessaire à la contraction. Il est fort probable que c'est dans des phénomènes analogues qu'il faut chercher la cause de la fatigue des filets staminaux de l'Epine-Vinette soumis à des excitations successives.

Ces organes présentent encore une autre particularité qui rapproche leurs mouvements de ceux des animaux; ils s'accoutument assez facilement aux excitations que normalement ils sont exposés à subir. Ainsi, quand le vent souffle d'une façon continue, les étamines de l'Epine-Vinette et des Mahonia restent immobiles, tandis que, par un temps calme ou dans un appartement fermé, il suffit de souffler un peu fortement sur leurs filets pour déterminer un mouvement d'inflexion brusque et très étendu.

D'autres plantes nous offriraient des phénomènes analogues à ceux dont nous venons de parler. Je ne voudrais pas entrer dans des développements trop grands sur ce sujet que j'ai développé dans un autre ouvrage (1); il me paraît cependant utile de dire quelques mots des mouvements que l'on peut provoquer dans les lamelles stigmatiques de certaines fleurs de Scrofulariacées, Bignoniacées, etc, On sait que dans ces plantes le stigmate, c'est-à-dire la

(1) Voyez mon livre *la Botanique*.

portion de l'organe femelle sur laquelle germent les grains de pollen, est formé de deux lames étroites, lisses en dehors, papilleuses en dedans, c'est-à-dire sur celles de leurs faces qui sont en contact avant l'ouverture de la fleur. Lorsque la fleur est épanouie, les deux lamelles du stigmate s'écartent l'une de l'autre et se recourbent en dehors. Qu'on touche alors l'une des lamelles avec la pointe d'une aiguille, on la verra se relever, devenir d'abord lentement horizontale, puis, ralentissant son mouvement, se dresser et devenir tout à fait verticale. Au moment précis où la vitesse diminue, l'autre lamelle se met en mouvement avec une rapidité double de celle de la première, en sorte qu'elle arrive à être verticale en même temps qu'elle. Les deux lamelles se mettent ainsi en contact, y restent pendant un certain temps, puis s'écartent de nouveau et reprennent la position qu'elles avaient avant l'excitation. Si l'on coupe l'une des lamelles, l'autre décrit le même mouvement qu'auparavant; mais, devenue droite et ne trouvant pas sa congénère, elle dépasse la ligne verticale et se roule en crosse; plus tard elle se déroule et reprend sa position primitive. Il y a ici, on le voit, non seulement sensibilité des deux lamelles, mais encore transmission des excitations de l'une à l'autre, comme cela se produit entre les diverses parties d'un animal.

Je rappellerai encore une observation curieuse faite récemment par M. Crié, qui tend à démontrer l'existence, chez certains végétaux, de phénomènes assez analogues à ceux qui caractérisent la catalepsie des animaux. Les pédoncules floraux d'un certain nombre de Labiées de l'Amérique boréale offrirent à M. Crié ce fait singulier que « courbés, relevés, portés à droite ou à gauche à l'aide du doigt, ils ne reprennent qu'au bout d'un temps plus ou moins long leur position normale », exactement comme les membres d'un animal frappé de catalepsie, et contrairement à ce qui se passe dans les autres plantes où les pédoncules détournés de leur direction normale la reprennent dès qu'a cessé l'action perturbatrice. Les fleurs de quelques espèces qui ne sont pas cataleptiques en Amérique le deviennent après un séjour un peu prolongé dans notre pays.

Je ne veux pas insister sur ces phénomènes dont l'exposé détaillé m'entraînerait beaucoup trop loin. J'aurai d'ailleurs à y faire allusion en étudiant, dès les premières pages du chapitre suivant, la partie véritablement vivante des cellules végétales, le protoplasma.

CHAPITRE VI

MORPHOLOGIE ET PHYSIOLOGIE GÉNÉRALES, COMPARÉES, DES ORGANES, DANS LES DIVERS GROUPES DU RÈGNE VÉGÉTAL

Dans le Sapin, qui nous a servi de type pour l'étude de la morphologie et de la physiologie générales des végétaux Phanérogames, nous avons vu que le corps de ces êtres présente à étudier trois sortes d'organes bien différenciés :

1° Des racines dont le rôle est de fixer la plante et de puiser dans le sol l'eau et les matières solubles nécessaires à sa nutrition, et dont les principaux caractères morphologiques sont de se ramifier sympodiquement, de porter des poils absorbants au sommet de ses ramifications les plus jeunes et de ne produire normalement ni fleurs ni organes reproducteurs sexués.

2° Une tige et des rameaux dont le rôle principal est de conduire dans les parties aériennes du végétal les matériaux solubles puisés dans le sol par les racines et les aliments nutritifs fabriqués par les feuilles, et dont les principaux caractères morphologiques sont de se ramifier sympodiquement, de porter normalement des feuilles et des organes reproducteurs sexués.

3° Des organes reproducteurs sexués dont les caractères morphologiques sont extrêmement variables, dont la nature est manifestement foliaire pour toutes les parties accessoires et pour les organes mâles, discutable et peut-être variable pour les parties qui entrent dans la constitution des organes femelles, et dont le rôle physiologique est de produire, après fécondation, un végétal nouveau, semblable à celui qui les porte.

Enfin, nous avons vu que tous ces organes sont mobiles et qu'ils sont sensibles à la pesanteur, à la lumière et, en général, à tous les agents capables d'impressionner les animaux.

En étudiant ces diverses questions, nous n'avons fait allusion qu'aux végétaux Phanérogames. Le lecteur trouvera, sans doute, quelque intérêt à jeter un coup d'œil sur la morphologie et la physiologie générales des Cryptogames comparées à celles des Phanérogames.

Les détails que nous avons exposés plus haut, relativement à l'organisation des Phanérogames, suffisent pour montrer qu'il n'existe entre les diverses familles de ce vaste groupe que des différences d'ordre tout à fait secondaire. Dans presque toutes ces plantes, même dans celles dont la taille se développe le moins, on peut aisément distinguer les divers membres et organes dont nous avons étudié la morphologie. Les Gymnospermes seules présentent dans certaines de leurs parties, surtout dans les organes reproducteurs, une simplicité d'organisation qui témoigne d'une infériorité réelle par rapport aux autres Phanérogames.

Quant aux Cryptogames, elles se montrent toutes très inférieures par leur organisation, non seulement aux Angiospermes, mais encore aux Gymnospermes les plus simples. Si on les examine en descendant des formes les plus élevées aux plus simples, on constate que la réduction porte en premier lieu sur les organes reproducteurs, puis sur les feuilles qui deviennent de moins en moins distinctes des rameaux, et enfin sur les racines et les tiges qui se confondent d'abord les unes avec les autres, puis qui finissent par n'être plus du tout différenciables. Enfin, dans les formes les plus inférieures, on ne distingue plus ni organes reproducteurs différenciés, ni feuilles, ni tiges ou racines, ni aucun membre d'aucune sorte.

Une revue rapide des formes principales des Cryptogames convaincra le lecteur de l'exactitude de ces observations. Afin de ne pas troubler l'ordre suivi jusqu'à ce moment, nous ferons cette revue en commençant par les formes les plus parfaites et passant graduellement aux plus simples.

Parmi les Cryptogames les plus élevées en organisation, nous pouvons prendre comme exemple le Lycopode. Parvenue à l'état le plus parfait, cette plante nous offre une tige couchée, cylindrique, ramifiée un grand nombre de fois. De divers points de la tige partent des racines très simples, filiformes, bien distinctes de la tige par leur coloration, l'absence de feuilles, le géotropisme positif qui les porte à s'enfoncer dans le sol aussitôt après leur naissance et la fonction propre aux racines qu'ellés exercent de la façon la plus manifeste. Tige et racine sont donc ici bien différenciées. Quant aux rameaux, ils se ressemblent presque tous, et ressemblent à la tige qui a produit le premier d'entre eux. Un petit nombre seulement affectent des formes et une direction spéciales, ainsi que nous allons le voir dans un instant. Tous les rameaux sont couverts de feuilles très petites, étroitement appliquées contre la tige, mais offrant tous les caractères des feuilles. Nous avons vu, du reste, que parmi les Phanérogames les formes des feuilles sont extrêmement variables. Rien jusqu'ici ne nous permettrait, on le voit, de séparer les Lycopodes des Phanérogames. La tige, les racines, les feuilles sont, incontestablement, plus simples que dans un grand nombre de Phanérogames ; mais, extérieurement, elles sont assez semblables aux membres correspondants de ce vaste groupe pour qu'on ne puisse pas invoquer leur réduction à l'appui de la classification qui sépare les Lycopodes des Phanéro-

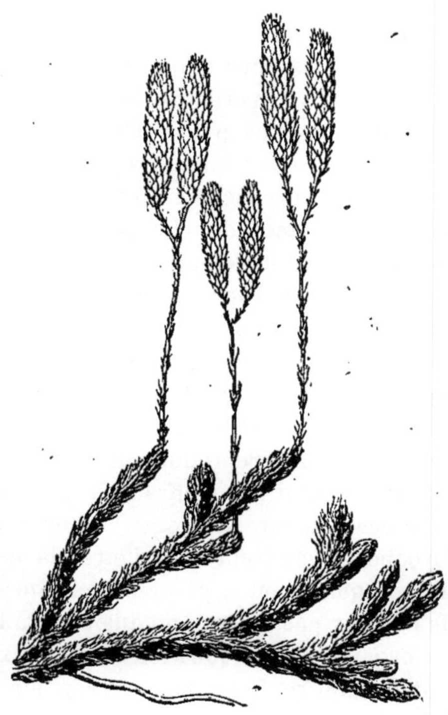

Fig. 40. — *Lycopodium clavatum.*

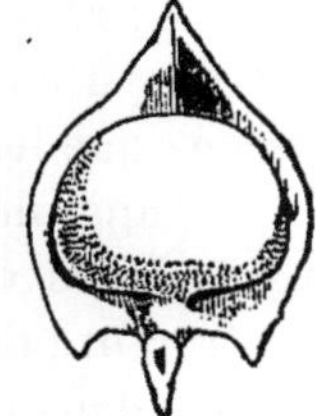

Fig. 41. — *Lycopodium* : sporange à l'aisselle d'une feuille.

games. Ce sont les organes reproducteurs qui seuls nous fournissent les caractères permettant d'agir de la sorte. Nous avons dit qu'indépendamment des rameaux décrits plus haut, il en existe qui affectent une forme et une direction spéciales ; ce sont ceux qui portent les organes reproducteurs.

Ceux-là ne sont pas couchés sur le sol ; ils s'élèvent verticalement dans l'atmosphère, ne portent dans une partie de leur étendue que des feuilles très petites, puis, vers le haut, présentent des écailles ou feuilles modifiées, assez larges, étroitement imbriquées les unes sur les autres. Chacune de ces écailles offre dans son aisselle, inséré vers le bas de sa face supérieure, un petit sac arrondi, rempli de corpuscules très petits. Ce sont les organes reproducteurs de la plante adulte. Le petit sac a reçu le nom de *sporange ;* les corpuscules qu'il contient, celui de *spores*. Sans aucun acte de fécondation, les spores, parvenues à leur parfait développement et tombées sur le sol, germent ; elles représentent donc des organes reproducteurs asexués. Je dois m'empresser d'ajouter que les spores ne donnent pas directement naissance à une plante semblable à celle qui les a produites, mais seulement à une sorte de tubercule verdâtre, sur lequel se développent des organes reproducteurs sexués, organes extrêmement rudimentaires, n'offrant avec les fleurs des Phanérogames qu'une analogie tellement lointaine, que les Lycopodes méritent bien d'être placés dans le rang des Cryptogames ou « plantes à organes sexuels cachés ». Je ne veux pas entrer ici dans le détail de la structure de ces organes ; cette question sera mieux à sa place dans un autre chapitre. Je me borne à rappeler que la cellule femelle donne naissance, après sa fécondation, à une plante qui acquiert tous les caractères de celle qui a produit la spore asexuée. En réalité, c'est uniquement par la nature des organes de la reproduction que les Lycopodes s'écartent assez des Phanérogames, même des Gymnospermes, pour qu'on doive les classer dans un groupe différent.

La même démonstration serait aisée à faire pour les

Sélaginellées, les Isoétées, les Marsiliées, etc., plantes très voisines des Lycopodiacées, et pour les Fougères, autre grande famille des Cryptogames. Dans toutes ces plantes, il est encore aisé de distinguer des tiges, des racines, des feuilles, des organes reproducteurs asexués ou sexués nettement différenciés.

Avec les Equisétacées, nous ferons un pas de plus vers la réduction des organes. Dans ces plantes, la tige et les racines sont encore nettement différenciées, tant au point de vue morphologique qu'au point de vue de la fonction, mais les feuilles sont beaucoup moins distinctes que dans les plantes précédentes. Elles sont toujours réduites à l'état de lames très petites et peu nombreuses, souvent sèches, scarieuses, très pauvres en chlorophylle, et la fonction capitale des feuilles, la fonction chlorophyllienne, est presque exclusivement exercée par des rameaux verts plus ou moins développés. Quant aux organes reproducteurs asexués et sexués, ils sont assez analogues à ceux dont j'ai parlé plus haut, pour qu'il me paraisse inutile d'insister sur leur morphologie.

Les Equisétacées forment la limite inférieure d'un vaste groupe de Cryptogames comprenant toutes les familles citées plus haut ; ce groupe est désigné sous le nom de *Cryptogames vasculaires*, parce que les tiges, les racines et les feuilles offrent une structure analogue à celle des Phanérogames, et possèdent, comme ces dernières, des faisceaux libéro-ligneux. C'est un détail sur lequel nous n'avons pas à insister pour le moment.

Les Mousses, qui constituent le groupe le plus voisin des précédents et qui forment la limite supérieure de la vaste classe des *Cryptogames non vasculaires*, nous offrent encore une tige, des racines, des feuilles et des organes reproducteurs assez nettement différenciés, mais les racines sont très réduites, ce ne sont plus que des files de cellules cylindriques, disposées bout à bout, et les feuilles ne sont que des lames formées presque toujours d'une seule couche cellulaire. Dans les Mousses, les organes reproducteurs sexués sont portés par la plante adulte ; la cellule femelle donne naissance, après la fécondation, à un appareil qui reste fixé à la plante

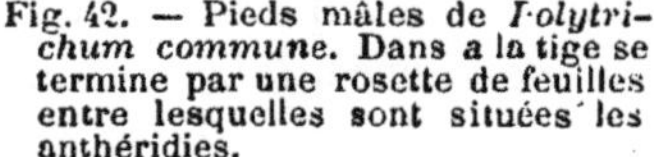
Fig. 42. — Pieds mâles de *Polytrichum commune*. Dans a la tige se termine par une rosette de feuilles entre lesquelles sont situées les anthéridies.

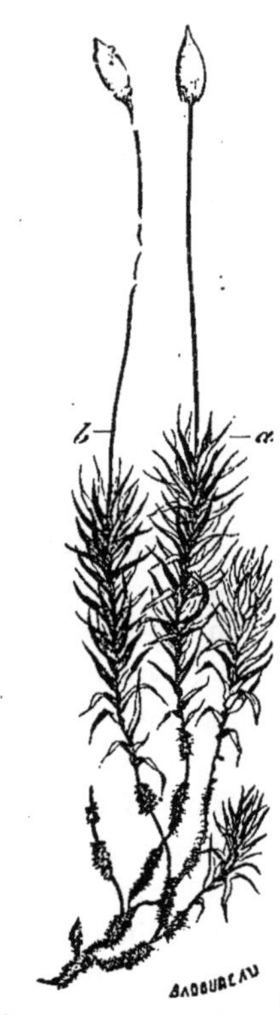

Fig. 43. — Pieds femelles de *Polytrichum commune*; a et b sont terminés par des urnes.

adulte, et dans lequel se développent, asexuellement, des spores destinées à reproduire la plante. Tout cela diffère encore beaucoup, on le voit, de ce que nous avons observé dans les Phanérogames. Un grand nombre d'espèces de Mousses ne produisent d'ailleurs presque jamais d'organes reproducteurs sexuels. Beaucoup plus que dans les Phanérogames et que dans les Cryptogames vasculaires, la multiplication tend, chez les Mousses; à se faire par des procédés purement végétatifs. Tantôt ce sont des racines qui produisent, par simple bourgeonnement, une plante nouvelle ; tantôt ce sont des bourgeons adventifs de sortes variées qui se produisent en divers points de la plante, se détachent et vont se développer isolément, etc. Mais toujours ces moyens de multiplication rendent inutiles les organes sexuels dont l'importance est, au contraire, si considérable parmi les Phanérogames.

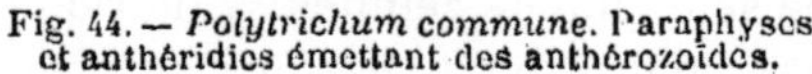
Fig. 44. — *Polytrichum commune*. Paraphyses, et anthéridies émettant des anthérozoïdes.

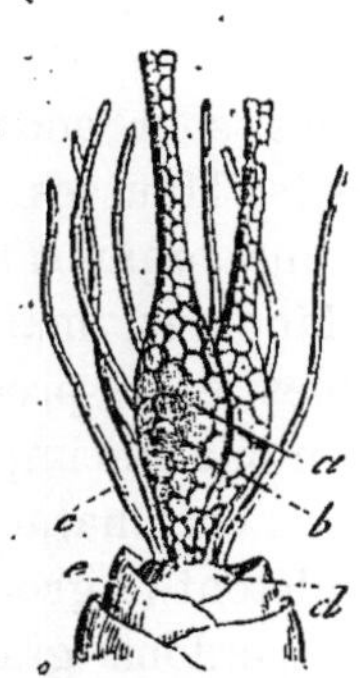

Fig. 45. — Organe femelle d'une mousse. *a*, *b*. archégones ; *d*, sommet de la tige ; *c*, dernières feuilles modifiées.

Dans les Hépatiques, les feuilles se réduisent encore davantage et finissent même par disparaitre totalement dans une partie des espèces de cette petite famille. La tige, de son côté, perd de plus en plus les caractères morphologiques qu'elle offre normalement dans les Phanérogames et dans les Cryptogames vasculaires; dans un grand nombre d'espèces, ce n'est plus qu'une lame verte, beaucoup plus semblable à une feuille qu'à une tige, et c'est elle qui, seule, exerce la fonction chlorophyllienne. Les

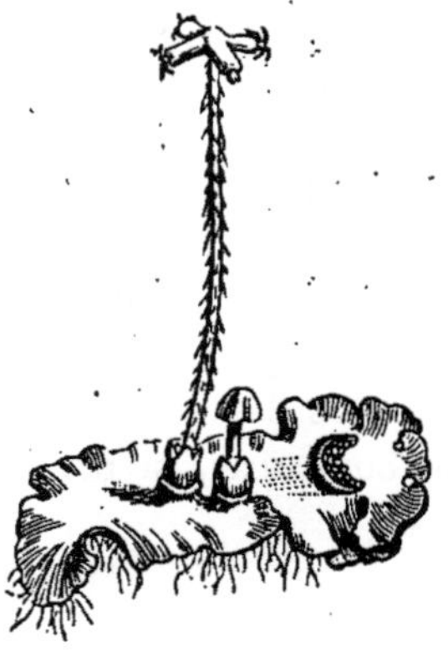

Fig. 46. — *Lunularia vulgaris.* Plante adulte portant un appareil sporigène très développé et un autre plus petit.

racines sont encore plus simples, si c'est possible, que dans les Mousses. Quant aux organes reproducteurs, ils ont une organisation analogue à celle qu'ils offrent dans les Mousses, mais ils deviennent de moins en moins visibles, et les procédés purement végétatifs de multiplication ont une importance prépondérante.

Avec les Characées, les Algues et les Champignons qui complètent le groupe des Cryptogames non vasculaires, nous perdons graduellement toute trace de véritables racines et de véritables feuilles. Dans les Characées, la tige est réduite à une seule file de cellules cylindriques, très allongées, placées bout à bout, portant au niveau des articulations des verticilles de cellules que l'on peut désigner sous le nom de feuilles, en tenant compte des connexions, car c'est dans leur aisselle que naissent les rameaux. Ce sont les feuilles qui portent les organes reproducteurs mâles et femelles. Elles se distinguent encore de la tige et des rameaux en ce que ces derniers s'allongent indéfiniment, tandis que les feuilles s'arrêtent de bonne heure dans leur développement. Les organes sexués sont encore plus réduits que dans les groupes précédents. La cellule femelle donne naissance à une sorte de proembryon sur lequel se développe une nouvelle plante sexuée. Les Characées ont encore des filaments radiculaires qui servent à les fixer au fond des mares dans lesquelles elles vivent, mais qui ne jouent probablement aucun rôle dans la nutrition du végétal.

Dans les Algues, même les plus élevées en organisation, comme les Laminaires, les Fucus, etc., on ne trouve plus aucun membre méritant le nom de feuille. La tige est plus ou moins ramifiée, mais ses branches sont toutes

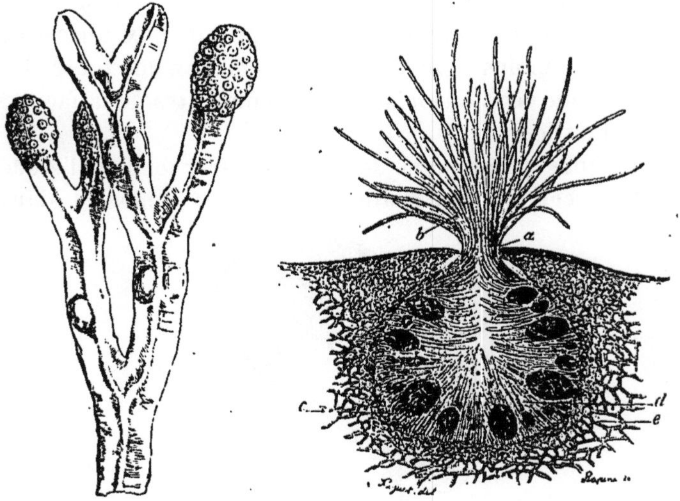

Fig. 47. — Extrémité du thalle du *Fucus vesiculosus*.

Fig. 48. — Coupe d'un conceptacle de Fucus offrant des organes mâles et femelles.

semblables et toutes exercent également la fonction chlorophyllienne qui, dans les Phanérogames, est l'apanage des feuilles. Il n'existe pas, non plus, de racines véritables. Les Fucus, les Laminaires, etc., sont fixés aux rochers par des crampons dont la forme rappelle, il est vrai, celle des racines de certaines Phanérogames, mais qui n'exercent pas le moins du monde les fonctions nutritives des racines véritables. Quant aux organes reproducteurs sexuels, ils se réduisent de plus en plus et diffèrent totalement de ceux que nous avons décrits dans les Phanérogames.

Les Algues inférieures et les Champignons n'offrent plus rien qui rappelle les feuilles et les racines des végétaux supérieurs. Toutes les parties deviennent de plus en plus semblables les unes aux autres. Seuls, les organes reproducteurs restent encore distincts dans un grand nombre de groupes ; mais, à mesure que l'on descend l'échelle de ces êtres, ils se montrent, eux aussi, de moins en moins individualisés, jusqu'à ce que toutes les cellules du végétal jouissent au même titre de la faculté reproductrice.

On nous pardonnera de ne pas entrer ici dans l'étude de tous ces détails. Cette étude serait déplacée dans

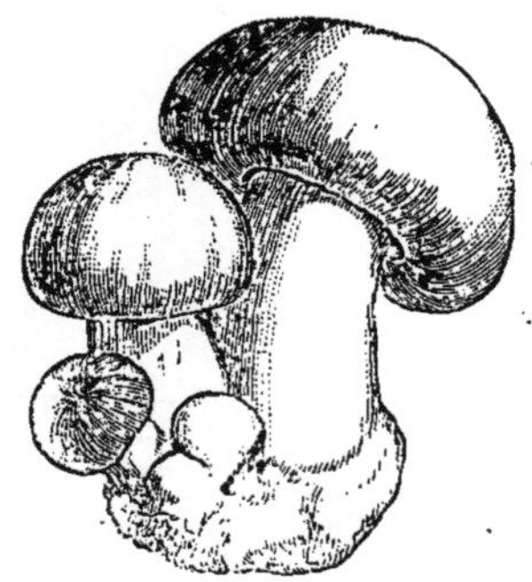

Fig. 49. — Agaric champêtre ; appareil reproducteur.

un ouvrage qui ne doit être que la préface des études botaniques.

En résumé, à mesure que nous descendons des Phanérogames vers les Cryptogames vasculaires, de celles-ci aux Cryptogames non vasculaires, à mesure que nous

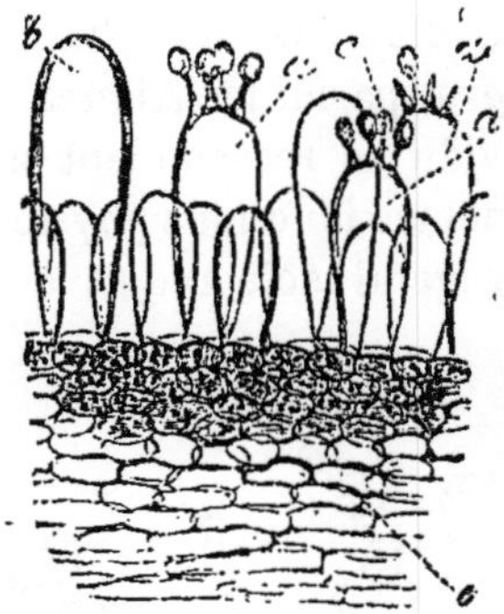

Fig. 50. — Coupe d'une portion de l'appareil reproducteur d'un Agaric, montrant les *spores*, c.

descendons des Lycopodiacées aux Fougères, des Fou-

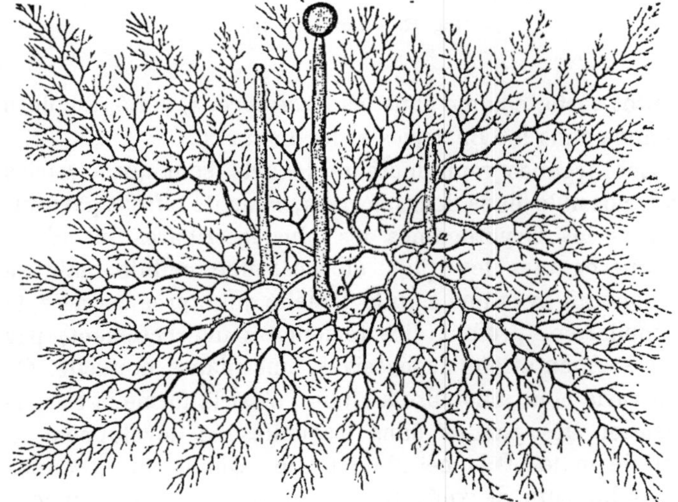

Fig. 51. — Champignons de la moisissure (*Muor mucedo*). L'appareil végétatif est formé d'une cellule très ramifiée, étalée à la surface du liquide nutritif et portant trois branches dressées, *a*, *b*, *c*, inégalement développées, dont une, *c*, s'est enflée au sommet en une sphère dans laquelle se développent des cellules reproductrices asexuées.

gères aux Equisétacées, des Equisétacées aux Mousses et aux Hépatiques, de celles-ci aux Characées, aux Algues supérieures, puis aux Algues inférieures et aux Champignons, les différents membres et organes deviennent de moins en moins distincts, jusqu'au moment où, comme dans les *Spiropyra*, parmi les Algues, toutes les cellules d'un même individu se ressemblent morphologiquement et exercent les mêmes fonctions physiologiques, et jusqu'à ce qu'enfin le végétal soit réduit à une seule cellule,

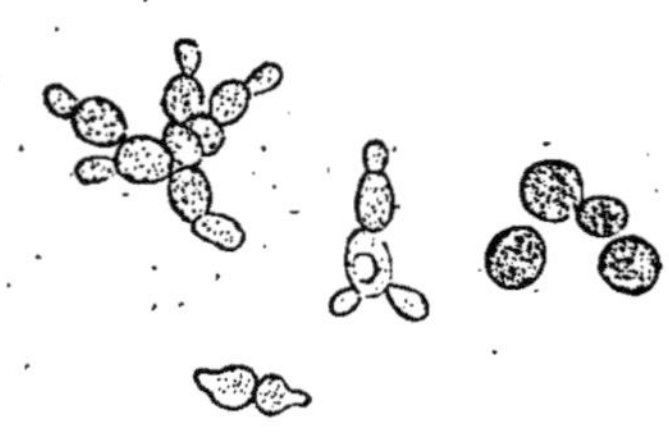

Fig. 52. — Levûre de bière.

tantôt verte, comme dans les *Protococcus*, tantôt incolore comme dans les *Bactéries* et les *Levûres*.

Les organes reproducteurs sexuels sont aussi variés que possible dans leurs formes, mais ils offrent partout, depuis les Cryptogames les plus inférieures jusqu'aux Phanérogames les plus élevées; une cellule mâle se fusionnant avec une cellule femelle qui, après cet acte de fécondation, produit directement ou indirectement, par des segmentations successives, une plante nouvelle. Ce qui varie pour ainsi dire à l'infini, c'est la forme et l'organisation des parties dans lesquelles se développent la cellule mâle et la cellule femelle. Quant aux organes reproducteurs asexués, ils varient pour ainsi dire encore davantage, mais ils peuvent toujours être réduits à ceci, qu'une ou plusieurs cellules, c'est-à-dire un bourgeon unicellulaire ou pluricellulaire se détache de la plante, et, s'il rencontre des conditions favorables, se développe en une plante nouvelle.

Décrire toutes ces formes, exposer cette organisation si variable des tiges, des feuilles, des racines, des organes

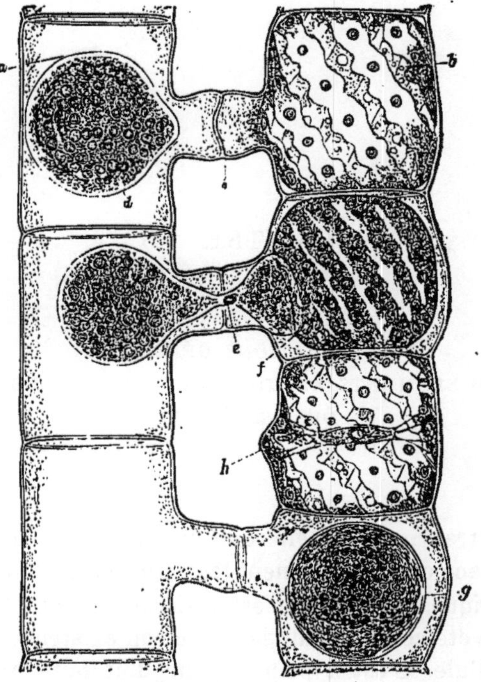

Fig. 53. — Deux fragments de filaments de *Spirogyra* dont quelques cellules sont en voie de conjugaison.

reproducteurs sexuels ou asexuels, ce serait faire l'étude de toutes les espèces végétales, c'est-à-dire embrasser la Botanique tout entière.

CHAPITRE VII

CONSIDÉRATIONS GÉNÉRALES SUR LES ÉLÉMENTS ANATOMIQUES ET SUR LES TISSUS DES VÉGÉTAUX

Tout être vivant, quelle que soit sa taille, quelle que soit la place que lui assignent les naturalistes dans l'arbre généalogique de ces êtres, est entièrement formé de cellules et a été constitué au début de son existence par une seule cellule. C'est à peine si l'on doit faire exception pour quelques organismes qui sont restés dans un état inférieur à celui de la cellule ou qui ne sont formés que par des cellules issues de la multiplication de cette première cellule. Si donc nous voulons acquérir une idée exacte de l'organisation intime d'un animal ou d'un végétal, il faut d'abord que nous sachions ce qu'on entend par ce mot « cellule », que nous étudiions ses caractères physiques, chimiques et biologiques, que nous connaissions exactement les parties dont elle est formée et la façon dont elle naît, se multiplie et meurt. Faire cette étude d'une façon complète et détaillée, ce serait parcourir le champ entier de l'histoire des êtres vivants, tâche évidemment trop vaste pour les limites de ce livre. Je me bornerai donc à exposer les traits principaux de l'histoire de la cellule.

Le mot lui-même demande à être expliqué. Il a été créé à une époque où l'on ne connaissait encore que certaines cellules des végétaux. Faisant des coupes à travers le liège qui recouvre l'écorce de certaines tiges, on vit que ce tissu présentait un grand nombre de cavités très régulières, limitées par des parois épaisses et résistantes; on donna à ces cavités le nom de *cellules* (de *cellula*, petite vésicule). Plus tard on put s'assurer que les cellules dont je viens de parler étaient des cellules mortes et que pendant la vie ces éléments constituants offrent une organisation beaucoup plus complexe. Bien des tentatives ont été faites depuis lors en vue de changer la dénomination primitivement donnée aux éléments anatomiques des êtres vivants, mais tous ont échoué devant l'habitude ou, si vous voulez, devant la routine plus forte que tous les raisonnements.

Une cellule animale ou végétale complète est formée essentiellement d'une *membrane d'enveloppe* et d'un *contenu*. Celui-ci se compose de deux parties principales:

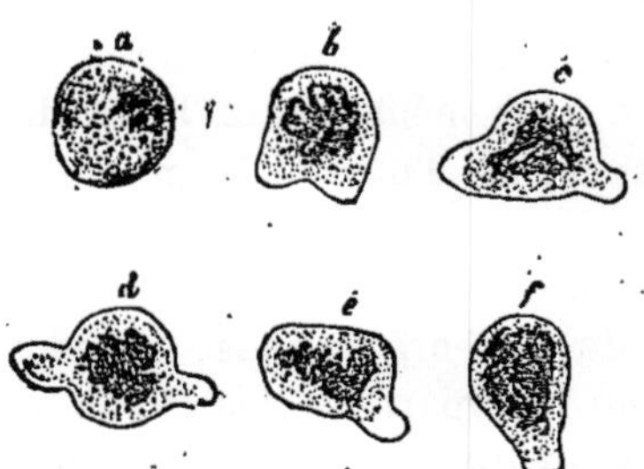

Fig. 54. — Cellules reproductrices du *Bangia atropurpurea* offrant des formes diverses et successives.

une substance visqueuse, légèrement granuleuse, le *protoplasma* et un corps habituellement arrondi, toujours logé dans le protoplasma, auquel on a donné le nom de *noyau*. A ces trois parties principales de la cellule s'ajoutent, dans la majorité des cas, des corps accessoires, très divers par leurs propriétés physiques, chimiques et biologiques, corps que nous réunirons sous le nom de *produits cellulaires*.

Les cellules ne sont pas toujours aussi complètement organisées que nous venons de le dire. Grand nombre de cellules animales sont dépourvues de membrane d'enveloppe ; dans quelques végétaux inférieurs le noyau manque ; mais il y a une partie qui ne fait jamais défaut dans une cellule vivante, le *protoplasma*. C'est le protoplasma qui vit, c'est-à-dire c'est le protoplasma qui se nourrit, se reproduit, se meut et sent. Sans protoplasma il n'y a pas de vie, il n'y a pas d'organisme vivant.

J'ai dit plus haut que certains organismes ne sont pas formés de cellules véritables. Parmi eux je citerai tout le groupe des Monériens, animaux qui vivent dans les eaux douces et salées, les Myxomycètes, champignons qu'on trouve en abondance dans les matières végétales en voie de putréfaction. Ces organismes n'ont pas de formes véritablement arrêtées, ils ont une structure aussi simple que possible, ne présentent ni membres, ni organes différenciés, ils ne sont même pas à l'état de cellule ; tout leur corps est formé d'une seule masse de protoplasma dont l'aspect change sans cesse, par suite des mouvements dont il est le siège (1).

Au-dessus de ces organismes, je pourrais en citer d'autres un peu plus parfaits, les Bactériens, les Champignons de la levûre, etc., qui sont formés de protoplasma enveloppé d'une matière d'enveloppe, sans noyau, c'est-à-dire d'une cellule, mais d'une cellule rendue incomplète par l'absence de l'une de ses trois parties essentielles. Dans d'autres organismes, comme dans le groupe

(1) Pour l'histoire de ces êtres, voyez : DE LANESSAN, *Traité de Zoologie*, première partie : *Les Protozoaires*.

des Amœbiens, la cellule est également incomplète, mais par l'absence d'une autre partie ; on y trouve le protoplasma et un noyau, mais pas de membrane d'enveloppe. Dans tous les groupes supérieurs à ceux-là, la cellule est habituellement complète, c'est-à-dire qu'elle présente : le protoplasma, le noyau et la membrane d'enveloppe Cela est vrai pour les végétaux qui, seuls, doivent nous occuper ici.

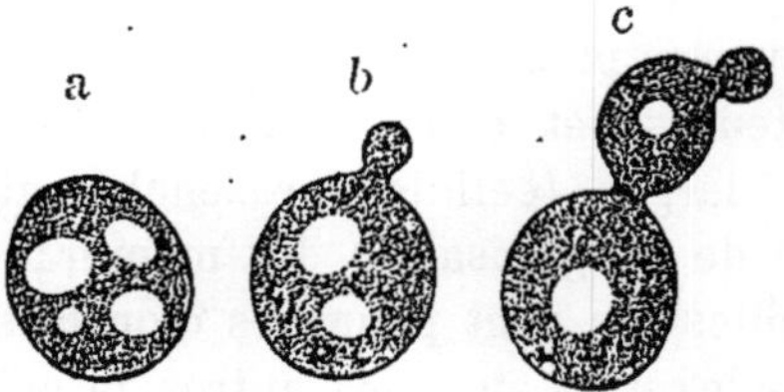

Fig. 55. — Cellules de la Levûre de bière. a, avant le bourgeonnement; b, au début du bourgeonnement. c, après formation par bourgeonnement d'une deuxième cellule qui, à son tour, bourgeonne.

Dans ces derniers, la membrane d'enveloppe a une constitution chimique qu'on lui trouve rarement chez les animaux; elle est formée d'une substance ternaire assez voisine de l'amidon, insoluble dans l'eau, la *cellulose* ; et elle acquiert une épaisseur et une consistance habituellement assez considérables pour que le protoplasma puisse être considéré comme enfermé dans une véritable prison. Ce caractère est de la plus haute importance, ainsi que nous le verrons tout à l'heure, car il établit entre les animaux et la plupart des végétaux cette différence primordiale que les premiers peuvent se déplacer, tandis que les autres sont condamnés à naître, vivre et mourir dans le même point.

Je n'entrerai pas ici dans l'exposé détaillé des caractères de la membrane d'enveloppe, cela m'entraînerait trop loin ; je me borne à rappeler que, grâce à sa consistance, c'est la membrane qui détermine la forme des cellules végétales. Tant que la membrane est encore mince, le protoplasma peut agir sur elle, la déformer par pression ou traction ; mais dès qu'elle a atteint une certaine épaisseur, le protoplasma est impuissant à modifier sa forme, peut-être même alors ne prend-il plus aucune part à sa formation. Rien n'est plus variable que la forme des cellules végétales et les sculptures qui décorent leurs membranes ; mais, d'une façon générale, nous verrons qu'on peut les ramener à deux types : celles qui ne sont pas beaucoup plus longues que larges (cellules dites parenchymateuses) et celles qui sont beaucoup plus longues que larges (cellules prosenchymateuses) ; au point de vue de l'organisation des membranes, on peut distinguer celles qui sont pourvues d'orifices les faisant communiquer les unes avec les autres de celles qui sont complètement closes. Nous verrons plus tard que ces différences ont une importance considérable au point de vue des fonctions de ces éléments.

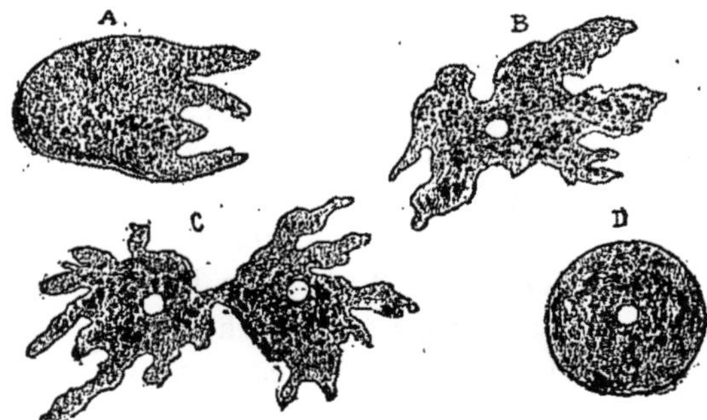

Fig. 56. — Amœbe à divers états. En C il se segmente.

Le protoplasma, c'est-à-dire la partie vivante des cellules, est une substance visqueuse, ne devenant jamais tout à fait liquide, colloïde, c'est-à-dire ne traversant pas les membranes par diffusion, formée par le mélange de deux ou plusieurs substances albuminoïdes, d'eau et de sels inorganiques solubles. Il est insoluble dans l'eau, mais il se laisse très facilement imprégner par elle et en absorbe, soit directement, soit par diffusion à travers les membranes, une grande quantité. On peut lui enlever une partie de l'eau qu'il contient sans le tuer, mais on le réduit souvent, dans ce cas, à un état de vie latente, de repos, qui ne cesse que quand on lui rend l'eau dont on l'avait dépouillé. C'est ainsi que s'expliquent le curieux phénomène des animaux reviviscents, et celui de la

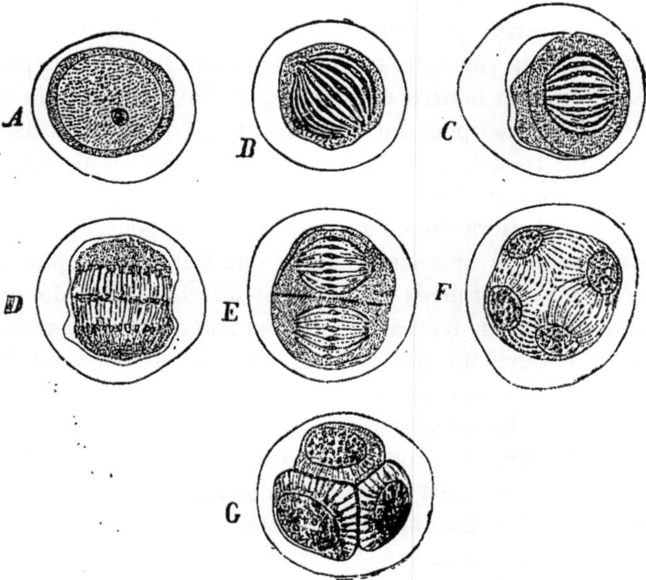

Fig. 57. — Division d'une cellule mère des spores dans le *Psilotum triquetrum* (d'après Strasburger). A, la cellule mère avant le commencement de la division; en B, le noyau est devenu fusiforme et la matière du nucléole forme la plaque nucléaire; en C, les éléments de la plaque sont subdivisés; en D, ces éléments sont groupés vers les pôles du noyau fusiforme et la plaque cellulaire devient visible au milieu des filaments : la première bipartition étant achevée chacun des jeunes noyaux se prépare pour une seconde bipartition; E, F et G représentent cette seconde bipartition (Gross. 600).

conservation des graines pendant un temps d'autant plus prolongé, qu'elles ont été mieux desséchées.

Le protoplasma vivant offre le caractère remarquable

que, malgré son avidité pour l'eau, il n'absorbe pas indifféremment toutes les matières solubles qu'elle est susceptible de contenir. Il se montre particulièrement rebelle à l'absorption des matières colorantes, même les plus solubles, ainsi qu'à celle de certains sels, comme le chlorure de sodium, le nitrate de potasse, etc. Après sa mort, au contraire, il absorbe toutes ces substances sans aucune difficulté. Ces faits sont très importants ; on doit toujours les avoir présents à l'esprit, quand on étudie la nutrition des végétaux ou des animaux. Il ne s'agit pas, quand on veut nourrir une plante, de savoir que telle ou telle substance peut lui être fournie en dissolution dans l'eau, c'est-à-dire sous la forme la plus facile à absorber, mais encore si elle est de celles que le protoplasma absorbe volontiers ou qu'au contraire il repousse. Quant aux causes de la sorte de choix que fait le protoplasma parmi les substances qui lui sont offertes, nous devons avouer que nous n'en avons pas la moindre connaissance, mais il est évident qu'il faut les chercher dans sa constitution moléculaire et sa composition chimique.

On nous objectera peut-être qu'après la mort la constitution chimique du protoplasma n'a pas changé et qu'alors cependant il absorbe des substances qu'il laissait de côté pendant la vie. La réponse à cette objection est facile à faire : en admettant que le passage de l'état de vie à celui de mort ne soit pas accompagné d'une modification de la composition chimique du protoplasma, il n'est pas douteux qu'il se produit alors dans cette substance un changement considérable d'état moléculaire. Peut-être même la mort n'est-elle véritablement occasionnée, caractérisée si l'on veut, que par ce changement d'état moléculaire. Cette supposition paraît plus probable quand on réfléchit qu'une élévation ou un abaissement de quelques degrés de la température du milieu dans lequel vivent les animaux ou les plantes suffit pour les tuer. N'est-ce pas, en effet, un simple changement d'état moléculaire que l'élévation ou l'abaissement de la température déterminent?

Les réactions chimiques du protoplasma sont à peu près celles des matières albuminoïdes : coagulation par l'alcool, coloration rouge par le réactif de Millon (dissolution acide de nitrate mercurique) et la chaleur; en rose rougeâtre par l'acide sulfurique, etc. (Poulsen, *Micro-chimie végétale*, in *Biblioth. biologique internat.*) Toutes ces réactions, sur lesquelles je n'ai pas à m'étendre ici, doivent être connues du botaniste, parce qu'elles sont de nature à lui fournir des indications utiles dans ses investigations. Je me borne à rappeler que l'alcool absolu et surtout l'acide osmique ont la propriété, très utilisée par les botanistes, de fixer le protoplasma dans la forme et dans l'état où il se trouvait au moment où on fait agir ces réactifs.

Je ne dirai que quelques mots du noyau. Il est formé de matières albuminoïdes, mais il se distingue par quelques propriétés dont on fait usage journellement afin de le distinguer du protoplasma qui souvent le dissimule plus ou moins à l'observateur. En traitant les cellules par l'acide acétique, on rend le noyau très brillant tandis qu'on dissout le protoplasma; avec les matières colorantes, le noyau prend toujours une coloration plus foncée que celle du protoplasma.

Le noyau est formé d'une membrane d'enveloppe très mince et d'un contenu dans lequel se trouve souvent un corpuscule brillant, auquel on donne le nom de *nucléole*. Quant au contenu du noyau, il est formé de deux parties distinctes : l'une liquide, ne se colorant que fort peu par les matières colorantes, l'autre formée de filaments enroulés et enchevêtrés ou de bâtonnets entremêlés; c'est cette dernière qui constitue la partie vivante, active, du noyau; on lui donne le nom de *substance nucléaire* ou *chromatine*. Il n'y a habituellement qu'un seul noyau dans chaque cellule; mais souvent ce noyau primitivement unique se divise, et la cellule peut en offrir deux, quatre, ou un nombre parfois beaucoup plus considérable, notamment dans le sac embryonnaire des Phanérogames.

Dans les cellules jeunes, le noyau est très volumineux, et le protoplasma dans lequel il est contenu remplit toute la cavité de la membrane. Mais à mesure que la cellule grandit, par dilatation de la membrane cellulaire, les choses changent ; le noyau, n'augmentant pas de dimensions, se montre bientôt relativement beaucoup plus petit qu'il ne l'était; quant au protoplasma, il semble que lui aussi s'accroisse moins rapidement que la membrane, car il se creuse de cavités spacieuses, dans lesquelles s'accumule un liquide très riche en eau, le *suc cellulaire*. A mesure que la cellule augmente de dimen-

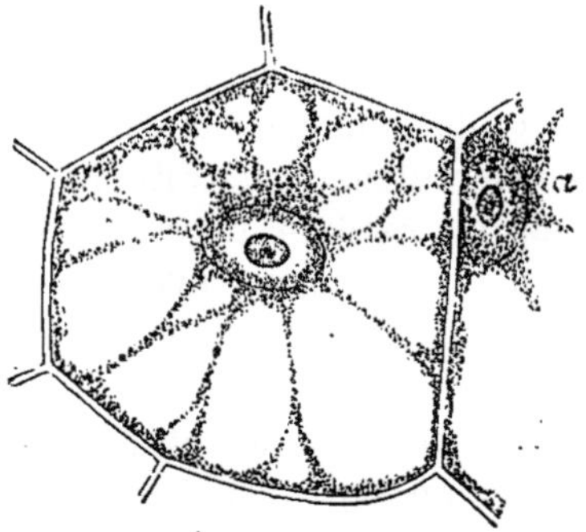

Fig. 58. — Cellule de *Monotropa hypopytis* offrant au centre un noyau rattaché au protoplasma périphérique par des cordons protoplasmiques et entre ces derniers de grandes cavités pleines de suc cellulaire.

sions, les cavités dont le protoplasma est creusé s'agrandissent beaucoup ; finalement, le suc cellulaire dont elles sont pleines, repoussant le protoplasma contre la face interne de la membrane cellulaire, finit par occuper presque toute la cavité de la cellule. Le protoplasma ne forme plus alors qu'une couche assez mince (couche membraneuse), étroitement appliquée contre la membrane et dont quelques points sont reliés les uns avec les autres par des filaments protoplasmiques, tendus en travers de la cavité de la cellule. Le noyau est alors logé soit dans l'épaisseur de la couche membraneuse, soit dans celle d'un filament protoplasmique ; souvent il est situé dans une masse protoplasmique étoilée, formée par l'adhérence de plusieurs filaments qui le tiraillent et lui font prendre une forme quadrangulaire, polygonale ou étoilée.

Cet état de choses n'est d'ailleurs pas permanent. La propriété essentielle du protoplasma, celle qui est sa caractéristique véritable, parce qu'elle est la manifestation de la vie dont il est doué, la propriété essentielle du protoplasma, dis-je, est d'être sans cesse en mouvement. Quand on observe avec attention, sous le microscope, à un fort grossissement, une cellule vivante de grande taille, — celles des Charas, celles des poils du Potiron, des étamines des *Tradescantia*, etc., sont très favorables à cette étude, — on voit les granulations du protoplasma se déplacer en formant des sortes de courants qui marchent dans des directions tantôt constantes, tantôt variables d'un moment à l'autre; les agents physiques et chimiques, la chaleur, l'électricité, agissent sur ces courants d'une manière très efficace, les accélérant ou les ralentissant, ou même les supprimant s'ils agissent avec assez d'intensité. Dès que le protoplasma est mort les courants protoplasmiques s'arrêtent net ; il est donc bien évident qu'ils sont de nature biologique. Il est aisé de s'assurer qu'ils sont formés non seulement par les granulations du protoplasma, mais par la portion de cette substance qui occupe la région moyenne de la couche membraneuse et des filaments, portion qui est plus fluide que les autres. On voit même souvent la couche membraneuse émettre sur un point de sa face interne une sorte de bras qui s'allonge à travers la cellule et va se confondre avec des filaments déjà formés ou qui, après avoir acquis une certaine longueur, se rétracte de nouveau et rentre dans la couche membraneuse qui lui avait donné naissance, ou bien se sépare de celle-ci pour se fusionner avec un filament.

En un mot, le protoplasma contenu dans les cellules végétales vivantes se comporte comme un Amœbe, un Monérien, un Foraminifère ou un Rhizopode qu'on aurait enfermé dans une prison adaptée à sa minuscule personne. Brisez la prison, mettez en liberté ce prisonnier et vous le verrez se déplacer au milieu des objets environnants. C'est ce spectacle que nous offrent les petites masses protoplasmiques des Myxomycètes, lorsqu'elles sortent de la membrane provisoire dont elles s'enveloppent lorsque le temps devient sec.

Dès que la membrane végétale a acquis une certaine épaisseur, les mouvements du protoplasma ne peuvent exercer sur elle aucune action. Il n'en est pas ainsi quand la membrane est encore très mince et en voie d'accroissement. Le protoplasma peut alors, en pressant sur un point de cette membrane, déterminer l'écartement des molécules cellulosiques qui la composent, et la formation d'une sorte de cul-de-sac qui pourra prendre une grande longueur. Voyez germer sous le microscope une spore de *Vaucheria :* un cul-de-sac se forme sur un point de la membrane qui enveloppe le protoplasma vert de cette spore ; ce cul-de-sac s'allonge rapidement, tandis que tout le reste de la membrane s'épaissit et conserve sa forme primitive. N'est-il pas naturel de penser que le cul-de-sac destiné à devenir un filament, parfois long de dix à quinze centimètres, est produit par la pression du protoplasma ? Cette pensée surgit d'autant plus naturellement dans l'esprit, que, dans les longues cellules des *Vaucheria*, c'est toujours au voisinage de l'extrémité par laquelle la cellule s'allonge que le protoplasma se montre plus dense et plus actif. Il finit même par se retirer des portions de la cellule les plus anciennes, portions dont la membrane s'altère bientôt quand le protoplasma ne s'y trouve pas.

Si l'on se rappelle ce que nous avons dit au sujet du géotropisme des cellules de *Vaucheria*, on comprendra de quelle importance est le fait que nous venons de signaler, au point de vue de l'explication à fournir des phénomènes géotropiques. Nous avons dit que quand on fait germer des spores de *Vaucheria* dans un vase à demi plein d'eau, on ne tarde pas à voir les jeunes filaments abandonner la surface de l'eau, se porter contre les parois du vase et y grimper, en se disposant à peu près verticalement par rapport à la surface de la terre. Si l'on observe attentivement ces filaments, on verra que la portion en voie d'accroissement est toujours située en haut, tandis que la portion répondant à la spore primitive est située dans le bas. On peut donc dire que les filaments de *Vaucheria* sont négativement géotropiques, c'est-à-dire qu'ils tendent à s'éloigner du centre de la terre. Or, nous avons vu que l'allongement des filaments est dû à la pression que le protoplasma exerce sur leur extrémité. Il faut donc en conclure que le protoplasma des *Vaucheria* est négativement géotropique, c'est-à-dire que, s'il était libre, il s'éloignerait du centre de la terre; enfermé dans une prison de cellulose, il presse contre un point de cette prison et le fait allonger en cul-de-sac dans la direction qu'il suivrait s'il était libre.

Nous sommes d'autant plus autorisés à attribuer au protoplasma le géotropisme négatif des filaments de *Vaucheria* que les Champignons Myxomycètes, à protoplasma libre, présentent la même forme de géotropisme. Placez une masse protoplasmique de Myxomycète dans un vase contenant une quantité suffisante d'humidité, et vous la verrez se glisser le long des parois du verre de bas en haut, c'est-à-dire en s'éloignant du centre de la terre, alors qu'en vertu de son poids, elle devrait, au contraire, être entraînée vers le bas. Nous en concluons naturellement que ce protoplasma est doué de géotropisme négatif. Ne devons-nous pas admettre la même conclusion en ce qui concerne le protoplasma, enveloppé d'une membrane, des filaments de *Vaucheria ?* Il est de toute évidence que nous ne pouvons répondre à cette question qu'affirmativement.

Or, cela va nous permettre de jeter quelque lumière sur les phénomènes géotropiques que nous avons étudiés plus haut dans les végétaux supérieurs. Le *Vaucheria* en voie de germination va nous fournir encore une donnée importante. Nous avons supposé plus haut que le protoplasma de la spore ne presse que sur un seu point de la membrane de cette dernière et nous avons vu qu'il tendait à s'éloigner de la surface du sol. Dans un grand nombre de cas, sinon dans la plus grande partie, il se forme sur la spore en germination des *Vaucheria*, non pas un seul cul-de-sac, mais deux, et presque toujours ces culs-de-sac sont situés aux deux extrémités d'une même ligne diamétrale. Ces culs-de-sac se forment alors que la spore est encore à la surface de l'eau. Plus tard, lorsque le jeune filament s'est appliqué contre les parois du vase, les deux culs-de-sac s'allongent simultanément, l'un vers le haut, l'autre vers le bas ; si nous admettons que les culs-de-sac se développent sous la poussée du protoplasma, il faut déduire de ce phénomène qu'une partie du protoplasma de la spore était doué de géotropisme négatif, et l'autre de géotropisme positif. Cela est vrai au moins à partir du moment où le jeune filament adhère aux parois du vase ; jusqu'alors le filament étant horizontal il n'y avait aucune manifestation de géotropisme

A quelle cause faut-il attribuer la différence de géotropisme présentée par les deux portions de cette cellule? Peut-être pourrons-nous arriver à la déterminer en tenant compte des conditions dans lesquelles se trouve la plante et des habitudes de vie qu'elle a. Le *Vaucheria* est, ne l'oublions pas, une plante aquatique. Or, par suite du géotropisme négatif de son protoplasma, elle tend à s'éloigner de l'eau et à s'élever dans l'atmosphère. Mais pendant qu'elle accomplit cette marche le long des parois du vase, elle est nécessairement sollicitée, en vertu des propriétés acquises par l'hérédité, à ne pas abandonner l'eau qui est le milieu de ses ancêtres. Cette double attraction en sens contraire n'est-elle pas de nature à provoquer la division de la masse protoplasmique primitive en deux parties : l'une obéissant surtout au géotropisme et l'autre à l'habitude héréditaire, l'une tendant à s'élever perpendiculairemeut à la surface de la terre, l'autre tendant à rester dans l'eau, et, par suite, se dirigeant vers le centre de la terre, car, si elle suivait la première, la plante entière serait entraînée hors de l'eau. En examinant attentivement les faits qui se passent désormais dans le filament de *Vaucheria*, on voit que c'est dans l'extrémité située au-dessus de l'eau que se produisent les organes reproducteurs femelles. Or, il est de règle générale dans les végétaux que le développement de ces organes arrête la végétation. Le géotropisme négatif, en éloignant la partie supérieure de la plante de son milieu naturel, a nui à la végétation de cette partie ; tandis que la portion inférieure, en se maintenant dans l'eau, a favorisé la végétation ; mais l'un et l'autre fait, la reproduction sexuée et la simple végétation, étant utiles à la plante, seront transmis aux descendants d'une manière ininterrompue. Il y aura donc désormais, dans les spores des *Vaucheria*, division du protoplasma en deux portions, poussant en sens contraire, l'une vers le haut, en vertu du géotropisme négatif, caractéristique de tous les êtres vivants, l'autre vers le bas en vertu de l'habitude héréditaire qu'ont les *Vaucheria* de vivre dans l'eau.

Passons maintenant aux Phanérogames et nous pourrons peut-être expliquer, avec quelques chances de formuler une idée juste, pourquoi les racines s'enfoncent dans le sol, tandis que les tiges s'élèvent habituellement vers le ciel.

Ainsi que nous le verrons plus tard, toute plante Phanérogame est constituée, dans son premier état, par une seule cellule, l'œuf. Après la fécondation, celui-ci est le théâtre d'un certain nombre de phénomènes que je décrirai plus tard, à la suite desquels une cellule de nouvelle formation va se trouver destinée à produire toutes les cellules, tous les tissus, tous les membres, tous les organes des végétaux. Prenons cette cellule au moment où elle subit sa première division ; celle-ci est transversale, elle donne naissance à deux cellules qui se touchent par leurs dos et qui ne pourront s'accroître l'une et l'autre que par leurs faces ventrales. Supposons que l'une d'elles doive donner la racine et l'autre la tige, supposition qui est la réalité ; imaginons en outre que ces deux cellules, provenant d'une Phanérogame aquatique, puissent être transportées en dehors de l'ovule et qu'elles soient capables de se développer à la surface de l'eau. Le protoplasma de l'une et de l'autre étant négativement géotropique, les deux cellules doivent se disposer de telle sorte que leur grand diamètre soit perpendiculaire à la surface de l'eau, ainsi que nous avons vu le filament de *Vaucheria* le faire ; mais, à partir de ce moment, l'une des cellules va se trouver plus près de l'eau que l'autre et sera, par conséquent, soumise à deux influences : celle du géotropisme qui tendrait à porter le protoplasma vers le haut, et l'habitude héréditaire qui tend à le pousser vers l'eau; comme il est plus près de ce milieu traditionnel que le protoplasma de la cellule supérieure, l'eau agira sur lui plus puissamment que le géotropisme, et la cellule supérieure s'allongera dans la direction opposée. Que ces cellules se multiplient, qu'elles se divisent, qu'elles donnent naissance à des tissus, à des membres, à des organes aussi variés qu'on voudra l'imaginer, les parties auxquelles chacune d'entre elles donnera naissance, jouissant des mêmes propriétés que les deux cellules primitives, obéiront de préférence à l'une des deux actions contraires par lesquelles elles seront sollicitées, les unes s'éloigneront du sol en vertu du géotropisme négatif, les autres s'enfonceront dans l'eau, ou — ce qui revient au même — dans le sol humide, en vertu des habitudes héritées des ancêtres

Ajoutons que, parmi les actions qui agissent sur les plantes, l'humidité est l'une des plus importantes. Nous avons vu que quand une racine est placée dans de telles conditions qu'elle ne reçoit de l'humidité que par une de ses surfaces, elle se recourbe de façon à se diriger vers le point d'où vient la vapeur d'eau; nous aurions pu dire la même chose des organes aériens des plantes, mais ces derniers manifestent cette propriété avec une moindre intensité.

Par les considérations qui précèdent, je crois avoir donné une explication admissible de l'antagonisme offert par les racines et les tiges, au point de vue de la direction dans laquelle ces deux sortes de membres s'accroissent. C'est une simple hypothèse que j'émets, mais une hypothèse qui me paraît réunir autant de probabilités qu'il est possible d'en accumuler dans un sujet aussi délicat et aussi obscur.

Si nous considérons que tous les mouvements présentés par les plantes supérieures, sous l'influence de la chaleur et de la lumière, sont également offerts par les végétaux unicellulaires et par ceux qui sont constitués par des protoplasma nus ; si, d'autre part, nous nous rappelons que les mouvements géotropiques, héliotropiques, de circummutation, offerts par les végétaux supérieurs ne se produisent que dans les parties en voie d'accroissement, c'est-à-dire formées de cellules dont les membranes sont encore minces et malléables, nous arriverons aisément à cette conclusion que les mouvements, les inflexions, les courbures décrites plus haut sont dues à la pression du protoplasma contre les parois des cellules, pression qui détermine un accroissement plus considérable des parties sur lesquelles elle s'exerce.

C'est encore aux phénomènes dont le protoplasma est le siège qu'il faut attribuer les mouvements nyctitropiques des feuilles et des organes floraux, et les mouvements que les uns et les autres présentent sous l'influence des excitations venues du dehors. Mais dans la plupart de ces cas nous ignorons à quelle nature de phénomènes intimes il faut attribuer l'action du protoplasma.

Je ne veux pas insister plus longtemps sur l'histoire du protoplasma. J'ai hâte de dire quelques mots des principales substances qui lui sont associées dans les cellules des végétaux.

Parmi ces substances, je ne ferai que nommer les sucres, les tannins, les graisses, les alcaloïdes si nombreux que la médecine emploie, les matières colorantes que l'industrie utilise, etc. Une partie de ces substances se trouvent en dissolution dans le suc cellulaire, les autres sont en suspension dans le protoplasma. Parmi les premières figurent les sucres, les tannins, les alcaloïdes, les matières colorantes ; ces dernières abandonnent souvent, à un moment donné, le suc cellulaire pour pénétrer dans l'épaisseur des membranes cellulaires où elles s'accumulent comme dans un filtre. Parmi les secondes se trouvent les graisses, dont on peut distinguer les gouttelettes grisâtres au milieu du protoplasma. Quelques substances se précipitent dans les cellules mortes tandis qu'elles sont en dissolution dans les cellules vivantes. De ce nombre sont : l'hypochlorine qui précipite en aiguilles irrégulières et à laquelle on a récemment attribué un rôle de premier ordre dans la nutrition des plantes ; l'inuline qui existe en grande quantité dans les rhizomes de l'Aunée, et qui se précipite après la mort des cellules, sous l'influence de la dessiccation, en sphérocristaux très remarquables.

L'amidon existe souvent en grande quantité dans les cellules végétales. Ses grains sont très remarquables sous le microscope par leur éclat brillant, par le point ou la ligne noirâtre dont ils sont pourvus, et surtout par la coloration violette qu'ils prennent sous l'influence de l'iode.

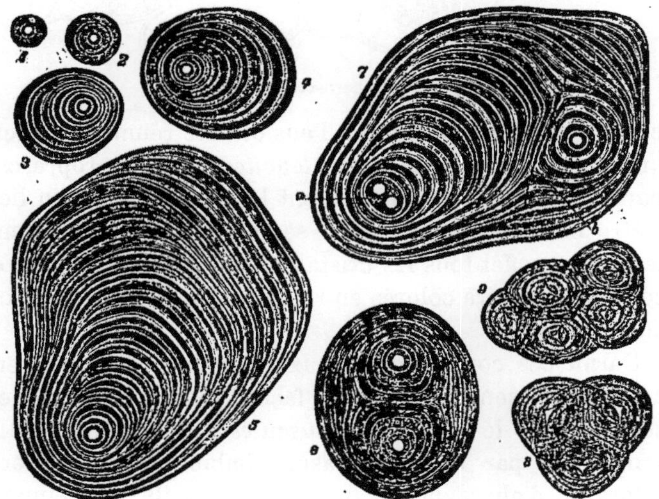

Fig. 59. — Grains d'amidon.

Le mode de formation de toutes ces substances est très discuté et, je m'empresse d'ajouter, encore plus obscur J'en dirai quelques mots dans un instant.

Les cellules contiennent encore fréquemment des corpuscules de matières albuminoïdes qui se distinguent du protoplasma dans lequel ils sont plongés par une forme déterminée. Quelques-uns de ces corpuscules ont reçu le nom de cristalloïdes parce qu'ils affectent des formes

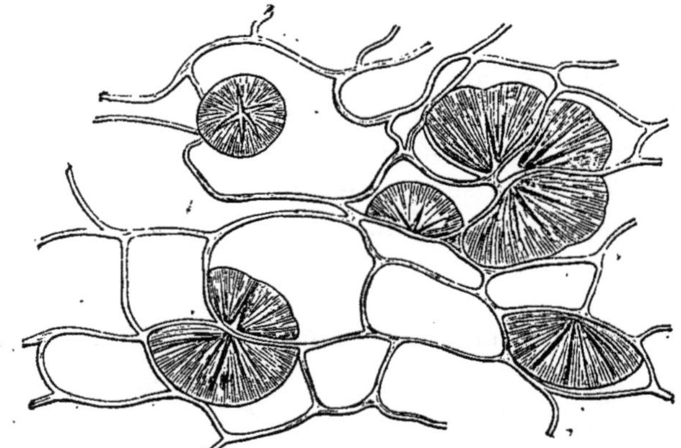

Fig. 60. — Sphéro-cristaux d'inuline.

cristallines très marquées. Tous ont été réunis par quelques botanistes sous le nom de *leucites*, terme impropre, car parmi eux, ceux qui nous offrent le plus d'intérêt, au lieu d'être blancs comme le nom semble l'indiquer et comme le sont en effet tous les cristalloïdes à formes régulières, sont au contraire colorés en rouge, en jaune, en violet ou en vert.

Parmi ces corpuscules, ceux qui sont colorés en vert nous intéressent seuls d'une façon particulière ; on les connaît sous le nom de *corpuscules chlorophylliens*. Ils sont formé par du protoplasma imbibé d'une matière colorante d'abord jaune, puis verte, et ils contiennent souvent soit des grains d'amidon, soit des globules de graisse, etc.

Les corpuscules chlorophylliens sont ordinairement discoïdes, plus rarement ovoïdes ou en forme de bâtonnets, ou en plaques étroites et même en filaments allongés, droits ou roulés en spirale. La matière colorante qui les imprègne est insoluble dans l'eau, mais soluble dans l'alcool et dans l'éther, ce qui permet de l'isoler avec la plus grande facilité.

Les corpuscules chlorophylliens peuvent se développer dans l'obscurité la plus complète; mais, dans ce cas, ils restent jaunâtres ; qu'on expose les plantes à la lumière et ils ne tardent pas à offrir la coloration verte caractéristique de la chlorophylle. On admet généralement que cette dernière est un produit de transformation d'une matière colorante jaune, la *xantophylle* ou *étioline*, qui se forme dans l'obscurité. Cette transformation serait produite par l'action de la lumière, phénomène qui n'a rien d'extraordinaire, car la plupart des matières colorantes d'origine végétale ou animale se transforment avec la plus grande facilité sous l'action des rayons solaires.

La chlorophylle elle-même est très sensible à la lumière; quand on expose sa solution alcoolique à la lumière, elle pâlit rapidement. Les feuilles vertes pâlissent également quand elles sont exposées directement aux rayons solaires. Dans ce cas, les corpuscules chlorophylliens effectuent souvent des mouvements singuliers qui ont pour but de les soustraire autant que possible, aux rayons du soleil ; ils abandonnent les faces horizontales des cellules où ils reçoivent perpendiculairement les rayons lumineux pour aller s'appliquer contre les faces verticales où l'incidence des rayons est très oblique. Ces mouvements ont pour résultat utile de mettre le pigment chlorophyllien à l'abri des altérations que lui fait subir une lumière trop intense.

La question qui nous intéresse le plus est celle du rôle physiologique de la chlorophylle. Il ne m'est pas possible de la laisser de côté dans un livre qui a pour objet d'initier le lecteur aux principaux problèmes soulevés par l'étude des végétaux.

On sait depuis fort longtemps que les végétaux verts,

c'est-à-dire, pourvus de chlorophylle, et les végétaux incolores, ou plutôt dépourvus de chlorophylle, ont une manière de vivre tout à fait différente. Les premiers peuvent se développer et fructifier dans un milieu où ils n'ont à leur disposition que des aliments purement inorganiques, c'est-à-dire de l'air, de l'eau, des carbonates, des nitrates et un peu de fer. Les autres, placés dans les mêmes conditions, ne se développent pas ou meurent s'ils ont déjà atteint une certaine dimension. Pour que ces derniers puissent vivre, il faut qu'ils aient à leur disposition non seulement de l'air, de l'eau et certains sels minéraux, mais encore des matières organiques; aussi, ces végétaux vivent-ils presque toujours, soit sur d'autres végétaux vivants ou morts et en voie de putréfaction, soit sur des animaux ou des cadavres, des détritus d'animaux. C'est parmi eux que se rangent tous ou presque tous les végétaux désignés sous le nom de parasites.

Ayant constaté ce premier fait, on ne tarde pas à s'assurer que les végétaux normalement verts, placés dans l'obscurité, où ils deviennent jaunâtres, ne tardent pas à mourir, quels que soient les aliments qu'on offre à leurs racines et quoiqu'on les maintienne dans une atmosphère normale. S'étant assuré que dans les végétaux anémiés, étiolés comme disent les botanistes, les corpuscules chlorophylliens persistaient après la décoloration, on fut naturellement amené à penser que le pigment chlorophyllien était le facteur principal de la vie des végétaux verts. Enfin, on s'assura que les plantes vertes placées dans l'obscurité se comportent vis-à-vis de l'atmosphère exactement comme les plantes incolores, c'est-à-dire qu'elles absorbent l'oxygène de l'atmosphère et rejettent de l'acide carbonique, tandis qu'exposées à la lumière elles absorbent une quantité relativement considérable d'acide carbonique atmosphérique et rejettent de l'oxygène.

Ne dépassant pas encore les limites du fait brutal, de

phénomène en quelque sorte extérieur, on pensa que la seule différence existante entre les plantes vertes et les plantes incolores était que les premières respiraient de l'acide carbonique , tandis les secondes respiraient de l'oxygène comme les animaux.

Cette manière de voir fut admise pendant toute la première moitié de ce siècle, jusqu'à ce que Garreau eût démontré que les plantes vertes exposées à la lumière font avec l'atmosphère deux échanges distincts mais simultanés de gaz ; que, d'unepart, elles y prennent de l'oxygène et y rejettent de l'acide carbonique à la façon des plantes incolores et des animaux ; et que, d'autre part, elles y puisent de l'acide carbonique et y rejettent de l'oxygène. On vit alors dans le premier acte un phénomène de respiration tout à fait semblable à celui qui se passe chez tous les animaux, et dans le second un phénomène de nutrition spécial aux plantes vertes. L'acte de nutrition ne se produisant que dans les parties vertes et sous l'influence de la lumière, tandis que l'acte respiratoire était constant comme chez les animaux et se produisait aussi bien dans l'obscurité la plus complète qu'à la lumière la plus intense.

Il restait à déterminer la nature des phénomènes nutritifs si singuliers qui se passent dans les végétaux verts sous l'influence de la lumière. C'était là un problème difficile, car les deux actes de nutrition et de respiration se produisent simultanément et dans les mêmes organes, de sorte qu'il était facile de confondre les produits de l'un avec ceux de l'autre. C'est, en effet, à mon avis, ce qui est arrivé, et c'est ce qui fait l'obscurité dont cette importante question est encore entourée. Sans entrer dans tous les détails qu'elle comporte, je crois nécessaire d'en dire quelques mots, ne serait-ce que pour ouvrir l'esprit du lecteur et lui faciliter l'étude qu'il en pourra désirer faire dans des ouvrages plus complets.

L'opinion la plus généralement admise, à l'heure actuelle, est que sous l'influence de la lumière le carbone provenant de la décomposition de l'acide carbonique de l'atmosphère se combine, dans les corpuscules chlorophylliens, avec les éléments de l'eau provenant du sol, pour former des corps ternaires tels que l'amidon, les graisses, la glucose, etc. Ces hydrates de carbone se combineraient ensuite avec de l'azote provenant des azotates minéraux puisés dans le sol par les racines, pour faire des matières quaternaires et finalement des substances albuminoïdes. Les substances ternaires formées en premier lieu seraient tantôt mises en réserve dans certaines cellules pour être utilisées à une époque ultérieure, tantôt employées au même usage sur place et aussitôt après leur formation.

A l'appui de l'opinion que je viens d'analyser, on peut invoquer la possibilité de fabriquer directement et par synthèse, dans le laboratoire, des hydrates de carbone, par combinaison du carbone provenant de matières minérales et des éléments de l'eau. Mais cela ne démontrerait pas que les végétaux procèdent de la même façon. On a invoqué aussi à l'appui de cette manière de voir le fait que l'on trouve toujours dans les corpuscules chlorophylliens des plantes exposées à la lumière, soit des grains d'amidon, soit des gouttelettes de graisse qui disparaissent ensuite quand on place les végétaux dans l'obscurité. On y ajoute cet autre argument que quand on fait pousser une plante dans l'obscurité on ne voit pas de grains d'amidon se former dans les corpuscules chlorophylliens, qui d'ailleurs restent jaunes, et que les plantes déjà vertes, placées dans l'obscurité, cessent de fabriquer de l'amidon après avoir consommé celui qui existait dans leurs corpuscules chlorophylliens. Enfin, on a cherché à déterminer par quelles substances intermédiaires les corps ternaires produits dans les corpuscules chlorophylliens passeraient avant de parvenir à l'état des matières albuminoïdes qui constituent le protoplasma. Parmi les substances auxquelles on a assigné ce rôle figurent surtout l'hypochlorine et l'asparagine. La présence constante de ces deux corps dans les cellules des plantes vertes, leur apparition, disparition et réapparition alternative, les ont fait considérer comme capables d'engendrer des substances albuminoïdes après être nées elles-mêmes, soit de la décomposition de ces matières, soit d'une synthèse opérée à l'aide de l'amidon.

Toutes ces opinions sont en réalité purement hypothétiques et me paraissent fort contestables. J'en ai moi-même, émis une autré à laquelle j'attache quelque importance, et qui me paraît tout aussi probable que les précédentes, quoiqu'elle soit également hypothétique.

Je suppose volontiers qu'il se fait dans les corpuscules chlorophylliens une synthèse beaucoup plus complète et plus rapide que celles dont je viens de parler, synthèse qui donnerait directement naissance aux matières albuminoïdes du protoplasma. Quant à l'amidon et aux autres corps ternaires qu'on trouve dans les corpuscules chlorophylliens ou dans des cellules incolores, ils proviendraient de la désassimilation des matières albuminoïdes du protoplasma, sous l'influence de l'oxygène atmosphérique. En d'autres termes, il se produirait suivant moi, dans les cellules, deux actes simultanés : d'une part, une synthèse de matières albuminoïdes caractérisant la fonction chlorophyllienne et s'effectuant avec une rapidité telle que ses phases échappent à notre observation ; d'autre part, une décomposition de ces matières, provoquée par l'oxygène de l'air et constituant l'acte intime de la respiration, cette décomposition donnant lieu à la formation des matières quaternaires non albuminoïdes et des matières ternaires, telles que l'amidon, les graisses, etc.

Tous les faits indiqués plus haut peuvent être interprétés aussi bien en faveur de ma manière de voir qu'en faveur de celle dont j'ai parlé. Les corpuscules chlorophylliens des plantes exposées à la lumière contiennent toujours, nous dit-on, de l'amidon et d'autres matières ternaires ; et l'on en conclut que l'amidon est produit par synthèse. Mais ne peut-il aussi bien résulter d'une décomposition des matières quaternaires des corpuscules chlorophylliens ? Ne puis-je pas invoquer à l'appui de cette hypothèse ce fait incontestable que le protoplasma des corpuscules chlorophylliens diminue de quantité à mesure que le volume des grains d'amidon renfermé dans les corpuscules augmente ? M. Sachs a même cité des cas dans lesquels l'amidon finit par représenter seul le corpuscule chlorophyllien dont le protoplasma et la matière verte ont disparu.

Il n'y aurait d'ailleurs rien d'exceptionnel dans ce fait de production de corps ternaires par désassimilation des matières albuminoïdes. Ne sait-on pas que ces matières se décomposent dans les animaux sous l'influence de la respiration, pour donner naissance à des corps gras, à des sucres, etc. ? Faites contracter violemment et rapidement un muscle animal, vous verrez augmenter dans des proportions considérables la quantité d'inosite ou sucre des muscles qu'il renfermait. Nourrissez un animal exclusivement avec des matières quaternaires, il n'en produira pas moins de l'inosite, du glycogène, de la graisse même, c'est-à-dire des corps ternaires dont l'origine ne peut pas être douteuse, qui proviennent évidemment de la décomposition des matières quaternaires provoquée par la respiration. Les végétaux incolores ne produisent-ils pas, eux aussi, des matières ternaires ? Ne sait-on pas quelle énorme quantité de cellulose contiennent certains champignons ? D'autres sont riches en matières sucrées, en matières grasses et autres corps ternaires, quelques-uns même contiennent de l'amidon. Ces corps ternaires, ils ne les forment évidemment pas par synthèse chlorophyllienne, puisqu'ils sont dépourvus des corpuscules chlorophylliens nécessaires à cette opération; ils ne peuvent les produire que par la décomposition de leurs matières quaternaires. Or, ces matières quaternaires, nous savons qu'ils jouissent de la propriété de les fabriquer synthétiquement à l'aide des matériaux organiques dont ils se nourrissent. M. Raulin a même démontré que certains champignons inférieurs jouissent de la propriété de se nourrir comme les végétaux chlorophyllés, avec des matières purement inorganiques.

En résumé, rien n'empêche d'admettre que l'amidon contenu dans les corpuscules chlorophylliens provient de la désassimilation respiratoire du protoplasma des corpuscules.

On peut objecter, il est vrai, que si l'amidon avait une telle origine, il continuerait à s'en produire lorsqu'on place les végétaux verts dans l'obscurité, puisque, dans ces conditions, la respiration continue à s'effectuer; or, il n'en est pas ainsi; dans l'obscurité l'amidon des corpuscules chlorophylliens disparaît et il n'est pas remplacé. A cette objection il est permis de répondre que, placée dans l'obscurité, la plante consomme d'abord pour sa respiration les matières ternaires qu'elle contient ainsi que le font les animaux soumis à l'inanition. Chez ces derniers, on sait que les corps gras et autres corps ternaires sont brûlés par la respiration avant que cette dernière attaque les matières albuminoïdes; c'est seulement après la consommation des matériaux combustibles que les matières albuminoïdes des tissus commencent à être elles-mêmes brûlées. La plante verte, placée dans l'obscurité, ressemble à un animal soumis à l'inanition, par ce fait que l'absence de lumière la rend incapable de se nourrir; comme l'animal, elle meurt lorsque ayant épuisé sa provision de matières combustibles, elle est contrainte de consommer par la respiration des substances albuminoïdes qu'elle ne peut plus renouveler. Lorsque au contraire elle est exposée au soleil, la nutrition devient chez elle si intense qu'elle se trouverait rapidement trop riche en matières albuminoïdes, si une partie de ces dernières n'était brûlée à mesure de leur production et transformées en matières ternaires qui sont beaucoup plus fixes, c'est-à-dire moins facilement oxydables. La plante verte exposée au soleil me semble comparable aux animaux et aux hommes qui mangent beaucoup plus qu'ils ne dépensent et dans les tissus desquels s'accumulent d'énormes quantités d'urates et de graisses. D'où proviennent ces corps? De la désassimilation respiratoire des matières albuminoïdes; mais ils sont produits en telle quantité, qu'une partie s'arrête avant d'avoir atteint les termes ultimes des désassimilations respiratoires, termes qui sont l'acide carbonique, l'eau et l'urée. Soumettez ces animaux à l'inanition et vous verrez disparaître graduellement, sous l'influence de la respiration qui continue à s'effectuer, la graisse qu'ils ont accumulée. L'objection que j'ai moi-même soulevée n'est donc pas de nature à renverser mon hypothèse. Or, cette objection est la seule importante qu'on puisse m'adresser.

Les faits observés récemment par M. Pringsheim me paraissent pouvoir être interprétés d'une façon favorable à ma manière de voir. D'après M. Pringsheim, le pigment chlorophyllien ne jouerait dans la cellule verte que le rôle d'un écran destiné à modérer la respiration, c'est-à-dire la désassimilation. « La lumière intense dont la plante ne peut se passer, écrit M. Pringsheim (1), et qui est indispensable pour l'assimilation du carbone, lui devient pernicieuse, du moment où l'intensité de la lumière dépassant certaines limites, l'énergie de l'oxydation devient plus grande que l'énergie de l'assimilation. C'est la chlorophylle qui, par ses absorptions lumineuses, contrebalance

(1) *Comptes rendus* de l'Académie des sciences de Paris, 26 janvier 1880.

ces deux fonctions opposées l'une à l'autre dans leurs effets physiologiques. En absorbant de préférence les rayons chimiques de la lumière, le pigment chlorophyllien en diminue l'effet respiratoire, et c'est grâce à cet écran protecteur dont jouit la plante que, même en plein soleil l'assimilation du carbone surpasse l'oxydation des corps carbonés des plantes. »

Grâce au pigment chlorophyllien, les cellules vertes des plantes se trouvent donc placées dans la condition de l'homme dont je parlais plus haut, qui mange plus qu'il ne dépense, et qui, par conséquent, accumule des matériaux de réserve. Or, dans l'homme, une partie, sinon la totalité des matériaux de réserve, sont des produits de désassimilation. Pourquoi n'en serait-il pas ainsi dans les végétaux verts?

Pringsheim suppose, il est vrai, que dans les feuilles vertes le premier produit de la synthèse du carbone est une substance oléagineuse, à laquelle il a donné le nom d'hypochlorine et qui se trouve dans les corpuscules chlorophylliens en grande quantité. Il appuie son opinion sur ce que « de tous les corps carbonés dont la production dans la plante a été attribuée plus ou moins directement à la décomposition de l'acide carbonique l'hypochlorine est le seul que les Phanérogames en germant ne peuvent pas former sans l'aide de la lumière ». Il pense que l'hypochlorine est la substance mère de tous les hydrates de carbone que l'on trouve dans les plantes vertes ; il s'est assuré que dans les plantes vertes, exposées à une lumière normale, l'hypochlorine existe toujours en grande quantité dans les corpuscules chlorophylliens, tandis que, dans les plantes exposées à une lumière solaire concentrée, l'hypochlorine est détruite presque à l'instant de sa formation.

Ce dernier fait est bien démonstratif de l'opinion exposée plus haut, d'après laquelle le pigment chlorophyllien jouerait le rôle d'un simple écran destiné à ralentir les phénomènes de désassimilation de la respiration.

Quant à ce fait que l'hypochlorine ne se forme dans les plantes vertes en voie de germination que sous l'influence des rayons solaires, il ne me paraît pas démontrer que l'hypochlorine soit nécessairement, comme conclut Pringsheim, le produit immédiat de l'assimilation du carbone et de l'acide carbonique. Il peut tout aussi bien nous conduire à admettre simplement que l'hypochlorine est un produit de désassimilation du protoplasma, ne se formant que sous l'influence de la respiration intense déterminée par la lumière. Si la lumière est trop vive, l'hypochlorine sera détruite avant d'avoir pu se transformer en amidon, graisse, etc.; si, au contraire, la lumière est modérée, l'hypochlorine subit cette transformation.

En résumé, il me semble qu'on peut interpréter les observations de Pringsheim de la façon suivante : Dans les plantes vertes, comme dans les plantes incolores, le protoplasma des cellules jouit de la propriété de fabriquer des matières quaternaires albuminoïdes à l'aide de matières plus élémentaires, notamment à l'aide du carbone, de l'acide carbonique atmosphérique, des azotates et de l'eau puisée dans le sol. Tandis que cette assimilation s'opère, les cellules respirent, les matières albuminoïdes du protoplasma sont dédoublées ; dans les plantes vertes, le premier produit de ce dédoublement est l'hypochlorine, mais ce produit ne se forme que quand la plante est exposée à la lumière, c'est-à-dire quand sa respiration est activée dans une certaine mesure. Si la lumière n'est pas trop vive, l'hypochlorine se transforme ensuite en amidon, sucre, graisse, etc. En d'autres termes, le protoplasma des corpuscules chlorophylliens fabrique directement des matières albuminoïdes, puis ces matières s'oxydent et donnent naissance à des corps ternaires en tête desquels se trouve l'hypochlorine.

Ce qui prouve, en effet, que l'hypochlorine n'est indispensable ni à la formation des matières ternaires ni à la formation des matières quaternaires albuminoïdes, c'est, d'une part, que les végétaux sans chlorophylle fabriquent tout autant de matières ternaires que les autres ; et, d'autre part, que certains végétaux incolores, sinon tous, fabriquent directement des matières quaternaires albuminoïdes à l'aide de matériaux purement inorganiques.

En admettant avec raison que le protoplasma des corpuscules chlorophylliens fabrique directement des matières albuminoïdes, on rend très facile à comprendre le phénomène des réserves alimentaires faites par les végétaux, phénomène qui est fort difficile à expliquer avec l'autre hypothèse. Je prends un exemple, celui de la Pomme de terre. On sait que certains rameaux souterrains de cette plante se gorgent d'une énorme quantité d'amidon, grossissent beaucoup plus que les autres et deviennent ces corps ovoïdes que l'on nomme des tubercules. Si l'on admet que les corpuscules chlorophylliens seuls peuvent fabriquer de l'amidon, on est obligé de supposer, avec Sachs et tous les partisans de cette manière de voir, que l'amidon des tubercules de la Pomme de terre, après s'être formé dans les feuilles, a voyagé dans les rameaux aériens et est descendu dans les rameaux souterrains pour s'y accumuler. Or, l'amidon est un corps insoluble dans l'eau et les cellules innombrables qu'il doit traverser dans ce long voyage sont dépourvues d'orifices. Aussi les botanistes dont je parle sont-ils obligés d'admettre que dans chaque cellule l'amidon est dissous, qu'il se resolidifie après avoir traversé la cloison de séparation qui s'opposait à sa marche, puis qu'il se redissout de nouveau, et ainsi dans chaque cellule.

Au lieu de cela, supposons que les feuilles de la Pomme de terre fabriquent directement des matières albuminoïdes solubles, celles-ci circuleront avec la plus grande facilité à travers les cellules des feuilles et des rameaux, elles iront s'accumuler dans certaines cellules des rameaux souterrains où une partie d'entre elles seront oxydées par la respiration en donnant naissance à l'amidon.

Enfin, et c'est par cette considération que je terminerai ce trop long exposé, l'hypothèse que je crois devoir admettre offre cet avantage de simplifier considérablement la biologie des végétaux verts, la rapprochant de celle des organismes qui sont dépourvus de matière verte. Il n'est plus permis de douter aujourd'hui que les premiers organismes vivants qui ont surgi à la surface de la terre étaient incolores ; il est également démontré qu'il ne se forme nulle part sur notre globe de matières ternaires en dehors des organismes vivants. Il faut conclure de ces deux faits que les premières matières ternaires ont été produites par désassimilation des substances quaternaires des êtres vivants, et, par conséquent, que les premiers êtres vivants ont été formés par une synthèse donnant naissance directement à des matières quaternaires. C'est en effet l'opinion qui a été soutenue, avec de nombreuses preuves à l'appui, par M. Pfeiffer. Enfin on est obligé d'admettre que les premiers êtres vivants, quoique incolores, jouissaient de la propriété d'opérer directement la synthèse des matières quaternaires. Que cette propriété ait été perdue par la majorité d'entre eux et particulièrement par ceux auxquels nous donnons le nom d'animaux, rien n'est plus certain (quoiqu'il soit démontré que les animaux soumis à l'inanition utilisent l'azote de l'atmosphère et par conséquent font une synthèse directe); que cette propriété de faire des synthèses soit devenue l'apanage à peu près exclusif des végétaux verts, grâce à l'écran qui les protège contre l'excès de la respiration, rien n'est mieux démontré ; mais je ne vois pas pourquoi ces êtres auraient été dépouillés de la propriété dont jouissaient leurs ancêtres de faire directement la synthèse des corps quaternaires.

Par tous ces motifs je reste fidèle à une hypothèse que

j'ai déjà émise, il y a quelques année, qui n'a peut-être pas suffisamment frappé les biologistes, mais qui me parait tout aussi probable que celle qui est généralement admise et qui a sur cette dernière l'avantage d'être plus simple, et par conséquent plus conforme aux habitudes de la nature.

Pour terminer ces considérations générales, je devrais parler des phénomènes consécutifs à l'exercice de la fonction chlorophyllienne, de la chaleur développée par les plantes, de la façon dont les divers agents, lumière, chaleur, électricité, etc., influent sur la nutrition et la respiration, mais ce seraient des détails superflus dans un livre dont le seul objet est de montrer au lecteur les problèmes principaux soulevés par l'étude si intéressante des plantes. J'arrête donc ici ces considérations générales sur l'anatomie et les propriétés biologiques des cellules et je me hâte d'aborder l'étude de l'organisation anatomique des divers organes des végétaux en prenant toujours le Sapin pour type, dans cette étude.

CHAPITRE VIII

ANATOMIE DES ORGANES DU SAPIN ET DES AUTRES VÉGÉTAUX

Pour faire un exposé complet et rationnel de l'anatomie des organes du Sapin, il faudrait prendre l'œuf avant la fécondation, étudier son organisation avant cet acte ; puis suivre pas à pas toutes les segmentations qu'il subit, décrire chacune des cellules, chacun des tissus, des organes auxquels il donne naissance jusqu'à ce que le végétal soit parvenu à l'état adulte. En suivant cette marche, nous imiterions celle de la nature dans la production du végétal. Mais les limites d'un ouvrage de la nature de celui-ci sont beaucoup trop étroites pour une semblable entreprise, et nous serions condamnés à entrer dans une foule de détails qui seraient déplacés dans une simple introduction à l'étude de la botanique.

Notre œuvre sera beaucoup mieux adaptée au but qu'elle doit atteindre si nous adoptons la marche qui est imposée à l'enseignement de l'anatomie végétale par les nécessités techniques. Avant de faire aborder à l'étudiant botaniste les opérations très délicates qu'exigent les recherches relatives au développement des tissus, on a soin de lui faire examiner des organes adultes. Dans cette étude, les obscurités n'existent pour ainsi dire plus et l'élève peut acquérir sans grande difficulté des connaissance aussi exactes qu'intéressantes. Quand l'étudiant connait bien la structure histologique des divers organes adultes, quand il a acquis par cette étude une main plus sûre et un esprit plus apte à saisir les difficultés, il aborde l'observation des développements des organes, des tissus, des éléments anatomiques, observation difficile et qui est encore bien loin d'avoir résolu tous les problèmes à la solution desquels elle doit nous conduire.

C'est cet ordre que je suivrai ici, me contentant d'ailleurs de tracer les grandes lignes de ces importantes études, m'estimant assez heureux si je puis donner aux lecteurs quelques idées nettes sur l'organisation anatomique des végétaux et si je leur inspire le désir de pousser plus loin l'étude de l'histologie et de l'histogénie végétales.

1° Structure de la Tige.

Je suppose que le lecteur n'est pas encore initié aux études d'histologie végétale et je veux le mettre en mesure de s'y livrer pour ainsi dire sans maitre, admettant seulement qu'il connait le mécanisme du microscope et les procédés mécaniques employés pour faire des coupes. S'il veut étudier l'organisation anatomique de la tige du Sapin, je l'engage à prendre un rameau épais de cinq à six millimètres, seulement. Tous les éléments qu'il lui importe de connaître sont déjà formés, mais les tissus n'ont pas encore acquis une grande dureté et les coupes sont relativement faciles à faire, surtout si le rameau est fraîchement coupé. On commencera par faire de bonnes coupes transversales, puis des coupes longitudinales de deux sortes : les unes dites radiales, passant par l'axe du rameau, les autres dites tangentielles, parallèles à cet axe et faites à des distances de plus en plus éloignées de la

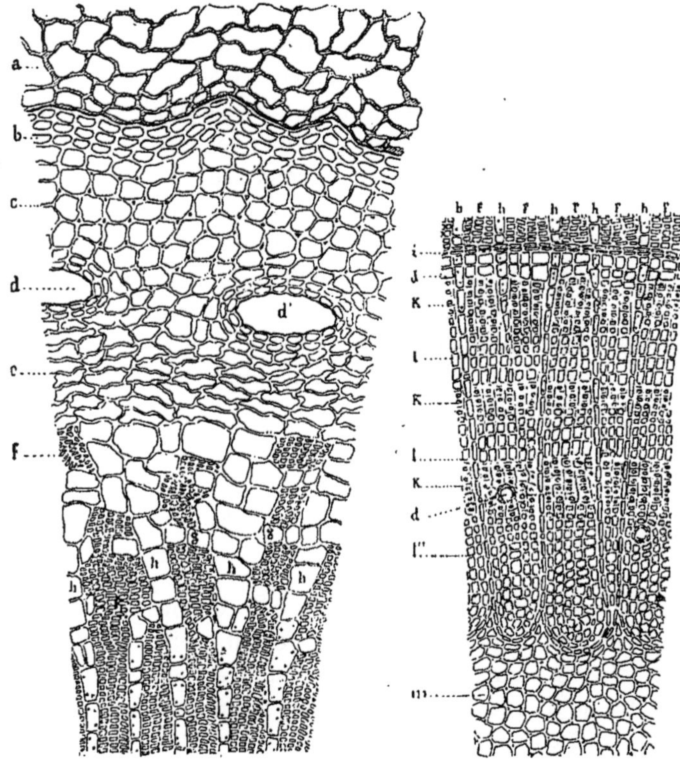

Fig. 61. — Coupe transversale d'un rameau de Sapin épais de 5 millimètres. *a*, zone de cellules subéreuses ; *b*, zone subéro-corticogène ; *c*, zone corticale ; contenant *d* et *d'* des canaux sécréteurs ; *f*, zone libérienne formée de fibres à cavités très étroites, divisées en faisceaux rayonnants par des rayons médullaires, *h*, *h*, *h* ; dans les faisceaux de fibres libériennes se voient quelques cellules libériennes *g*, *g* ; *i*, zone de cambium ; *j-k*, *j-k*, *j-k*, trois zones concentriques de bois ; dans chaque zone on observe deux parties : l'une extérieure à éléments plus larges *j*, l'autre intérieure à éléments plus étroits *k* ; les rayons médullaires, *h*, *h*, *h*, *h*, se prolongent entre les faisceaux du bois ; *m*, moelle.

périphérie du rameau. Afin de rendre plus nets les contours des éléments anatomiques, j'engage le lecteur à faire bouillir ces coupes pendant une minute ou deux dans une solution d'aniline dans l'acide acétique augmenté d'une goutte d'acide sulfurique.

Voici comment j'emploie ce réactif très recommandable surtout aux débutants. Je fais dissoudre dans de l'acide acétique ordinaire une certaine quantité de bleu d'aniline, de façon à obtenir une solution foncée. Une goutte de cette dissolution déposée sur la préparation ne tarde pas, d'ordinaire, à colorer en bleu tous les éléments âgés, tels que fibres ligneuses, cellules subéreuses etc., tandis que les éléments jeunes restent incolores. Lorsque les membranes cellulaires sont dédoublées en couches de composition ou de densité différentes, les couches les plus âgées, celles qui sont lignifiées, se colorent seules. La coloration se produit plus rapidement lorsque la solution est projetée bouillante sur la préparation. Quand les tissus à examiner sont résistants, comme ceux de notre rameau de Sapin, je les fais bouillir pendant une minute ou deux dans la solution d'aniline. Je verse pour cela deux ou trois centimètres cubes de la solution dans un petit tube en verre que je fais chauffer au-dessus de la flamme d'une lampe à alcool. J'engage à ajouter à la solution quelques gouttes d'acide sulfurique ordinaire ; on obtient ainsi une destruction complète du protoplasma, du noyau, des grains d'amidon et des autres corps qui se trouvent dans les cellules; celles-ci étant réduites à leurs membranes, la préparation est très claire, très nette, et l'observation des contours des cellules est extrêmement facile. Il est bien entendu que c'est seulement pour une observation limitée aux formes et à la disposition des divers éléments anatomiques, que je recommande le procédé dont je viens de parler.

Si le lecteur en a fait usage, il reconnaitra facilement, sur la coupe transversale de son rameau de Sapin, la structure suivante.

Tout à fait en dehors, il verra cinq ou six couches concentriques de cellules irrégulièrement arrondies, assez grandes, à parois légèrement brunâtres, minces (fig. 61, *a*). En cherchant ces couches sur la coupe longitudinale radiale on s'assure que les cellules qui les forment ne sont pas beaucoup plus longues que larges, qu'elles entrent dans la catégorie des cellules dites *parenchymateuses*. Examinées sur une couche fraîche qui n'a subi aucune préparation et que vous placez dans l'eau, ou mieux dans l'alcool qui sert à éliminer l'air, ces mêmes cellules se montrent vides ou à peu près vides; elles sont manifestement mortes; elles appartiennent à la catégorie des cellules que les botanistes nomment *subéreuses*, parce qu'elles constituent le liège ou suber de tous nos arbres. Ici ces cellules sont, je l'ai dit, assez irrégulières; dans le liège d'un grand nombre d'autres arbres elles se montrent, sur les coupes transversales et longitudinales, régulièrement quadrangulaires ; mais ici, comme dans toutes les espèces de lièges, elles ne laissent pas entre elles d'espaces vides, et, sur la coupe transversale, elles forment un tissu à mailles continues.

Cette première couche de cellules n'existe pas dans les rameaux très jeunes, ceux par exemple des bourgeons foliaires qui viennent de s'épanouir.

Une coupe transversale d'un de ces très jeunes rameaux montre à la surface une couche de cellules aplaties, à paroi externe assez épaisse, connue des botanistes sur le nom d'*épiderme*.

Sur la coupe transversale du rameau épais de cinq millimètres, l'observateur constatera, au-dessous de la couche subéreuse, l'existence de deux à trois couches concentriques de cellules aplaties, c'est-à-dire beaucoup plus allongées dans le sens tangentiel que radialement et très étroitement adhérentes, en tous les points, les unes aux autres, sans laisser entre elles d'espaces vides (fig. 61 *b*). Dans les coupes fraîches, n'ayant subi l'action d'aucun réactif, ces cellules se montrent colorées en vert par de la chlorophylle. Les cellules de cette couche, à laquelle je donnerai, pour la distinguer, le nom de *subéro-corticogène*, sont sans cesse en voie de division dans le sens tangentiel et produisent de la sorte: en dehors, des cellules subéreuses, en dedans les cellules de la couche corticale située en dedans d'elles (fig. 59, *c*).

L'étude de rameaux très jeunes, faite à diverses époques, à mesure que les rameaux avancent en âge, permet de s'assurer que la couche subéro-corticogène prend naissance par la division transversale des cellules qui d'abord constituent la couche épidermique.

Quel que soit l'âge des rameaux et des tiges nous trouverons toujours, au-dessous du liège, qui atteint dans les grosses branches et le tronc une épaisseur considérable, cette couche subéro-corticogène, donnant naissance, pendant toute la période végétative de chaque année, en dehors à du liège, en dedans à des cellules corticales.

Ces dernières forment sur notre rameau de cinq millimètres une cinquantaine de couches très irrégulières, à cellules presques arrondies oû un peu polygonales, formées de parois blanches, brillantes, peu pressées et laissant entre elles, au niveau de leurs angles arrondis, des espaces vides que l'on désigne sous le nom de *méats intercellulaires;* sur les coupes fraîches, ces cellules se montrent très riches en grains d'amidon arrondis et très brillants. Les cellules des couches les plus extérieures contiennent aussi une petite quantité de chlorophylle. En examinant les cellules de cette zone sur des coupes longitudinales radiales ou tangentielles, l'observateur s'assurera qu'elles ont à peu près les mêmes dimensions dans tous les sens et que, par conséquent, elles appartiennent à la classe des cellules parenchymateuses.

Dans l'épaisseur de la zone corticale parenchymateuse, on remarquera de grandes cavités elliptiques, bordées de deux ou trois couches de petites cellules aplaties tangentiellement à la cavité. Sur les coupes fraîches, on s'assurera aisément que ces cavités sont remplies de résine et que le protoplasma des cellules qui les entourent est très granuleux. On remarquera encore que ces cavités sont de dimensions très inégales, quelques-unes pouvant atteindre jusqu'à deux et trois fois les dimensions des autres (fig. 61, *d*, *d'*).

Quelques mots sur le développement de ces organes que nous retrouverons dans tous les membres du Sapin ne seront pas déplacés ici. Disons d'abord qu'on leur a donné le nom de *canaux sécréteurs intercellulaires*. Cette dénomination va se trouver justifiée par ce que nous dirons de la façon dont ils se forment. A l'aide de coupes transversales et longitudinales pratiquées sur des rameaux de différents âges, jusqu'aux plus jeunes qu'il pourra se procurer, le lecteur s'assurera facilement, s'il veut s'en donner la peine, que les canaux se développent toujours de la façon suivante : Au niveau du point où l'un d'eux doit exister, le méat situé entre les angles de trois ou quatre cellules voisines s'élargit un peu, en même temps que les cellules qui le bordent se mettent à produire, sans doute par désassimilation de leur protoplasma et par transformation des corps qui résultent des oxydations respiratoires, un liquide oléo-résineux. Celui-ci se montre d'abord en petites gouttelettes dans les cellules qui le produisent ou *cellules glanduleuses*, cellules sécrétantes, puis il traverse leurs parois et va s'accumuler dans le méat situé entre elles, en déterminant son élargissement. Plus tard, les cellules situées autour du méat ou *réservoir glanduleux* se divisent tangentiellement pour former deux, trois, ou un plus grand nombre de couches concentriques, mais aucune de ces cellules ne se détruit. Toutes les cellules situées les unes au-dessus des autres autour du méat se comportant comme nous venons de le dire, le réservoir ne tarde pas à avoir la forme d'un tube ou canal d'une longueur parfois très considérable. Souvent des canaux transversaux se développent de la même façon et mettent en communication les canaux verticaux les uns avec les autres.

Ceci dit, poursuivons l'examen de notre rameau de Sapin. En dedans du parenchyme cortical, le lecteur verra sur la coupe transversale une zone plus large d'un tissu beaucoup plus complexe que ceux dont nous venons de parler, dont il ne saisira l'organisation que par un examen très attentif de coupes transversales bien minces et de coupes longitudinales radiales et tangentielles préparées avec beaucoup de soin. Sur la coupe transversale (fig. 61, *l*), cette zone, à laquelle les botanistes donnent le nom de *liber*, se montre formée d'un grand nombre de faisceaux rayonnants de cellules à contour régulièrement quadrangulaire, à cavité très étroite, à parois épaisses et brillantes. Ces faisceaux ont reçu le nom de *faisceaux libériens;* dans leur épaisseur, parmi les cellules dont je viens de parler, on en voit un petit nombre d'autres assez grandes, polygonales, à parois minces, à cavité souvent remplie de gros cristaux d'oxalate de chaux (fig. 61, *g*, *g*). Enfin, les faisceaux sont séparés les uns des autres par des files rayonnantes de grandes cellules à parois minces, à peu près polygonales, disposées sur deux ou trois rangées radiales entre les extrémités externes des faisceaux, plus allongées radialement et sur une seule rangée entre les extrémités internes des faisceaux (fig. 61, *h*, *h*, *h*). Avec un grossissement suffisant le lecteur s'assurera que les parois de ces cellules sont munies de grosses ponctuations arrondies, et, sur les coupes fraîches, il les trouvera remplies de petits grains d'amidon très brillants. Les files radiales de cellules qui séparent les faisceaux libériens ont reçu le nom de *rayons médullaires*. Le lecteur s'assurera aisément qu'ils se prolongent, sur la coupe transversale, en dedans du liber, à travers des faisceaux de cellules à parois très épaisses, très dures et très brillantes, que nous étudierons tout à l'heure sous le nom de bois.

Avant d'aller plus loin, examinons le liber et les rayons médullaires du liber de notre rameau, sur des coupes longitudinales radiales et tangentielles.

Commençons par la coupe longitudinale radiale, coupe que nous avons fait passer aussi exactement que possible par l'axe du rameau et par le milieu d'un faisceau libérien, dans la direction de la ligne qui borde à droite notre coupe transversale. Sur cette coupe, les rayons médullaires apparaissent sous la forme de petites masses quadrangulaires, formées chacune de deux, trois ou quatre rangées superposées de cellules quadrangulaires (fig. 62, *f*, *f*). Le reste du liber se montre formé, comme dans la coupe transversale, de trois sortes d'élé-

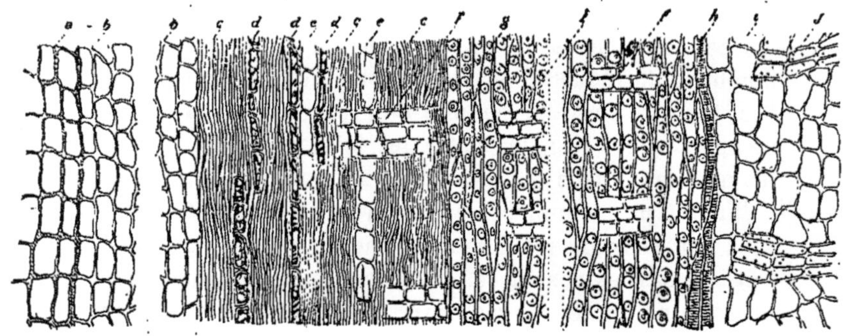

Fig. 62. — Coupe longitudinale radiale d'un rameau de Sapin, épais de 5 millimètres. *a*, liège; *b*, *b*, parenchyme cortical; *c*, *c*, *c*, fibres libériennes; *d*, tubes cribeux; *e*, *e*, cellules parenchymateuses du liber; *f*, *f*, *f*, rayons médullaires; *g*, fibres ligneuses; *h*, vaisseaux spiralés; *i*, moelle ; *j*, cellules ponctuées dans la moelle.

ments : des cellules à parois minces et à cavité assez vaste, allongées parallèlement à l'axe du rameau, à peu près quadrangulaires et remplies de cristaux d'oxalate de chaux (fig. 62, *e*, *e*); ces cellules constituent ce que l'on nomme le *parenchyme libérien*, elles peuvent recevoir la dénomination de cellules parenchymateuses du liber. D'autres cellules assez semblables à celles-ci, mais plus étroites et plus allongées (fig. 62, *d*), auxquelles on a le nom de *tubes cribeux*, parce que leurs parois transversales, criblées de petits orifices, permettent à leurs cavités de communiquer entre elles. Les autres éléments qui entrent dans la constitution du liber se montrent à nous, sur la coupe radiale, sous la forme de cellules très allongées, à cavité extrêmement étroite, à peine visible même, à parois épaisses; elles sont terminées en pointe à chaque extrémité et sont dépourvues de toute sculpture. Ces cellules constituent les *fibres libériennes*.

Sur les coupes longitudinales tangentielles, les deux dernières sortes d'éléments dont nous venons de parler, les fibres libériennes et les cellules parenchymateuses libériennes, se présentent sous le même aspect que dans les coupes longitudinales radiales. Quant aux rayons médullaires, ils affectent la forme de masses cellulaires elliptiques, formées d'un petit nombre de cellules superposées, les extrémités de chaque masse n'offrant qu'une seule cellule, tandis qu'au niveau de la partie médiane il en existe d'ordinaire deux, trois, ou quatre, de front.

Pour acquérir une notion plus exacte des formes et de la structure de chacune des sortes de cellules que nous venons de décrire dans le liber, le lecteur pourra les dissocier artificiellement à l'aide du moyen suivant : Il prendra un rameau un peu âgé, afin d'avoir affaire à des éléments plus épaissis, il séparera une couche du liber des autres parties du rameau, à l'aide de coupes tangentielles un peu épaisses, passant par le milieu de la largeur des faisceaux, puis il placera ces coupes dans un petit tube en verre dans le fond duquel il aura préalablement versé un centimètre cube d'acide azotique et trois ou quatre cristaux de chlorate de potasse ; puis il fera chauffer le tout au-dessus de la lampe à alcool pendant quelques minutes ; quand il verra que les coupes sont dissociées il versera le tout dans une petite soucoupe pleine d'eau distillée et il y pêchera avec un pinceau les éléments isolés, qu'il examinera dans la glycérine ou tout autre liquide approprié. Les cellules des rayons médullaires, celles du parenchyme libérien et les fibres libériennes se montreront alors isolément avec les caractères que nous avons signalés plus haut.

Poursuivons maintenant l'examen de la structure de notre rameau de cinq millimètres. En dedans des faisceaux du liber, sur des coupes transversales bien minces, faites de préférence au printemps, et fraiches, le lecteur verra une zone étroite, claire, formée de deux ou trois couches de cellules quadrangulaires, très aplaties, à parois minces, à cavité pleine de protoplasma finement granuleux. Cette zone a reçu le nom de *cambium* (fig. 61, *i*). C'est elle qui, chaque année, donne naissance, en dehors, à une nouvelle couche de ce liber que nous venons d'étudier, en dedans à une nouvelle couche du bois dont il nous reste à parler. Cette zone se déchire avec la plus grande facilité, à cause de la minceur et de la délicatesse des membranes des cellules qui la forment. Pour la bien observer il faut prendre de très grandes précautions. Sur les coupes longitudinales radiales, ses cellules se montrent quadrangulaires comme sur les coupes transversales. Il ne faut pas songer, à cause de sa minceur, à en faire des coupes tangentielles. Les coupes longitudinales radiales permettent de s'assurer qu'elle est continue d'une extrémité à l'autre des rameaux et de la tige et les coupes transversales montrent qu'elle forme une zone circulaire continue en dedans du liber; c'est elle qui permet de détacher avec tant de facilité l'écorce de nos arbrisseaux et de nos arbres, surtout au printemps, époque où elle est particulièrement développée. Les cellules qui la forment se divisent, à la fois, dans le sens radial et dans le sens tangentiel; ce qui permet au liber et au bois de croître en épaisseur et en circonférence sans éclater.

En dedans du cambium ou couche cambiale, qu'on pourraît désigner, d'après son rôle, sous le nom de *couche libéro-lignigène*, l'observateur trouvera une zone épaisse de bois (fig. 61, *f-k*, *f-k*, *f-k*), et, plus en dedans, tout à fait au centre du rameau, la moelle (fig. 61, *m*). Les cellules constituantes du bois sont comme celles du liber disposées en faiseaux rayonnants depuis le pourtour de la moelle jusqu'au cambium. Les faisceaux sont séparés les uns des autres par des rayons médullaires (fig. 61, *h*, *h*, *h*) qui prolongent ceux du liber et qui sont formés d'une seule file de cellules quadrangulaires, étroites, allongées radialement, munies de ponctuations simples, très visibles. Sur notre rameau de cinq millimètres, les rayons médullaires n'ont pas tous la même longueur. En examinant cette coupe avec quelque attention, on voit que la couche du bois est divisée en trois zones bien distinctes, concentriques, l'une touchant à la moelle, où ses faiseaux se terminent par des extrémités arrondies, l'autre touchant au cambium par son contour extérieur, et une troisième intermédiaire. Chacune de ces couches représente le bois formé pendant une année. Nous devons donc en conclure que notre rameau est âgé de trois ans. Les rayons médullaires ne parcourent pas tous ces trois zones ; quelques-uns les traversent entièrement depuis le liber jusqu'à la moelle, mais d'autres s'arrêtent en route, ne traversant qu'une ou deux zones ligneuses.

Les faisceaux du bois se montrent formés, sur la coupe transversale, d'éléments irrégulièrement quadrangulaires, à parois épaisses, à cavités inégales, d'autant plus grandes que les éléments sont plus rapprochés du contour interne de chaque zone. Chaque zone offre, à sa périphérie, des éléments à cavité large (fig. 61, *j*, *j*, *j*), et, en dedans.

des éléments à cavité étroite (fig. 61, *k*, *k*, *k*), les éléments les plus étroits d'une zone se trouvant directement en contact avec les éléments les plus larges de celle qui est située plus en dedans ; c'est cette différence de dimension des cavités cellulaires qui rend les différentes zones ligneuses concentriques très faciles à distinguer les unes des autres.

On trouve, épars dans les faisceaux ligneux, un petit nombre de canaux sécréteurs organisés de la même façon que ceux de l'écorce, mais ordinairement arrondis et de dimensions beaucoup moindres.

Sur les coupes transversales on ne peut pas se rendre compte de la nature véritable des éléments constituants du bois ; pour acquérir une notion exacte de leurs formes il faut examiner des coupes longitudinales tangentielles et radiales.

Sur les coupes longitudinales tangentielles, la première chose qui frappe l'attention ce sont les petits amas cel-

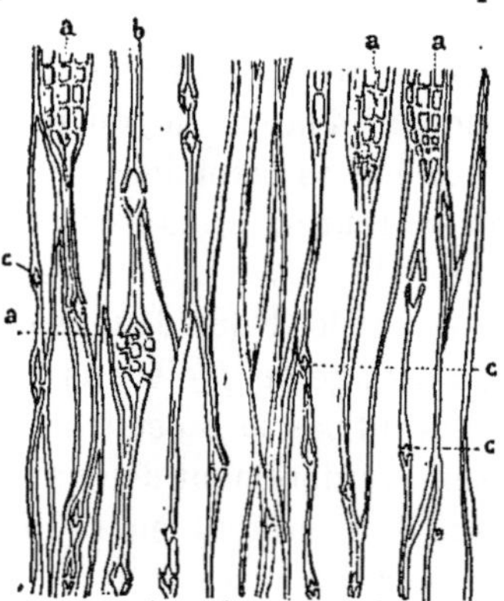

Fig. 63. — Coupe longitudinale tangentielle dans le bois d'un rameau de Sapin de 5 millimètres. *a*, *a*, *a*, rayons médullaires; *b*, fibres ligneuses; *c*, *c*, *c*, ponctuations aréolées.

lulaires représentant les rayons médullaires (fig. 63, a, a, a). Ils sont fusiformes, et constitués par une, deux, trois ou quatre files de quatre, cinq ou six cellules superposées, elliptiques, souvent plus petites au niveau des extrémités qu'au milieu; au niveau des extrémités de chaque masse il n'y a d'ordinaire qu'une seule cellule. Tout le reste du tissu ligneux est formé par des cellules très allongées, fusiformes, à extrémités effilées, à parois très épaisses et très brillantes, auxquelles on a donné le nom de *fibres ligneuses* (fig. 62, *g* ; fig. , 63 *b*). Un examen attentif des parois de ces fibres montre qu'elles sont pourvues, de distance en distance, de petits orifices qui semblent faire communiquer leurs cavités les unes avec les autres, qui même établissent réellement cette communication (fig. 63, *c*, *c*, *c*). A l'aide d'un grossissement suffisant (fig. 64, 65) on s'assure que ces petites ouvertures, auxquelles on donne le nom de *ponctuations aérolées*, sont formées d'une sorte de chambre centrale elliptique, à grand diamètre parallèle à l'axe longitudinal des fibres, située entre deux fibres voisines et pourvue de deux petits canaux latéraux à l'aide desquels elle communique avec les deux fibres entre lesquelles elle se trouve. Cette petite chambre est souvent traversée dans son grand diamètre par une cloison médiane, très mince. Celle-ci existe toujours au début, mais plus tard, habituellement, elle se détruit.

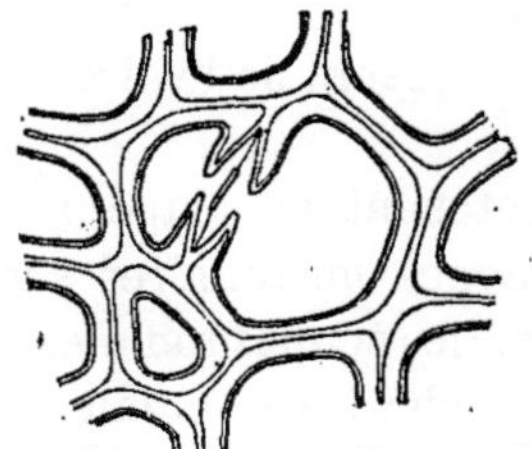

Fig. 64. — Coupe transversale très grossie de fibres ligneuses portant une ponctuation aréolée.

On voit encore sur la coupe tangentielle quelques canaux sécréteurs sous la forme de grandes cavités, entourées d'une ou deux couches de cellules sécrétantes d'assez petite taille. Ce sont des branches transversales qui font communiquer les canaux longitudinaux. Parfois aussi la coupe tangentielle a eu la bonne fortune de passer par un de ces derniers, qui se présente alors sous l'aspect d'un large

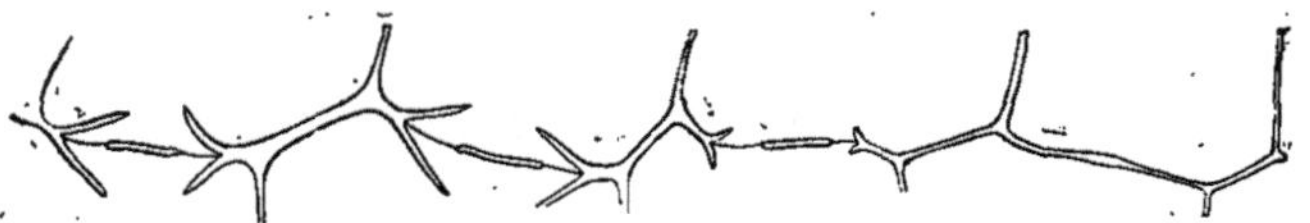

Fig. 65. — Schéma du développement des ponctuations aréolées.

canal bordé de cellules sécrétantes allongées parallèlement à son grand axe. Les canaux coupés transversalement qu'on trouve sur les coupes tangentielles sont presque toujours situés dans un rayon médullaire ou dans le voisinage d'un de ces rayons. Ils ne sont jamais nombreux, même sur les coupes d'une certaine étendue.

Enfin, on voit encore au voisinage de certains rayons médullaires, et en dehors d'eux, quelques cellules irrégulières, courtes, comparables à celles que nous avons trouvées parmi les fibres du liber, mais ayant des parois assez épaisses. Ces cellules portent le nom de *cellules parenchymateuses du bois*. Dans certaines plantes elles sont très nombreuses. La consistance et l'élasticité du bois est, j'ai à peine besoin de le dire, en raison inverse de leur nombre.

Examinons maintenant la coupe longitudinale radiale (fig. 62, *g*). Les rayons médullaires s'y montrent avec le même aspect que sur les coupes radiales du liber, c'est-à-dire sous la forme de bandes transversales, formées de cellules quadrangulaires disposées sur quatre, cinq ou six rangées superposées, rappelant une muraille bâtie en pierres de taille. Quant aux éléments du bois, ils présentent toujours l'aspect de fibres fusiformes, allongées, à parois épaisses et brillantes, mais les ponctuations aréolées offrent un aspect tout différent de celui que nous avons signalé dans les coupes tangentielles. Avec un grossissement moyen elles se présentent au premier abord sous la forme d'un orifice arrondi, à bord foncé, entouré d'une zone plus claire. Avec un grossissement plus fort on s'assure que la zone claire ou aréole qui a fait donner à ces orifices le nom de ponctuations aréolées correspond aux parois de la petite chambre observée dans les coupes tangentielles et que les deux orifices à l'aide desquels cette chambre communique avec les fibres voisines ne sont pas toujours arrondis mais que souvent ils sont allongés et parfois disposés de manière à se croiser obliquement.

Les ponctuations aréolées sont, je dois m'empresser de le dire, exceptionnelles dans les végétaux. On en trouve dans les fibres ligneuses de toutes les Conifères, mais elles sont peu fréquentes dans les autres Phanérogames où les fibres ligneuses offrent plus souvent des orifices simples, arrondis ou elliptiques. En comparant les coupes tangentielles avec les coupes radiales, on s'assure que les ponctuations aréolées ne sont jamais situées sur la face externe et interne des fibres, c'est-à-dire sur les faces que traverseraient des lignes droites rayonnant du centre du rameau à la circonférence, mais seulement sur les faces latérales de ces éléments.

La plupart des faisceaux ligneux du Sapin sont formés des fibres que nous venons de décrire ; mais, dans le voisinage de la moelle, on trouve quelques fibres d'une nature différente. Celles-ci sont fusiformes comme les premières, mais elles sont dépourvues de ponctuations aréolées et présentent des épaississements en forme de fil contourné en spirale. En dehors de ces fibres, auxquelles on donne le nom de *trachées*, on trouve souvent quelques éléments dont les épaississements forment des espèces de réseaux à mailles lâches ; on leur donne le nom de *fibres réticulées*. Ces deux sortes d'éléments, très rares dans le bois des

Conifères, sont au contraire abondants dans le bois de la plupart des autres Pharénogames. Les trachées sont même constantes et toujours situées le plus près de la moelle; ce sont les premiers éléments qui se différencient dans le sommet des rameaux, au moment de la formation des différents tissus. Nous en reparlerons tout à l'heure.

Il ne nous reste plus, pour avoir une connaissance suffisamment complète de l'anatomie de notre rameau, qu'à examiner la moelle (fig. 61, *m*). A l'aide de coupes transversales et longitudinales, tangentielles ou radiales, on s'assure aisément qu'elle est tout entière formée de cellules parenchymateuses, irrégulièrement arrondies ou polygonales, à parois minces, à cavités très vastes, et laissant entre elles des méats assez larges.

Connaissant bien la structure des rameaux du Sapin, le lecteur se trouve en mesure d'aborder lui-même et pour ainsi dire sans maître l'examen anatomique des tiges de tous les autres végétaux. Toutes, en effet, du moins toutes celles des Phanérogames, présentent les mêmes tissus disposés de la même façon, et ne diffèrent que par des détails de structure faciles à reconnaître. Il me suffira, pour en faire la démonstration, de jeter un coup d'œil sur les principales variations que peut offrir la structure de la tige et des rameaux des Phanérogames, ainsi que je l'ai fait pour les caractères morphologiques et physiologiques de ces organes.

Afin de mettre de l'ordre dans cet examen rapide de l'anatomie comparée de la tige, rappelons-nous que la tige du Sapin nous a offert de dehors en dedans les tissus suivants : 1° l'épiderme et le liège auquel il donne naissance: 2° le tissu cortical; 3° le liber; 4° le cambium; 5° le bois; 6° la moelle. Chacune de ces espèces de tissus est susceptible d'offrir des modifications plus ou moins importantes dont nous pouvons maintenant parler.

En premier lieu, il faut distinguer, au point de vue de

l'organisation anatomique de la tige deux grands types de végétaux : les uns qu'on a réunis sous la dénomination de *Végétaux vasculaires*, caractérisés par la présence de véritables faisceaux libéro-ligneux; les autres que l'on a nommés *Végétaux non vasculaires*, se distinguent par l'absence de faisceaux. Ce dernier groupe embrasse les Mousses, les Algues, les Champignons et les Lichens.

Le premier offre trois types de structure : le type des Dicotylédones, celui des Monocotylédones et celui des Cryptogames vasculaires. Il est facile de trouver entre ces types des formes intermédiaires; mais entrer dans de semblables détails, ce serait sortir du cadre que j'ai dû me tracer; je me bornerai donc à exposer les caractères les plus remarquables des formes principales que je viens d'indiquer, en examinant successivement les tissus épidermique, cortical, libérien, ligneux et médullaire.

Si l'on veut bien comprendre l'origine, le mode de formation et le rôle biologique de ces divers tissus, il faut les étudier successivement dans des organes d'âge différent.

Des coupes transversales et longitudinales pratiquées dans le sommet d'un très jeune rameau de Sapin ou de toute autre Phanérogame permettent de s'assurer qu'il n'y existe encore ni bois, ni liber; on y trouve seulement des cellules irrégulièrement polygonales, toutes semblables, à parois très minces, à cavité remplie de protoplasma avec un gros noyau. Un peu plus bas, on peut distinguer deux sortes d'éléments : au centre, un cylindre d'éléments un peu allongés parallèlement au grand axe du rameau; autour de ce cylindre, un nombre plus considérable de couches de cellules semblables à celles du sommet. Un peu plus bas encore, des faisceaux se montrent dans le cylindre central à éléments allongés. On peut alors distinguer dans le jeune rameau trois zones cellulaires distinctes : une externe, l'épiderme, formée d'une seule couche de cellules; une moyenne, destinée à former le parenchyme cortical; une interne, qui produit le liber, le bois et la moelle. On a donné à ces diverses parties des noms qu'il est peut-être bon de rappeler ici. La couche externe ou épidermique a reçu le

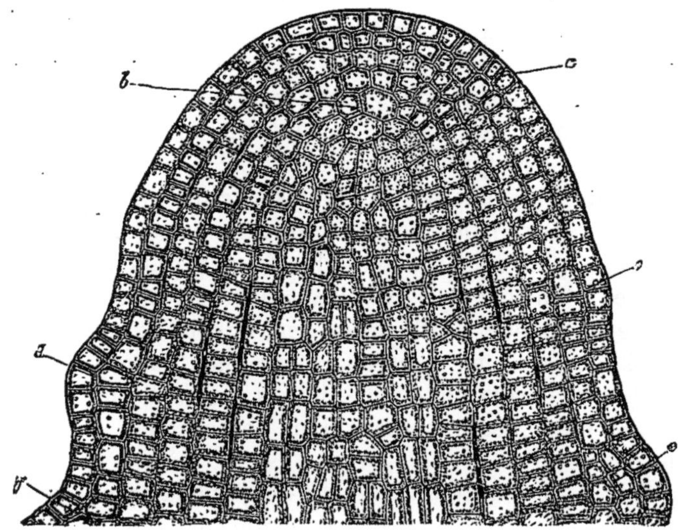

Fig. 66. — Extrémité d'une tige d'*Hippuris vulgaris*. Coupe longitudinale-radiale passant par le milieu.

nom de *dermatogène*; la couche moyenne, qui constitue le parenchyme cortical, celui de *périblème*; et le cylindre central, dans lequel se développent les faisceaux libéro-ligneux et la moelle, celui de *plérome*.

Dans un grand nombre de Phanérogames, ces trois couches concentriques d'éléments anatomiques sont engendrées par la masse celluleuse qui termine le rameau, d'où le nom de *cellules initiales communes* qui a été donné aux cellules constituantes de cette partie qu'on désigne aussi, souvent, sous le nom de *méristème primitif*. Il n'en est pas toujours ainsi. Dans quelques Phanérogames, le cylindre central ou plérome, le périblème et le dermatogène sont produits chacun par une seule cellule initiale. Dans d'autres, il y a plusieurs cellules initiales propres pour chaque couche ; dans d'autres encore il y a des cellules initiales propres pour le dermatogène et des cellules initiales communes pour le plérome et le périblème. Enfin, dans certaines Cryptogames vasculaires et dans la plupart des Cryptogames non vasculaires, il n'y a qu'une seule cellule initiale, produisant tous les éléments de la

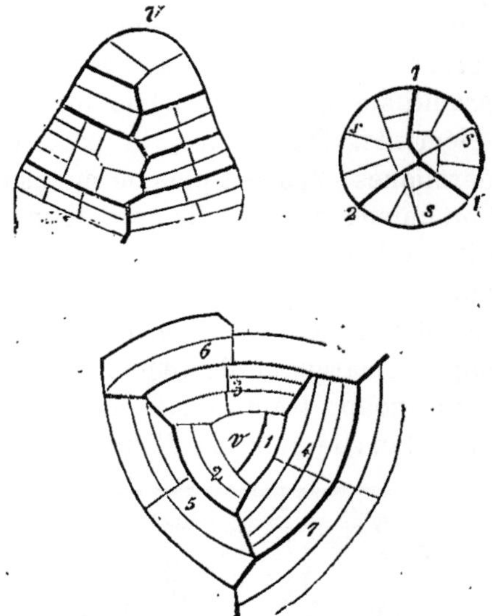

Fig. 67. — Extrémité d'une tige d'*Equisetum arvense* pourvue d'une seule cellule initiale *v*. Les figures montrent la façon dont cette cellule se divise pour produire toutes les cellules de la tige.

tige. Mais, ce sont là des détails dans lesquels il est impossible d'entrer ici. Je me borne à renvoyer le lecteur aux ouvrages spéciaux de botanique (1).

Examinons maintenant ce que deviennent chacune des

(1) Voyez notamment, pour le résumé de ces questions : VAN TIEGHEM : *Traité de botanique*, p. 758 et suiv. DE BARY, *Vergleichende Anatomie der vegetat. Organ. der Phanerog. und Farne.*

trois couches d'éléments que nous avons distinguées dans les jeunes rameaux.

Au *dermatogène* succèdent l'épiderme et ses productions. Les cellules de l'épiderme proviennent de la segmentation des cellules du dermatogène, c'est-à-dire de la couche la plus superficielle du jeune rameau. Les segmentations qui leur donnent naissance n'ont lieu que dans une direction perpendiculaire à la surface de l'organe. Il n'y a donc qu'une seule couche de cellules épidermiques véritables, c'est-à-dire issues directement du dermatogène. Mais, l'épiderme une fois formé ne conserve jamais ses caractères primitifs et il peut lui-même donner naissance à d'autres éléments. D'ordinaire, la paroi externe des cellules épidermiques s'épaissit plus ou moins et subit une transformation chimique à laquelle on a donné le nom de cuticularisation ; elle se montre alors dédoublée en deux couches : l'une interne relativement mince, l'autre très épaisse, à laquelle on donne le nom de *cuticule*. Le Gui offre un exemple remarquable de ce phénomène. Quand on fait bouillir une coupe transversale mince d'un rameau de cette plante dans la solution d'aniline dont il a été

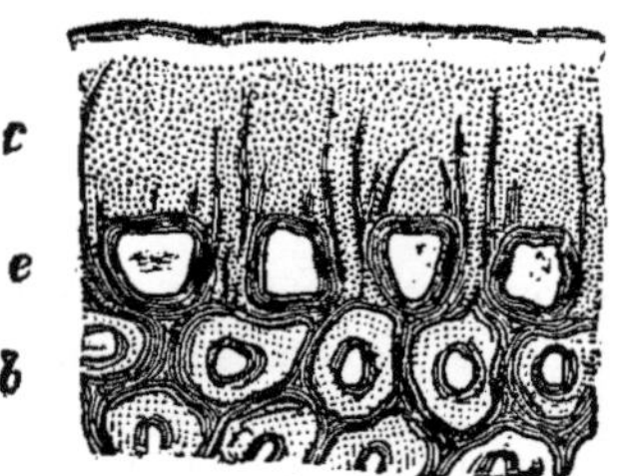

Fig. 68 — Coupe transversale d'une portion de feuille de *Dasylirium* ; e, épiderme dont les parois externes, c, sont épaissies et cuticularisées ; b, cellules hypodermiques à parois très épaissies.

question plus haut, la cuticule se colore fortement en bleu, tandis que la membrane propre des cellules épidermiques reste incolore.

Les cellules épidermiques se développent très fréquemment en poils. Dans les cas les plus simples, la paroi externe de la cellule se soulève peu à peu, et finit par s'allonger en une sorte de long tube qui fait saillie à la surface du rameau. D'autres fois, la cellule épidermique, après s'être allongée plus ou moins, se divise transversalement, soit une seule fois, de manière à séparer le poil de la cellule épidermique qui lui a donné naissance, soit un nombre variable de fois, de façon à rendre le poil pluricellulaire. Tantôt toutes les cloisons ainsi formées sont transversales, tantôt elles sont les unes transversales, les autres longitudinales; quelques-unes des cellules nouvelles peuvent elles-mêmes s'allonger, etc., et l'on a des poils de forme et de structure très diverses, ramifiés, étoilés, terminés en tête, en plaque, etc. Les poils contiennent souvent des liquides odorants ou irritants. Citons dans la première catégorie les poils des Labiées, dans la seconde ceux des Orties, etc.

Nous avons dit que l'épiderme primitif n'est jamais formé que d'une seule couche de cellules. Celle-ci reste ordinairement simple; mais, parfois, chaque cellule épidermique se divise par une cloison tangentielle à la surface de l'organe et l'on peut avoir un épiderme à deux, trois ou quatre couches semblables, dont la plus superficielle seule se cuticularise.

Ailleurs il se produit des dédoublements semblables, mais la couche superficielle seule conserve les caractères des cellules épidermiques; les autres s'agrandissent beaucoup, en conservant des parois minces, et forment deux ou trois couches d'un tissu dit de *renforcement*.

Ailleurs encore les cellules de l'épiderme se subdivisent, par des cloisons tangentielles, en deux couches superposées de cellules, la plus externe conservant le caractère épidermique, tandis que les cellules de la plus interne continuent à se segmenter pour donner des cellules de liège, c'est-à-dire des cellules qui meurent rapidement et dont les membranes subissent la transformation chimique désignée sous le nom de *subérisation*. Les cellules qui se subérisent sont toujours situées entre la couche épidermique véritable et la couche des cellules qui leur donnent naissance, ou couche subérogène. Celle-ci se trouve donc en contact direct avec l'écorce. Tant que l'épiderme subsiste, on peut reconnaître l'origine véritable de ce liège

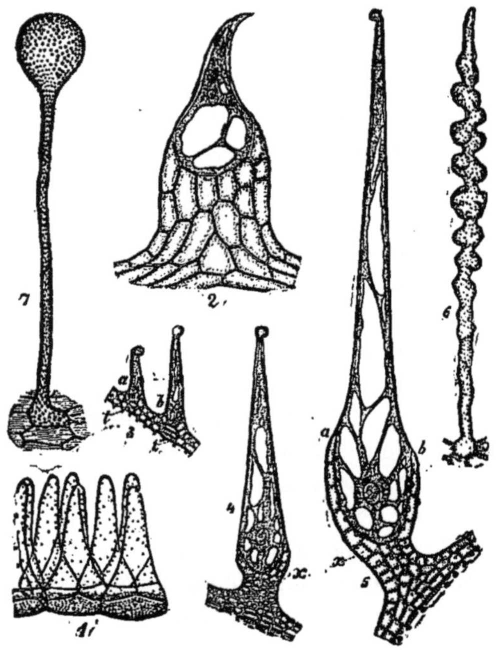

Fig. 69. — Formes diverses de poils. 1, poils unicellulaires, en forme de papilles, du *Primula sinensis*; 2, poil de *Rubia tinctorum*, formé d'une cellule terminale portée par un amas cellulaire; 3, 4, 5, états successifs de développement d'un poil d'*Urtica urens*; 6, poil unicellulaire d'une fleur de Pensée; 7, poil unicellulaire, capité, d'une corolle de Gueule-de-loup.

parce que ses cellules sont disposées en rangées radiales qui correspondent aux cellules de l'épiderme, mais ce dernier ne tarde pas à se détacher; les couches de liège elles-mêmes s'exfolient par la surface à mesure que d'autres sont formées en dedans par la couche subérogène. On donne très souvent à ce liège le nom de *périderme*.

La zone de cellules à laquelle nous avons donné le nom de périblème se transforme pour constituer le parenchyme cortical primaire. Les cellules de ce dernier sont toujours arrondies ou polygonales, irrégulières, pourvues de membranes minces, claires ; elles laissent entre elles des méats intercellulaires qu'on n'observe jamais entre les cellules provenant de la segmentation de l'épiderme primaire. Ces cellules sont riches en grains d'amidon et

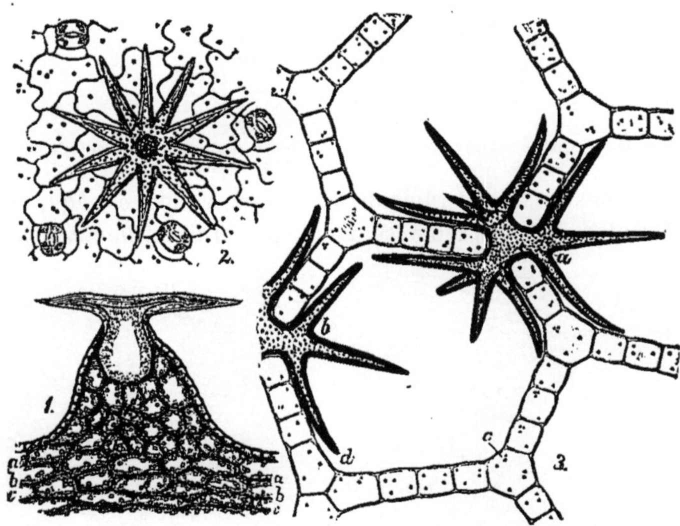

Fig. 70. — Formes diverses de poils. 1, poil en navette du Houblon ; 2, poil étoilé, unicellulaire, de *Deutzia* : 3, poils de *Nuphar luteum* développés sur les cellules qui limitent les grandes cavités aériennes des pétioles.

en corpuscules chlorophylliens. La couche la plus interne du périblème présente presque toujours des caractères qui permettent de la distinguer des autres ; ses membranes sont plissées et elle renferme souvent des grains d'amidon, des cristaux, etc.; on lui donne le nom d'*endoderme*.

Au bout de peu de temps, il devient à peu près impossible de la distinguer.

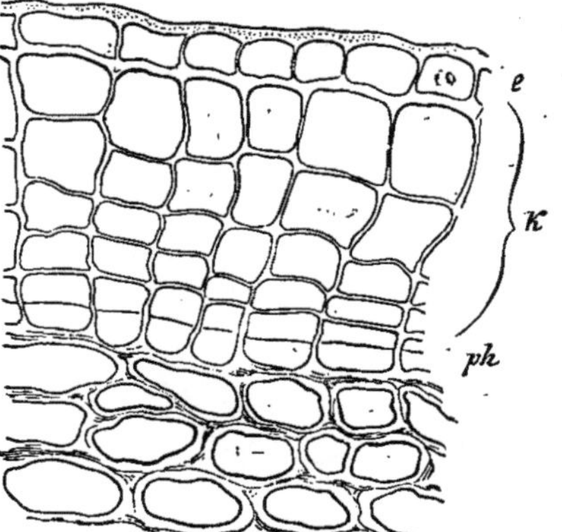

Fig. 71. — Coupe transversale de la périphérie d'un jeune rameau d'*Érable*; *e*, épiderme; *k* suber; *ph*, couche subéro-corticogène.

A mesure que le rameau ou la tige avance en âge, les cellules du périblème se modifient ordinairement beau-

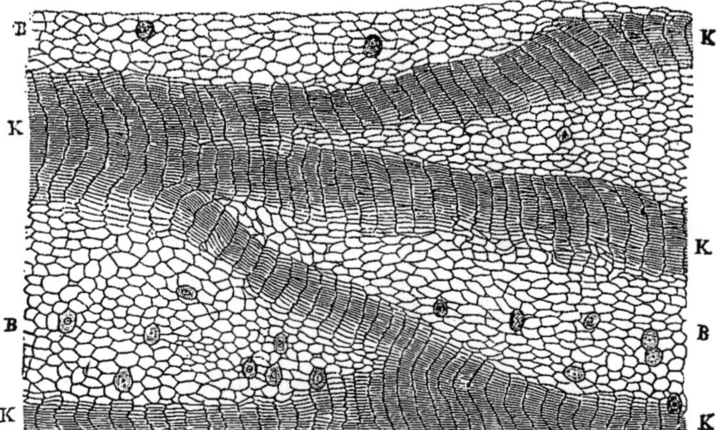

Fig. 72. — Coupe transversale dans le tissu cortical du Quinquina, montrant des couches de liège *K*, *K*, *K*, interposées au parenchyme cortical.

coup et donnent naissance à des tissus nouveaux dont je vais dire quelques mots. Dans beaucoup de plantes, les cellules du parenchyme cortical sous-jacentes à l'épiderme s'allongent, leurs arêtes s'épaississent et acquièrent la propriété de se gonfler dans l'eau; on dit qu'elles deviennent *collenchymateuses*. Dans d'autres plantes, les membranes des cellules, soit des couches superficielles, soit des couches plus ou moins profondes de l'écorce, s'épaississent dans toute leur étendue et durcissent; on dit qu'elles deviennent *scléreuses*. Tantôt ces cellules forment une ou plusieurs couches continues dans le parenchyme cortical, tantôt elles se présentent en amas épars et sans aucun lien entre eux, tantôt elles forment des arcs réguliers, au niveau et en dehors des faisceaux libéro-ligneux. Dans quelques plantes, certaines cellules du parenchyme cortical se multiplient rapidement et donnent naissance à des aiguillons qui font saillie à la surface des rameaux (Ronce, Rosier). Ailleurs, quelques cellules corticales superficielles se transforment en éléments subérogènes et produisent des noyaux de liège qui apparaissent à la

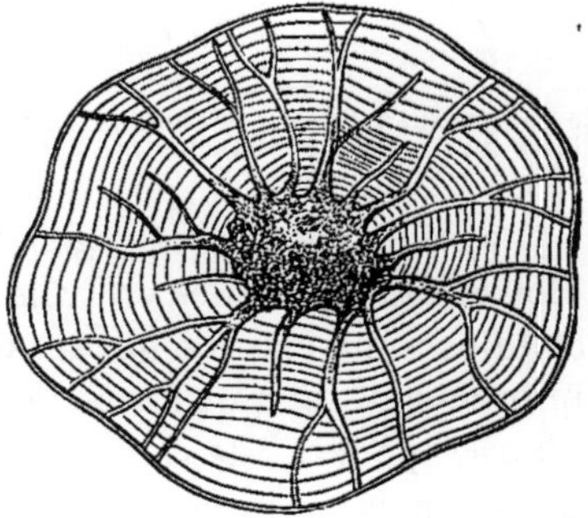

Fig. 73. — Coupe transversale d'une cellule scléreuse de la coquille de la noix.

surface des rameaux comme des taches grisâtres, nommées *lenticelles* (Bouleau, Sureau, etc.). Dans d'autres cas, il se forme, par transformation des cellules corticales, une couche non interrompue d'éléments subérogènes qui donnent naissance à du liège dont les cellules les plus superficielles s'exfolient à mesure qu'elles vieillissent, tandis que de nouvelles se forment en dedans. Enfin, dans les cas les plus complexes, il se produit une zone de cellules à la fois subérogènes et corticogènes, c'est-à-dire produisant par leur segmentation, à la fois, du liège en dehors et un nouveau parenchyme cortical en dedans. Pour cela

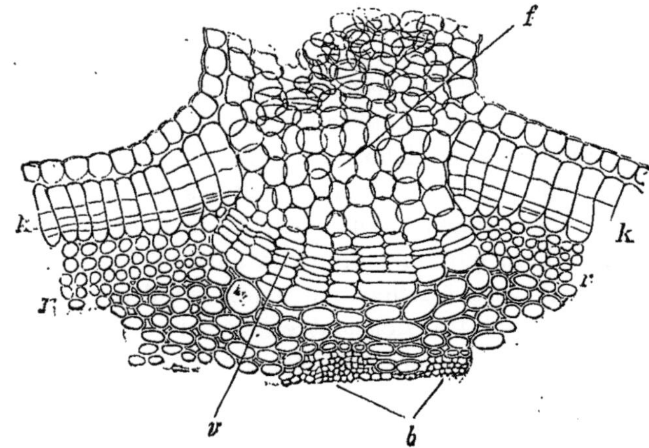

Fig. 74. — Lenticelle de Sureau. *k*, tissu péridermique; *v*, cellules génératrices du liège; *f*, cellules du liège qui se détachent.

les cellules que j'appelle subéro-corticogènes se segmentent par deux cloisons tangentielles en trois couches concentriques de cellules : une externe qui se subérifie rapidement; une interne qui se transforme en parenchyme cortical secondaire, pourvu de chlorophylle, et une moyenne qui conserve la propriété génératrice, et qui continue à se segmenter de la façon que je viens de décrire. Par suite de la séparation qu'établissent les cellules subérifiées entre le parenchyme cortical primaire situé en dehors et le parenchyme cortical secondaire, le premier ne tarde pas à mourir et à se détacher, laissant à la tige, comme protection, le liège produit par la couche subéro-corticogène. Au printemps suivant, la couche la plus interne du parenchyme cortical secondaire devient à son tour subéro-corticogène et les phénomènes que je viens de décrire se reproduisent. Dans certaines plantes ligneuses dont les couches corticales mortifiées persistent pendant plusieurs années, on peut compter un nombre souvent considérable de ces couches, alternant avec des zones de liège (1).

Il me reste, pour terminer cette étude rapide de l'évolution des tissus de la tige, à parler des transformations que subissent les éléments du cylindre central primitif. Nous avons dit que dans le Sapin le cylindre central du sommet des rameaux est formé de grands éléments quadrangulaires. Vers la périphérie du cylindre central ou plérome, un certain nombre de cellules se divisent rapidement dans le sens radial et tangentiel pour produire des cordons d'éléments allongés, minces, très pressés les uns contre les autres. Ces cordons représentent autant de jeunes faisceaux libéro-ligneux. En dehors d'eux persiste une assise de cellules appartenant aussi au cylindre central et alternes avec les cellules de l'endoderme. Cette assise communique, entre les faisceaux, avec la portion centrale du plérome restée parenchymateuse et destinée à former la moelle.

L'assise périphérique du cylindre central donne parfois naissance à des tissus secondaires importants. Dans certains cas, ses cellules deviennent subéro-corticogènes, c'est-à-dire qu'elles se segmentent comme les cellules de ce nom décrites plus haut, pour donner en dehors des couches concentriques de liège, en dedans des couches d'un véritable parenchyme cortical secondaire. Dans ces cas, toute l'écorce primaire ne tarde pas à se mortifier et à se détacher ; elle est remplacée par une écorce dont l'origine

(1) Voyez pour plus de détails sur ces formations et les suivantes mon *Manuel d'Histoire naturelle médicale*, 2e édit., I, *Botan. médicale*, p 304 et suiv.

est due au cylindre central. Dans d'autres cas, l'assise périphérique du cylindre central se transforme, soit en un cercle d'éléments scléreux, soit en arcs scléreux situés au niveau et en dehors de chaque faisceau libéro-ligneux. Parfois aussi, dans ce cas, elle produit du liège et de l'écorce secondaire en dedans de ces éléments scléreux, de la même façon que nous venons de décrire.

Les cellules non modifiées du plérome, situées entre les faisceaux, constituent les rayons médullaires.

Chaque faisceau ne tarde pas à se différencier en trois parties distinctes : en dehors le liber, en dedans le bois, entre les deux le cambium ou tissu générateur. Plus tard, la zone de cambium se prolonge dans les rayons médullaires de façon à former un cercle ininterrompu, et des faisceaux de seconde formation naissent, à l'aide des cellules de cette couche circulaire, dans l'intervalle des faisceaux primaires. Faisceaux primaires et faisceaux secondaires ont d'ailleurs la même organisation ; les uns et les autres grandissent comme nous l'avons dit plus haut, à l'aide des cellules de la zone cambiale qui, chaque année, donne naissance en dedans à un nouveau bois, en dehors à un nouveau liber.

La structure des faisceaux libéro-ligneux déjà étudiée dans le Sapin varie beaucoup dans les diverses Dicotylédones qui seules nous occupent en ce moment ; mais les parties constituantes sont toujours les mêmes, c'est-à-dire, pour le liber : du parenchyme libérien, des cellules grillagées, des tubes cribreux et des fibres libériennes ; pour le bois : du parenchyme ligneux, des fibres ligneuses et des vaisseaux spiralés, réticulés, annelés, etc. Ce qui varie, c'est la quantité proportionnelle de ces divers éléments et la façon dont ils sont associés. Parfois, les fibres libériennes manquent d'une manière absolue (Citrouille) et l'on dit que le liber est mou parce qu'il est formé d'éléments sans grande consistance, cellules parenchymateuses, cellules grillagées et tubes cribreux. D'autres fois, au contraire, il est formé presque uniquement de fibres libériennes (Chanvre) très résistantes et on lui donne le nom de *liber dur*. Les éléments du liber peuvent être disposés les uns par rapport aux autres de façons très diverses. Dans certaines plantes, les premiers élé-

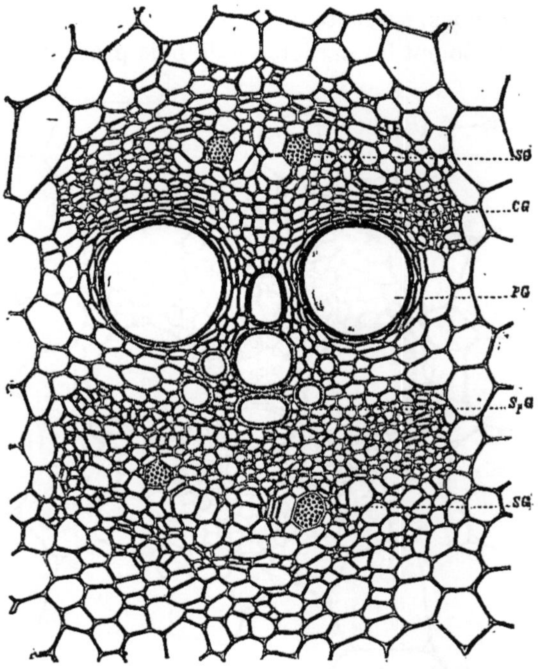

Fig. 75. — Coupe transversale d'un faisceau libéro-ligneux de Citrouille. *PG*, vaisseaux ponctués du bois ; *SpG*, vaisseaux spiralés du bois ; *SG*, tubes cribreux dont on voit les parois transversales criblées d'orifices. Autour de ces tubes se voient, en *CG*, des éléments qui représentent le bois.

ments libériens qui se forment à l'extrémité externe du faisceau offrent les caratères de fibres à parois très dures et très épaisses, dites scléreuses, formant un arc qui embrasse cette extrémité du faisceau. Souvent les fibres libériennes sont en bandes transversales alternant avec le parenchyme; ou bien elles sont en petits groupes, ou isolées, etc. Dans le bois, les fibres ligneuses sont tantôt presque seules, comme dans le Sapin, tantôt accompagnées d'une énorme quantité de cellules parenchymateuses, ou bien de vaisseaux à très grand diamètre qui, sur les coupes, présentent l'aspect d'énormes tubes. Mais, quels que soient les caractères du bois propres à chaque

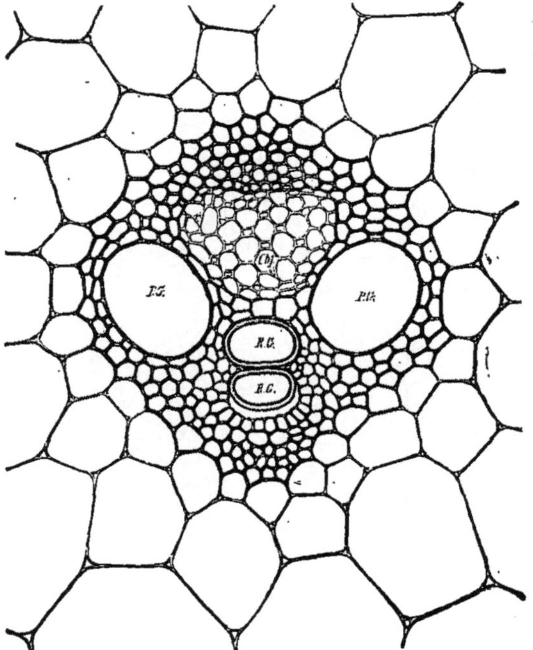

Fig. 76. — Coupe transversale d'un faisceau de Canne à sucre; *RG*, *RG*, vaisseaux spiralés; *PG*, vaisseaux ponctués; *Chf*, liber.

plante, il présente toujours, chez les Dicotylédones, dans la portion du faisceau qui avoisine la moelle, un nombre plus ou moins considérable de trachées ou vaisseaux à épaississements spiralés. Dans quelques plantes, il se forme du liber au niveau de l'extrémité interne du faisceau ligneux, au voisinage de la moelle; dans d'autres, des faisceaux accessoires se développent, soit dans la moelle, soit, plus souvent, dans le parenchyme cortical, etc.

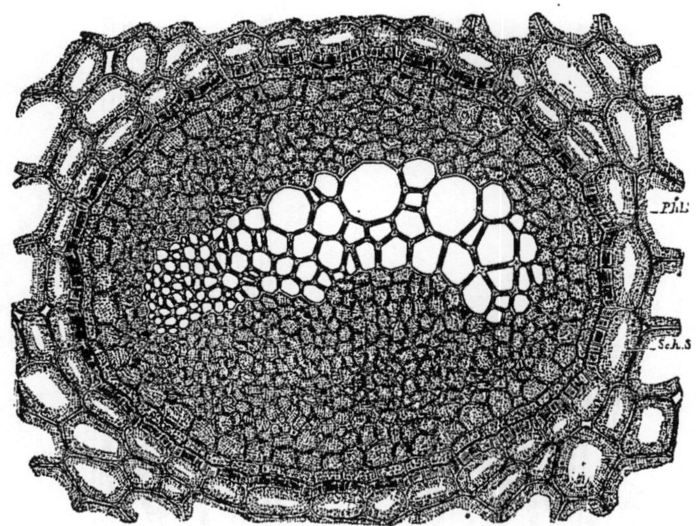

Fig. 77. — Coupe transversale d'un faisceau de Fougère (*Polypodium vulgare*). Le bois est au centre du faisceau, entouré par le liber.

La moelle ou portion centrale du plérome n'offre, d'ordinaire, que l'organisation très simple signalée dans le Sapin. Parfois cependant une partie de ses cellules deviennent scléreuses, et, dans quelques cas, il peut s'y former, comme nous venons de le dire, des faisceaux accessoires. Dans un grand nombre de plantes, elle se détruit de très bonne heure (1).

(1) Voyez à cet égard : VESQUE *Anatomie comparée de l'écorce*, in *Ann. sc. nat.* sér. 6, tom. II; BERTRAND, *Théorie du faisceau*, in *Bull. sc. du Nord*, I; DUTAILLY, *Sur quelques phénomènes déterminés par l'apparition tardive d'éléments nouveaux dans les tiges et les racines des Dicotylédones*.

Les faisceaux des tiges des Dicotylédones forment à peu près toujours un cercle régulier autour de la moelle ou,

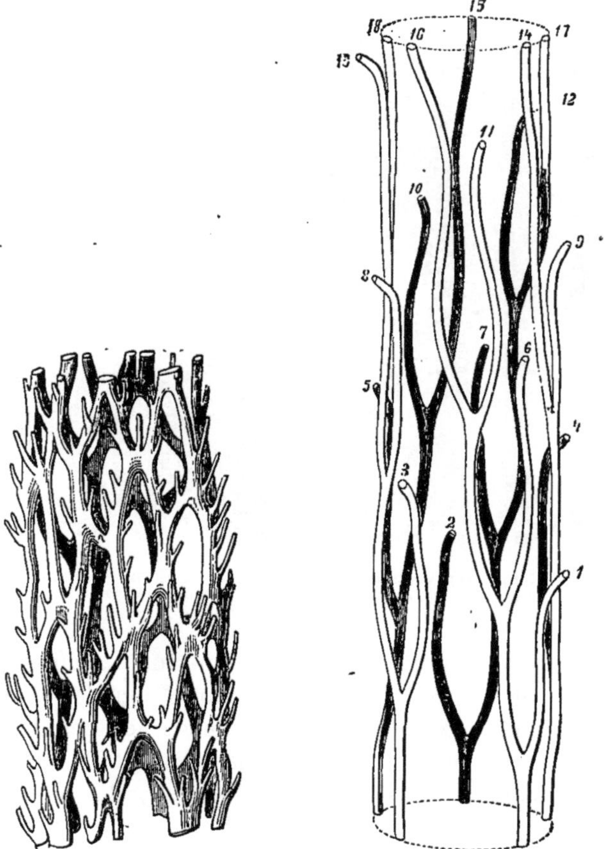

Fig. 78. — Squelette fasciculaire de la tige de la Fougère mâle.

Fig. 79. — Squelette fasciculaire de la tige de l'*Iberis amara*.

si l'on veut, autour de l'axe longitudinal de la tige ou des rameaux. Ce caractère a été considéré, ainsi que nous aurons plus tard à le dire, comme de nature à toujours permettre de distinguer la tige et les rameaux des feuilles normales ou modifiées.

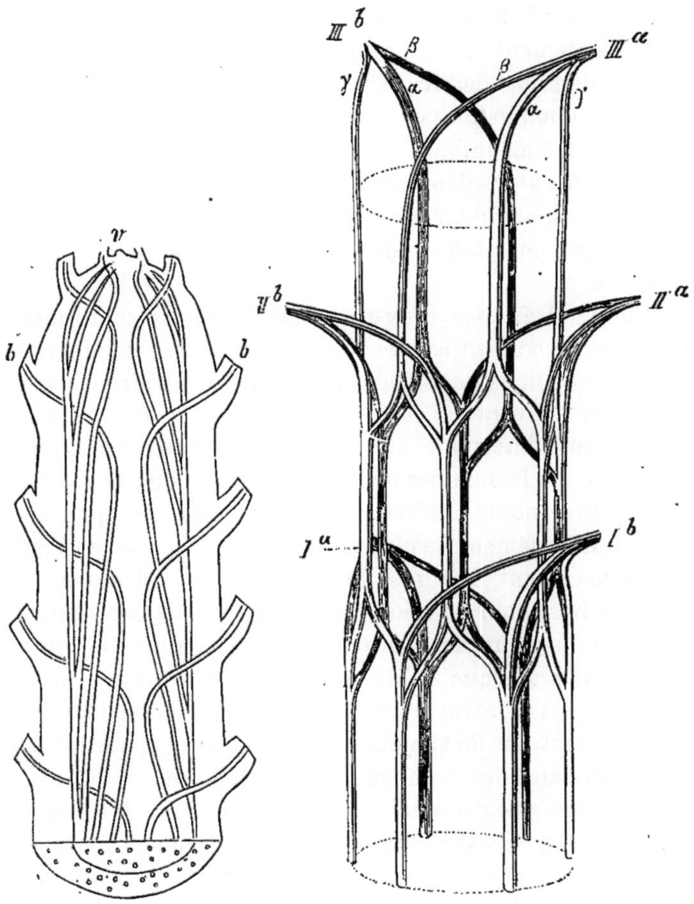

Fig. 80. — Squelette fasciculaire de la tige de l'*Aspidistra elatior*.

Fig. 81. — Squelette fasciculaire de la tige du *Clematis integrifolia*.

Les faisceaux des rameaux communiquent toujours avec ceux des feuilles. D'ordinaire, au niveau de chaque nœud, c'est-à-dire au niveau des points sur lesquels s'insèrent les feuilles, le rameau émet autant de faisceaux qu'il y a de feuilles au niveau du nœud ; ces faisceaux traversent horizontalement le parenchyme cortical et vont se distribuer dans les feuilles. Dans d'autres cas, les faisceaux foliaires cheminent pendant un certain espace dans le parenchyme médullaire avant de se rendre aux feuilles ; la tige offre alors deux sortes de faisceaux : les faisceaux normaux ou caulinaires et les faisceaux foliaires, ces derniers logés en dehors des autres, dans le parenchyme cortical.

Il ne faudrait pas croire que les faisceaux se forment toujours de bas en haut, comme semblerait l'indiquer la marche que nous venons de tracer. Le contraire se produit très souvent, c'est-à-dire que si l'on envisage un entre-nœud déterminé on voit les faisceaux apparaître d'abord dans le sommet de l'entre-nœud pour descendre vers l'entre-nœud inférieur. D'autres fois, ils apparaissent simultanément au niveau de deux nœuds superposés et ils marchent, les uns de bas en haut, les autres de haut en bas, pour se rejoindre au milieu de l'entre-nœud. Je prie le lecteur de bien noter ces faits qui nous seront plus tard de quelque utilité, quand nous aurons à résoudre la question si controversée de savoir s'il existe des caractères permettant de toujours distinguer les organes d'origine caulinaire des organes d'origine foliaire.

L'examen attentif, quoique rapide, que nous venons de faire de l'organisation anatomique de la tige des Dicotylédones nous permettra d'être plus bref dans celui des autres types. La structure d'une tige jeune de Monocotylédone ne diffère essentiellement de celle d'une tige de Dicotylédone que par l'organisation des faisceaux libéro-ligneux ; ceux-ci sont dépourvus de couche génératrice et, par conséquent, ils sont condamnés à ne plus s'accroître lorsque tous les éléments qui les constituent ont pris les caractères de l'âge adulte. D'habitude, ces faisceaux sont peu volumineux et formés d'un petit nombre d'éléments; tantôt le liber est en dehors et le bois en dedans, comme dans les Dicotylédones, tantôt le liber entoure le bois en dehors et en dedans. Des faisceaux secondaires se forment, d'habitude, chaque année, en plus ou moins grand nombre, en dehors des faisceaux primaires, dans une couche génératrice dont les éléments les plus extérieurs restent jeunes et aptes à la segmentation. Il ne faudrait pas croire que ce mode d'organisation soit exclusif aux Monocotylédones. Un grand nombre de Dicotylédones, beaucoup d'Amanratacées, de Chénopodées, les Nyctagynées, etc., se comportent, au point de vue de l'anatomie de la tige, comme les Monocotylédones.

Dans les Cryptogames vasculaires, l'organisation de la tige est remarquable par l'absence très habituelle de production de tissus secondaires. Les Isoétées font seules exception à cet égard. Par les autres caractères elles ne s'éloignent que peu du type des Monocotylédones.

Quant à celles des Cryptogames non vasculaires dans lesquelles il est permis de distinguer une tige et des feuilles, c'est-à-dire les Mousses et les Hépatiques, leur tige offre une organisation extrêmement simple. Elle est formée d'un parenchyme uniforme, au centre duquel se voit un cylindre de cellules plus allongées. Au-dessous de l'épiderme se voient aussi, parfois, une ou plusieurs assises de cellules scléreuses qui le renforcent.

Pour terminer cette esquisse de l'anatomie de la tige, je devrais décrire la façon dont les feuilles et les racines adventives naissent sur les tiges et les rameaux, mais ces sujets seront traités avec plus d'à-propos à l'occasion des racines et des feuilles; je me bornerai à dire quelques mots de l'origine des rameaux les uns sur les autres. Dans la majorité des cas, les rameaux naissent sur la tige ou sur d'autres rameaux au niveau du sommet végétatif; ils sont, par conséquent, produits par les cellules initiales qui constituent ce dernier. Mais il n'est pas rare non plus de voir des rameaux naître sur des rameaux ou des tiges plus ou moins avancés en âge. Dans ces cas se sont les cellules cambiales des faisceaux libéro-ligneux qui produisent, par des segmentations spéciales, les jeunes rameaux; ceux-ci arrivent à la lumière en déchirant les

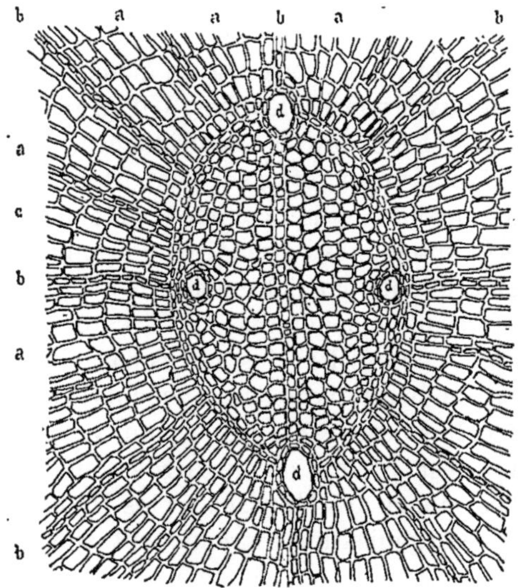

Fig. 82. — Coupe transversale de la portion centrale d'une racine du Sapin épaisse de 3 millimètres. *a, a, a,* faisceaux libéro-ligneux; *b, b, b,* rayons médullaires; *d, d, d,* canaux sécréteurs.

tissus périphériques de la tige ou du rameau qui leur a donné naissance.

2° *Structure de la racine.*

Pour étudier la racine du Sapin, nous prenons d'abord une racine épaisse de 3 à 5 millimètres et nous examinons successivement des coupes transversales et longitudinales radiales et tangentielles. Nous nous assurons ainsi facilement que la structure ne diffère pas beaucoup de celle d'un rameau de même dimension. De dehors en dedans nous trouvons encore : quelques couches jaunâtres de liège, un parenchyme cortical à grandes cellules irrégulièrement polygonales, laissant entre elles des méats intercellulaires ; puis un cercle continu de faisceaux libéro-ligneux dont l'organisation est sensiblement la même que celle des faisceaux de la tige. Cependant, ici, les éléments du bois sont beaucoup plus larges que dans la tige et, ce qui nous frappe par-dessus tout, les faisceaux se prolongent jusqu'au centre de la racine où ils se confondent, de sorte qu'il ne reste plus de moelle. Sur nos coupes, le bois se montre formé de trois couches concentriques assez distinctes, grâce à l'inégalité de dimension des éléments que nous avons déjà signalée dans le rameau. Des canaux sécréteurs organisés comme ceux des rameaux sont épars dans le bois et, en moins grand nombre, dans le parenchyme cortical.

L'examen des racines très jeunes nous conduit à des résultats très différents. En dehors, se trouve une couche de cellules qui portent les poils et que l'on a désignée pour ce motif sous le nom d'*assise pilifère*. Elle ne représente pas un véritable épiderme. Les racines, en effet, n'ont pas de couche épidermique. Au-dessous de cette assise se trouve une couche de parenchyme cortical dont l'assise pilifère constitue la première assise. En dedans, la couche corticale offre une assise qui répond à l'endoderme de la tige. Le cylindre central nous offre : au centre, une moelle bien visible et, autour d'elle, deux à quatre (le nombre varie avec les individus) faisceaux ligneux formés d'un petit nombre d'éléments à contours polygonaux sur la coupe transversale. Entre ces faisceaux ligneux, dans le parenchyme qui représente les rayons médullaires, se voit un nombre égal de petits faisceaux ayant tous les caractères du liber. Ce sont, en effet, autant de faisceaux libériens alter-

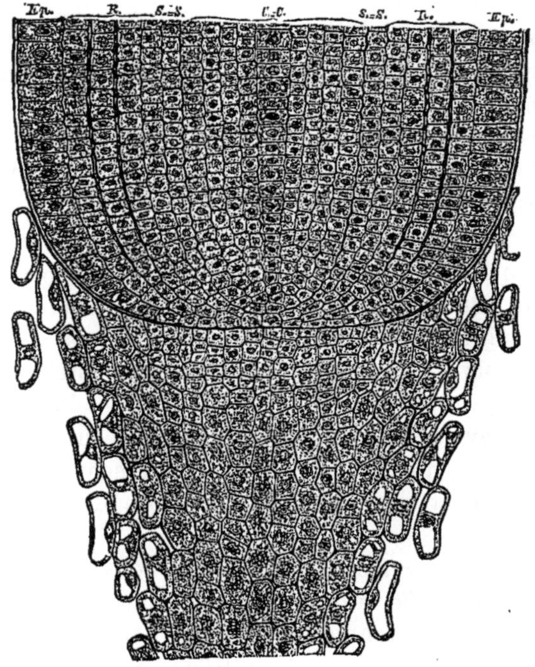

Fig. 83. — Coupe longitudinale du sommet d'une racine de Seigle.

nant avec les faisceaux ligneux. Ils sont appliqués par leur face externe contre l'assise périphérique du cylindre central. Ainsi, dans cette racine à structure primaire, les faisceaux, au lieu d'être libéro-ligneux, comme dans la tige, sont, les uns exclusivement ligneux, les autres exclusivement libériens, et les faisceaux libériens alternent régulièrement avec les faisceaux ligneux. C'est là un caractère offert par la racine dans toutes les plantes vasculaires, qu'elles soient Dicotylédones, Monocotylédones ou Cryptogames. Mais ce caractère n'est que passager.

Plus tard, des faisceaux libéro-ligneux véritables se forment, par segmentation des cellules situées en dedans des faisceaux libériens et en dehors des faisceaux ligneux primaires ; ces derniers sont ainsi refoulés en dedans, vers le centre de la racine, tandis que les premiers sont rejetés en dehors. Je me borne à ajouter qu'en même temps des formations secondaires diverses peuvent se produire dans l'écorce, l'endoderme, le parenchyme central, etc. Parfois même des faisceaux accessoires se développent dans l'écorce.

Un autre caractère des racines jeunes est de porter un grand nombre de poils allongés en un tube cylindrique, se terminant par un cul-de-sac arrondi. Les poils ne sont presque jamais cloisonnés, ni transversalement, ni dans

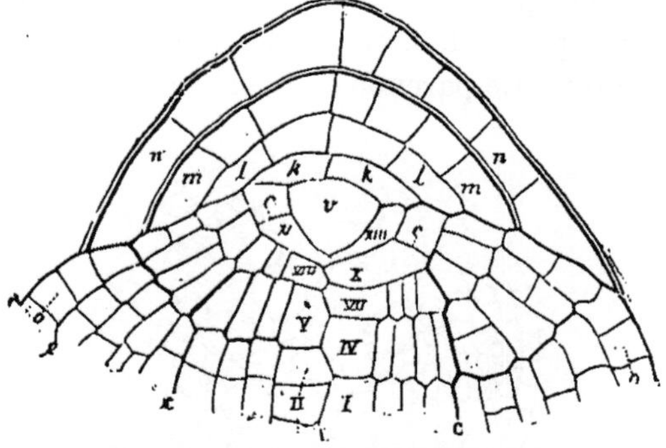

Fig. 84. — Extrémité d'une racine de Fougère montrant la cellule terminale *v*, et les cellules auxquelles elle donne naissance.

toute autre direction. Ainsi que je l'ai dit plus haut, les poils sont les véritables organes d'absorption des racines. A mesure que la racine s'allonge, les plus éloignés de l'extrémité se dessèchent et tombent, tandis que d'autres se forment près de l'extrémité. Ces poils sont portés par l'assise la plus externe des cellules de l'écorce et non par un épiderme véritable qui n'existe pas dans les racines ; on a donné à l'assise cellulaire qui les produit le nom d'*assise pilifère*. C'est elle qui tient la place de l'épiderme des tiges et des rameaux. A mesure que les poils et les cellules de l'assise pilifère se dessèchent et tombent, la couche sous-jacente de l'écorce se subérifie pour protéger les tissus de la racine ; on donne à cette couche de liège, d'origine corticale, le nom d'*assise subéreuse*.

Les jeunes racines se distinguent très nettement des rameaux par la structure de leur portion terminale. Celle-ci est toujours envoloppée d'une sorte de *coiffe* formée par des cellules qui sans cesse se dissocient et tombent, tandis qu'il s'en produit d'autres par sectionnement de la couche la plus superficielle des cellules corticales. Dans le Sapin et les autres Conifères, la coiffe est beaucoup moins visible que dans les autres Phanérogames parce qu'il n'existe pas de limites tracées entre elle et le parenchyme central. Le parenchyme cortical et la coiffe y sont

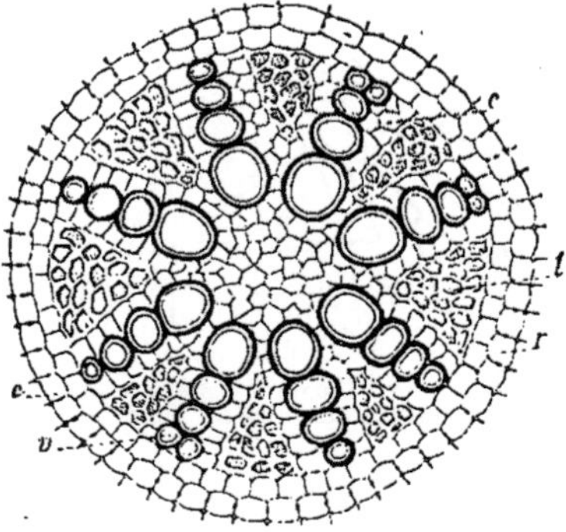

Fig. 85. — Coupe transversale de la portion centrale d'une racine jeune, offrant huit faisceaux ligneux *v*, alternant avec huit faisceaux libériens, *l*; *c*, parenchyme central ; *r*, gaine des faisceaux; *e*, endoderme.

engendrés par une même masse de cellules initiales, tandis qu'un autre groupe de cellules initiales engendre tout le cylindre central.

Cela nous conduit à dire quelques mots de la façon dont se développe la racine et des rapports qui existent entre elle et la tige. Quand on examine à l'œil nu ou à la loupe un embryon de Sapin ou de toute autre Phanérogame, rien ne permet d'établir le point où s'arrête la tige et où com-

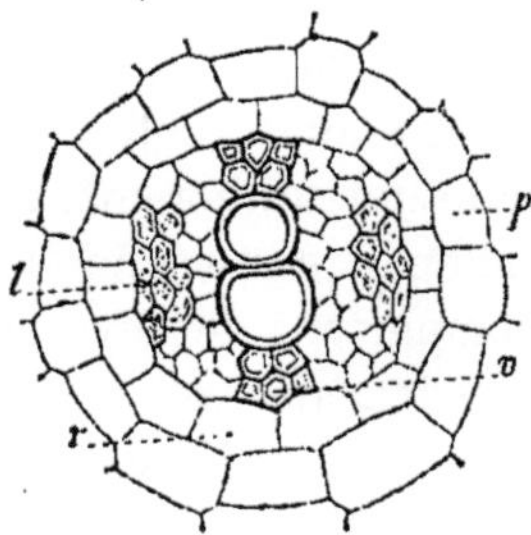

Fig. 86. — Coupe transversale de la portion centrale d'une racine jeune à deux faisceaux ligneux primaires *v*, alternant avec deux faisceaux libériens, *l*; les deux faisceaux ligneux se rejoignent au centre de la racine par deux larges vaisseaux. *p*, gaine des faisceaux; *r*, endoderme.

mence la racine. Les coupes microscopiques seules permettent de découvrir ce point qui a reçu le nom de *collet*. Il est caractérisé par ce fait que, brusquement, à l'assise

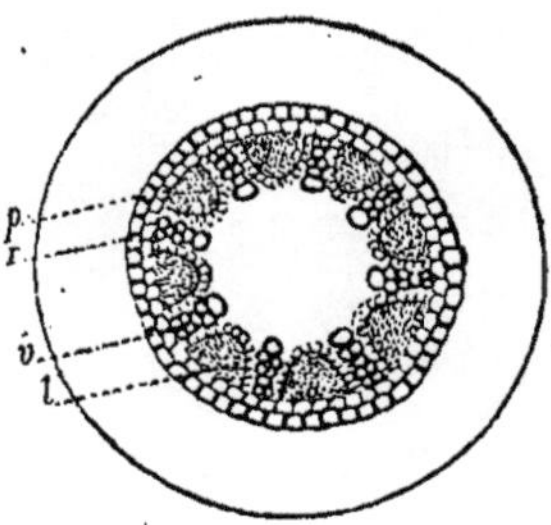

Fig. 87. — Coupe transversale de la portion centrale d'une racine jeune de Citrouille, avant l'apparition des faisceaux secondaires. Il existe huit faisceaux ligneux primaires *v*, alternant avec huit faisceaux libériens, *l*; *p*, gaine des faisceaux; *r*, endoderme.

unique des cellules épidermiques de la tige succèdent deux couches concentriques de cellules formées par la segmentation tangentielle d'une assise originairement simple. De ces deux couches, la plus externe représente l'épiderme de la racine ; elle ne tarde pas à se détacher comme première coiffe. Quant à l'assise intérieure, ses cellules s'allongent en poils après la chute de la première. Dès lors la limite entre la tige et la racine devient visible. La tige se montre lisse et blanche à sa surface, tandis que la racine se couvre de poils. Au niveau du collet, le parenchyme cortical de la racine continue directement celui de la tige ; il en est de même de l'endoderme et de la moelle. Quant aux faisceaux, ils se comportent de diverses manières ; mais, d'une façon générale, les faisceaux ligneux et les faisceaux libériens de la racine, qui sont isolés et alternes au-dessous du collet, se réunissent, à son niveau, pour former les faisceaux libéro-ligneux qui se prolongent dans la tige. Dans quelques plantes, notamment dans les Graminées, la racine primitive naît dans l'intérieur même de la tige, plus ou

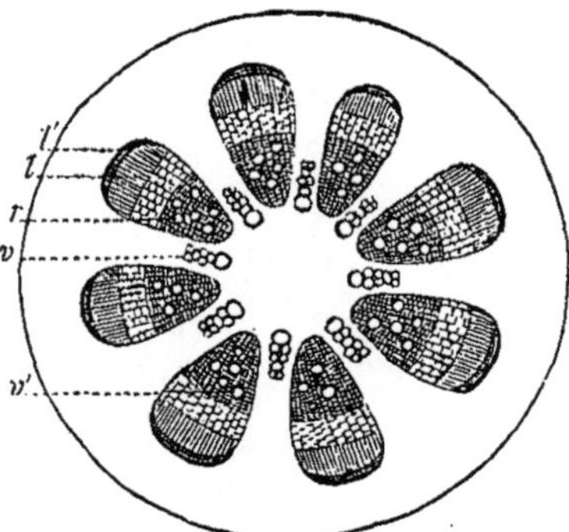

Fig. 88. — Coupe transversale de la portion centrale d'une racine de Citrouille après l'apparition des faisceaux secondaires, *r*, *l*, *l'*, qui paraissent très volumineux entre les huit faisceaux ligneux primaires, *v*.

moins profondément ; elle n'arrive au jour qu'en détruisant l'épiderme et les couches corticales caulinaires qui l'enveloppent.

L'accroissement terminal des jeunes racines, dont nous devons dire maintenant quelques mots, se fait comme celui de la tige, de différentes façons dans les diverses plantes. Dans presque toutes les Cryptogames non vasculaires et vasculaires, c'est une seule cellule initiale terminale qui donne naissance à tous les tissus de la racine. Dans quelques Cryptogames vasculaires et dans la plupart des Phanérogames, il existe à l'extrémité de la racine : tantôt un seul groupe de cellules initiales donnant naissance à tous les tissus radiculaires ; tantôt deux groupes dont l'un produit le parenchyme cortical et la coiffe, comme dans le Sapin ; tantôt trois groupes dont l'un engendre le cylindre central, tandis qu'un second produit le tissu cortical et un troisième la coiffe ; mais des variations existent dans ce cas au point de vue de l'origine de l'assise pilifère, qui tantôt naît des mêmes initiales que l'écorce et tantôt des mêmes initiales que la coiffe. Dans quelques plantes on trouve quatre groupes de cellules initiales, un pour le cylindre central, un pour l'écorce, un pour l'assise pilifère et un dernier pour la coiffe. On comprendra que je n'entre pas ici dans des détails de cette sorte.

La façon dont les racines naissent les unes sur les autres varie avec les plantes. Dans les Cryptogames vasculaires, c'est d'habitude l'endoderme qui leur donne naissance ; dans les Phanérogames, elles naissent des cellules de l'assise périphérique du cylindre central, en face des faisceaux ligneux ; mais, dans certains cas, les cellules de cette assise produisent tous les tissus de la racine, tandis que dans d'autres la coiffe est engendrée par l'endoderme ; dans d'autres encore, l'assise périphérique produit seulement le cylindre central, l'endoderme fournissant, avec le concours de quelques assises corticales situées en dehors de lui, les cellules du parenchyme cortical, celles de la coiffe et celles de l'assise pilifère.

Les racines adventives qui naissent de la tige ou des rameaux sont produites par les cellules de l'assise périphérique du cylindre central chez les Phanérogames, et par les cellules de l'endoderme chez les Cryptogames vasculaires.

3° *Structure des feuilles.*

L'examen d'une coupe transversale de feuille de Sapin nous permet de constater que cet organe est constitué, de la périphérie au centre : 1° par une couche de cellules épidermiques aplaties, à cavité étroite, et à paroi externe très épaissie et cuticularisée. De distance en distance, la couche épidermique est interrompue par des orifices étroits, connus des botanistes sous le nom de *stomates*. Il est facile de s'assurer par l'examen attentif des coupes que ces orifices s'ouvrent chacun dans un vaste méat intercellulaire. Nous reviendrons tout à l'heure sur leur organisation et sur leur formation.

Au-dessous de l'épiderme (fig. 89, *a*) notre feuille offre une couche de cellules scléreuses à parois extrêmement épaisses, durcies et brillantes, à cavité n'apparaissant que comme un point noirâtre (fig. 89, *b*). Des coupes longitudinales nous montrent que ces cellules sont allongées parallèlement au grand axe de la feuille. Cette couche n'est interrompue qu'au niveau des stomates, où l'on voit au-dessous de l'épiderme, de chaque côté, deux cellules dirigées obliquement, et limitant entre elles un vaste méat. La couche de cellules scléreuses est ordinairement formée d'une seule assise ; parfois, cependant, au niveau des angles de la feuillle, il existe deux ou trois assises superposées de ces cellules. Au-dessous de la couche scléreuse se voit une zone épaisse de parenchyme à cellules très irrégulières, grandes, ne laissant pas entre elles de méats, à parois blanches, brillantes, et à cavité remplie d'un protoplasma très riche en corpuscules chlorophylliens arrondis ou ovoïdes (fig. 89, *c*). Les cellules les plus externes de cette couche sont un peu plus allongées dans le sens radial, les autres sont irrégulièrement polygonales. En dedans de cette couche verte, et occupant tout le centre de

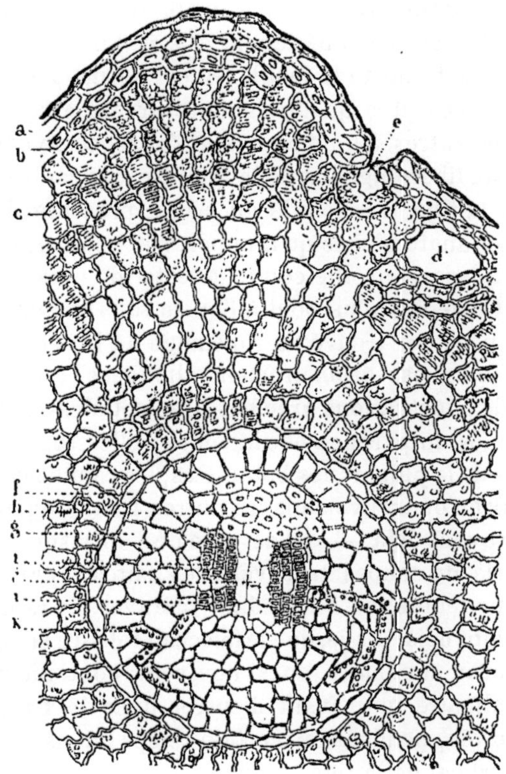

Fig. 89. — Coupe transversale d'une feuille de Sapin. *a*, épiderme ; *b*, zone de cellules scléreuses ; *c*, zone de cellules parenchymateuses; *f*, couche périphérique, à cellules aplaties, du tissu central parenchymateux, *g*, de la feuille ; *h*, bois du faisceau; *i*, *i*, liber du faisceau en deux bandes séparées par du tissu parenchymateux *j*; *k*, cellules à ponctuations aréolées représentant les faisceaux secondaires des feuilles des autres Phanérogames ; *e*, stomate; *d*, canal sécréteur.

la feuille, se voit un parenchyme incolore (fig. 89, *g*), à cellules irrégulièrement polygonales, sauf celles de l'assise périphérique (fig. 89, *f*) qui sont aplaties tangentiellement.

Au centre de ce parenchyme incolore se voit un faisceau libéro-ligneux, dont le bois (fig. 89, *h*) forme une seule masse regardant la face interne de la feuille. Il est formé de fibres à parois très épaisses, brillantes, dures, à cavité linéaire. Le faisceau libérien (fig. 89, *i*, *i*) est situé du côté de la face externe de la feuille; il est formé d'éléments à contour à peu près quadrangulaire, très pressés les uns contre les autres. En un mot, sauf l'absence de cambium, le faisceau libéro-ligneux de la feuille est organisé comme celui de la tige. La feuille du Sapin présente des particularités anatomiques qu'il importe de noter. En premier lieu, le faisceau qu'elle contient reste toujours simple, il parcourt la feuille d'un bout à l'autre sans se ramifier. En second lieu, on trouve au voisinage du bois de grandes cellules aplaties, ordinairement allongées radialement, munies de ponctuations aréolées. Ces cellules s'enfoncent entre celles du parenchyme incolore; elles représentent, aux yeux de la plupart des botanistes, les ramifications des faisceaux qu'on trouve dans les autres Phanérogames.

Nous savons déjà, — et il est aisé de s'en assurer à l'aide d'une série de coupes transversales faites à partir de la base d'une feuille, en descendant, à travers le rameau, — nous savons déjà, dis-je, que le faisceau foliaire se rattache à un faisceau caulinaire, ou, si l'on veut, continue un faisceau caulinaire qui, avant d'entrer dans la base de la feuille, croît, pendant un certain temps, dans le parenchyme cortical de la tige. Ajoutons que le parenchyme de la feuille se continue avec le parenchyme cortical de la tige et que son épiderme se confond avec l'épiderme caulinaire.

Les stomates dont nous avons parlé plus haut sont disposés, dans le Sapin et dans les autres Conifères à feuilles étroites, en séries linéaires, que l'on observe aisément en détachant avec une aiguille une lame aussi grande que possible de l'épiderme de la feuille. Chaque stomate, examiné par sa face externe, se montre formé de deux cellules réniformes, allongées parallèlement au grand axe de la feuille, et se regardant par leurs bords concaves entre lesquels est situé l'orifice du stomate. Ces cellules, vues sur la coupe transversale, sont fortement enfoncées dans le parenchyme foliaire; au-dessus d'elles sont, de chaque côté,

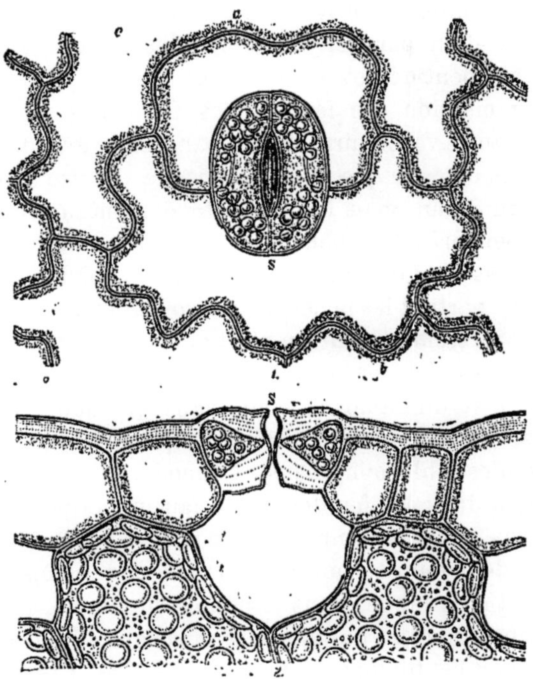

Fig. 90. — Stomate de Thym. 1, vu de face; 2, vu de profil. *S*, ouverture du stomate; *AH*, chambre aérienne.

deux cellules obliques qui limitent l'orifice et qui reposent sur une cellule du parenchyme vert à face externe concave. Ces trois dernières cellules limitent un vaste méat dans lequel s'ouvre inférieurement le stomate.

Nous avons dit que les jeunes bourgeons des Sapins sont protégés par des écailles brunâtres, sèches, qui s'étalent et tombent au moment de l'épanouissement des bourgeons.

Nous ne devons pas négliger la structure de ces organes qui sont de véritables feuilles, distinctes il est vrai des feuilles vertes du Sapin, mais plus semblables que ces dernières, sous certains rapports, à celles des autres Phanérogames. A l'aide de coupes tranversales on s'assure que ces écailles sont formées d'une couche épidermique simple et d'un parenchyme à cellules irrégulières dans lequel rampent de petits faisceaux.

L'organisation des feuilles des Phanérogames et des Cryptogames vasculaires diffère par un très grand nombre de détails de celle que nous venons de décrire d'après la feuille du Sapin, mais les traits fondamentaux sont partout à peu près les mêmes. Partout les faisceaux sont situés dans un parenchyme qui continue celui de l'écorce de la tige; partout les faisceaux libéro-ligneux sont dépourvus de cambium et sont en relation avec ceux des tiges; partout aussi l'épiderme de la feuille se continue avec celui de la tige et du rameau; enfin, dans presque toutes les plantes, il existe des stomates et un parenchyme riche en corpuscules chlorophylliens. Cependant, les stomates manquent dans les feuilles tout à fait immergées.

Les cas les plus complexes, au point de vue de l'organisation de la feuille, sont ceux où celle-ci se compose d'un pétiole et d'un limbe. Dans le pétiole on trouve, au centre du parenchyme, un ou plusieurs faisceaux libéro-ligneux dont le bois est toujours tourné vers la tige. Presque toujours les faisceaux, quand il y en a plusieurs, forment un arc divisible en deux parties égales par un plan traversant à la fois l'axe longitudinal du rameau qui porte la feuille et l'axe longitudinal du pétiole. Nous avons vu qu'au contraire, dans la plupart des tiges et des racines, les faisceaux sont disposés en cercle autour de l'axe de ces membres. Nous verrons qu'on a essayé de faire de cette différence de disposition un caractère distinctif, absolu, des organes axiles et des organes foliaires. Parvenu dans le limbe, le faisceau du pétiole se divise en un nombre très variable de faisceaux plus petits qui se distribuent dans le limbe en s'y ramifiant et s'y anastomosant de façons très diverses. A mesure que ces faisceaux s'éloignent de leur origine, c'est-à-dire du pétiole, ils deviennent de plus en plus simples et, finalement, au niveau de leurs extrémités, ils ne sont plus formés que de trachées. Le parenchyme du pétiole offre habituellement une structure analogue à celui de l'écorce de la tige. Quant à celui du limbe, il présente, d'ordinaire, une structure différente au-dessous de l'épiderme de la face supérieure et au-dessous de l'épiderme de la face inférieure de la feuille. Au-dessous de l'épiderme supérieur, il est habituellement composé de cellules allongées perpendiculairement à l'épiderme, très pressées les unes contre les autres, riches en corpuscules chlorophylliens, connues sous le nom de *cellules en palissade.* Tout le reste du parenchyme jusqu'à l'épiderme inférieur est formé de grandes cellules irrégulières, laissant entre elles de vastes méats et souvent pauvres en corpuscules chlorophylliens. A cause des méats, on donne à cette portion du parenchyme foliaire le nom de *tissu lacuneux*. Quant aux stomates, ils sont habituellement épars sur le limbe, plus abondants sur la face inférieure que sur la face supérieure. Cette dernière est souvent lisse, tandis que l'inférieure présente très fréquemment des poils simples ou cloisonnés, ou ramifiés, ou étoilés, etc.

Les feuilles naissent de façons diverses, suivant les plantes. Dans les Mousses, par exemple, et dans la plupart des Cryptogames vasculaires, une seule cellule épidermique de la tige donne naissance à tous les tissus de la feuille. Dans d'autres cas, une seule cellule de l'épiderme de la tige se segmente pour produire l'épiderme de la feuille, tandis qu'au-dessous d'elle une cellule du parenchyme cortical produit les autres tissus foliaires. Ailleurs, une cellule du parenchyme cortical produit la nervure médiane, tandis que la cellule épidermique sous-jacente produit les autres éléments (*Elodea canadensis*). Dans la plupart des Phanérogames, un petit groupe de cellules corticales du sommet de la tige produisent le parenchyme de la feuille et ses nervures, tandis que les cellules épidermiques sous-jacentes fournissent l'épiderme.

Il importe de faire remarquer que l'accroissement de la feuille ne se fait pas toujours de bas en haut. Dans un grand nombre de cas, lorsque la jeune feuille a atteint une certaine taille, son extrémité cesse de croître et les cellules de la base seules continuent à se multiplier pour produire le pétiole.

Un autre fait sur lequel je tiens le plus à insister, c'est que, contrairement à ce que pourraient faire croire les rapports qui existent à l'état adulte entre les faisceaux caulinaires et les faisceaux foliaires, ces derniers ne sont pas dus à un véritable prolongement des premiers. Les feuilles ont déjà acquis leur forme définitive et atteint des dimensions souvent considérables, qu'on n'y voit encore aucune trace de faisceaux. Il se produit alors, au niveau de la ligne médiane de la feuille, une traînée de tissu générateur, formé de cellules étroites et allongées, claires, à parois très minces ; plus tard, un certain nombre des éléments de ce tissu se transforment en trachées et c'est seulement au bout d'un certain temps que naissent les faisceaux des autres nervures de la feuille. Tantôt les éléments générateurs du faisceau et les premières trachées apparaissent d'abord dans la base de la feuille ; tantôt, au contraire, ils se forment, en premier lieu, dans le sommet (1).

Quant aux stomates, ils ne naissent que tardivement.

(1). Voyez sur cette question : DE LANESSAN, *Recherches sur le développ. des faisceaux fibro-vasculaires*, in *Compte rendu de l'Assoc. franç.* pour l'avanc. des sc., 1875, p. 756 ; *Observ. organogéniques et histogéniques sur les appendices foliaires des Rubiacées* ibid., 1876, p. 465, pl. 5.

Leurs cellules de bordure sont toujours produites par la segmentation d'une cellule épidermique, mais cette segmentation peut se faire de façons très diverses.

Certaines feuilles donnent assez fréquemment naissance soit à des racines, soit à des bourgeons adventifs. Les racines y naissent toujours de cellules qui enveloppent les faisceaux foliaires et qui répondent par leur situation à l'assise périphérique du cylindre central de la tige. Quant aux bourgeons adventifs, ils résultent presque toujours, tantôt de la multiplication d'une ou plusieurs cellules de l'épiderme, tantôt, à la fois, des cellules épidermiques et des cellules parenchymateuses sous-jacentes.

4° *Structure des organes reproducteurs.*

a. Organes de protection.

Dans le Sapin, les seules parties auxquelles on puisse donner le nom d'organes protecteurs des parties sexuelles sont les bractées qui recouvrent pendant la jeunesse les écailles des bourgeons mâles et femelles. La structure de ces bractées étant identique à celle des bractées qui protègent les bourgeons à feuilles, je me borne à renvoyer le lecteur à ce qui a été dit plus haut de ces dernières.

Dans la plupart des autres Phanérogames, les parties protectrices des organes reproducteurs prennent, au contraire, un grand développement ; nous les avons déjà étudiées au point de vue de la morphologie et des fonctions. Nous devons dire quelques mots de leur structure anatomique et de leur développement histologique.

L'organisation des folioles florales rappelle beaucoup celle des feuilles des Phanérogames. Nous y trouvons encore un épiderme qui entoure celui de l'axe floral, un parenchyme qui est la prolongation du parenchyme cortical de cet axe des faisceaux analogues à ceux des feuilles, mais n'acquérant d'ordinaire qu'un faible développement. Dans le calice, les cellules contiennent presque toujours de la chlorophylle et l'épiderme est assez riche en stomates. Dans la corolle, la chlorophylle est ordinairement remplacée par des matières colorantes, tantôt dissoutes dans le suc cellulaire, tantôt localisées dans des corpuscules protoplasmiques analogues aux corpuscules chlorophylliens et qui fréquemment ont été verts avant d'acquérir leur coloration définitive. Les cellules épidermiques des pétales se soulèvent souvent en poils coniques qui donnent à ces organes leur velouté.

En résumé, les organes protecteurs des parties sexuelles ont toujours une structure analogue à celle des feuilles. Leur développement histogénique se fait de la même façon.

b. Organes reproducteurs mâles.

Nous savons que, dans le Sapin, l'organe mâle est formé d'une écaille portant une anthère. Des coupes transversales pratiquées à travers un bourgeon mâle encore jeune

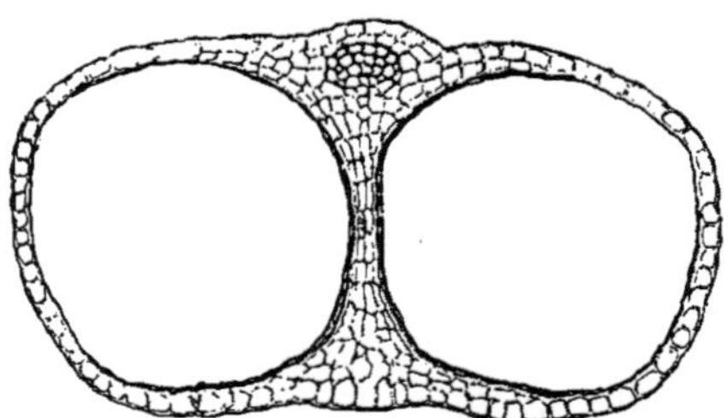

Fig. 91. — Coupe transversale d'une anthère de Sapin.

nous permettent de nous assurer que la structure de l'écaille est très semblable à celle des bractées protectrices. Quant aux parois des loges anthériques, elles se montrent formées sur nos coupes (fig. 91) d'une couche externe de grandes cellules allongées parallèlement au grand axe de l'organe, à parois latérales munies d'épaississements linéaires très saillants, les parois externes et internes étant lisses. Cette assise de cellules est très élastique et très hygrométrique ; c'est elle qui détermine la déhiscence des loges anthériques. En dedans d'elle, se voit une assise de cellules à parois très minces, à cavités à peu près invisibles, manifestement en voie de destruction. Un très petit faisceau se voit sur la face dorsale de l'anthère, au niveau du point où elle adhère à l'écaille. Ce faisceau est entouré d'une petite quantité de parenchyme qui se continue avec celui de l'écaille.

Les grains de pollen que nos coupes ont mis en liberté se montrent sous l'aspect de corps elliptiques, formés d'une portion centrale à paroi très mince et de deux parties latérales à paroi beaucoup plus épaisse (fig. 24). En réalité, chaque grain de pollen représente une cellule d'abord simple, à paroi formée de deux membranes concentriques : l'une interne très mince, nommée *intine* ; l'autre externe, beaucoup plus épaisse, *exine*. Celle-ci se dilate énormément de chaque côté du grain, en même temps qu'elle se couvre d'épaississements qui manquent sur le reste de son étendue. Elle forme ainsi, de chaque côté, une sorte de ballon très léger, qui facilite beaucoup l'enlèvement des grains de pollen par le vent.

Le corpuscule pollinique du Sapin est d'abord formé d'une seule cellule ; mais, aux approches de la fécondation, celle-ci se divise, à l'aide d'une cloison en forme de verre de montre, en deux cellules de dimensions très inégales et dont le rôle physiologique est tout à fait différent : l'une, grande, destinée à féconder la cellule femelle ; l'autre petite, ne devant jouer aucun rôle dans cet acte. Celle-ci augmente bientôt de taille par le bombement de la cloison qui l'a isolée, puis elle se subdivise en deux autres cellules par une cloison transversale, de manière à former un petit corps bicellulaire, qui fait saillie dans la grande cellule et qui a reçu des botanistes modernes le nom de *prothalle mâle* pour des motifs que j'indiquerai tout à l'heure.

Au moment de la fécondation, les grains de pollen étant parvenus au contact de l'organe femelle, l'exine se déchire et la partie de l'intine qui recouvre la grande cellule ou cellule mâle proprement dite se bombe en un cul-de-sac qui s'allonge beaucoup et qui va se mettre en contact avec le sommet de l'œuf pour le féconder, par diffusion d'une partie de la substance protoplasmique à travers les membranes des deux cellules.

Dans le Sapin comme dans toutes les autres Phanérogames, l'anthère jeune est formée par une simple masse celluleuse résultant d'un accroissement localisé de l'écaille ou du filet qui la porte. Plus tard, lorsque l'anthère a pris sa forme, une, deux, trois, quatre files de cellules occupant le centre de l'organe, et désignées sous le nom de *cellules mères du pollen*, se segmentent chacune en deux, trois ou quatre cellules qui deviennent autant de grains de pollen. Pendant ce temps, les cellules environnantes se modifient ou se détruisent, les parois de l'anthère se trouvent formées.

On comprendra que nous n'insistions pas davantage ici sur toutes ces questions dont l'élucidation complète nous obligerait à entrer dans des détails fort intéressants sans doute, mais trop multiples pour tenir place dans une simple introduction à l'étude de la botanique.

c. Structure de l'organe femelle.

Les bourgeons femelles du Sapin sont formés, comme nous l'avons dit, indépendamment des bractées qui les protègent pendant le jeune âge, de deux sortes d'organes : des bractées dont le développement s'arrête de bonne heure, des écailles situées dans l'aisselle des bractées et portant chacune deux ovules.

Bractées et écailles offrent une organisation analogue à celle des feuilles, mais que je dois indiquer avec quelque précision à cause des discussions soulevées par leur véritable nature. Au-dessous d'un épiderme formé de cellules à peu près quadrangulaires, l'écaille et la bractée jeunes sont constituées par un parenchyme à grandes cellules polygonales laissant entre elles des méats d'autant plus grands qu'elles sont plus profondément situées. La bractée n'offre à sa base qu'un seul faisceau qui se ramifie plus tard en plusieurs branches. Quant à l'écaille, elle présente à la base deux faisceaux libéro-ligneux qui se ramifient plus haut en un nombre variable de branches. Ces faisceaux sont orientés de façon à ce que ceux de la bractée aient leur bois tourné vers le haut, c'est-à-dire vers la face inférieure de l'écaille, tandis que le bois de ceux de l'écaille regarde en bas ; le bois des faisceaux de la bractée et le bois des faisceaux de l'écaille sont donc tournés l'un vers l'autre. Dans la courte portion de leur étendue où la bractée et l'écaille sont confondues, les trois faisceaux sont distincts et orientés de la même façon.

C'est sur ces caractères anatomiques que M. Van Tieghem a étagé toute sa théorie de l'organisation des fleurs des Conifères. Nous avons dit plus haut qu'il considère comme étant de nature foliaire tout organe dont les faisceaux sont symétriques par rapport à un seul plan, tandis qu'il attribue la nature axile à tout organe ayant ses faisceaux disposés symétriquement autour d'un axe. Les faisceaux de l'écaille du Sapin offrant le premier ordre de symétrie, il commence par affirmer que cette écaille est de nature foliaire ; puis, comme elle présente deux faisceaux dans sa portion basilaire, il la regarde comme formée de deux feuilles collatérales connées, par toute la longueur d'un de leurs bords ; enfin, comme les faisceaux de l'écaille et ceux de la bractée tournent leur partie ligneuse l'une vers l'autre, ainsi que le feraient deux feuilles opposées naissant en face l'une de l'autre sur un rameau, il en conclut que la bractée mère et l'écaille fructifère qui se trouve dans son aisselle représentent deux feuilles d'un rameau qui ne s'est pas développé.

M. Van Tieghem compare la disposition des faisceaux de la bractée mère et de l'écaille fructifère des Sapins et

Fig. 92. — Rameau de Pin sylvestre, avec un Cône fructifère; *a*, avant la maturité; *b*, après la maturité.

autres Conifères à celle qu'on trouve dans les Conifères du genre *Sciadopytis*. Dans ces plantes, de même que dans le Pin sylvestre et les autres Pins, le Mélèze, etc., il existe deux sortes de rameaux; les uns toujours dépourvus de feuilles, atteignant des dimensions considérables; les autres portant les feuilles et restant toujours très courts. Le nombre des feuilles portées par ces petits rameaux est d'habitude assez restreint : Dans les Mélèzes, il y en a sept ou huit ; dans le *Pinus strobùs*, il y en a cinq ; dans le *Pinus tœda*, il y en a trois ; dans le Pin sylvestre et le Pin Laricio et les *Sciadopytis*, il n'y en a que deux et il n'y en a qu'une seule dans le *Pinus monophylla*. Dans les *Sciàdopytis*, les deux feuilles portées par chaque rameau sont connées bord à bord dans presque toute leur étendue ; leurs sommets seuls restent distincts et indiquent leur nombre véritable. Or, ces feuilles connées possèdent deux faisceaux comme l'écaille fructifère du Sapin, et, dans les deux faisceaux, le bois est tourné vers le bois du faisceau de la bractée mère. En s'appuyant sur cette analogie de nombre et d'insertion des faisceaux, M. Van Tieghem compare l'écaille fructifère du Sapin aux deux feuilles connées des *Sciadopytis*. Ajoutons que dans ces derniers le rameau follifère avorte immédiatement après avoir produit les deux feuilles.

Il n'est pas permis de douter que ces analogies, jointes aux caractères tirés de la symétrie des faisceaux par rapport à un plan, constituent de sérieux arguments en faveur de l'opinion émise par M. Van Tieghem ; mais, ainsi que je l'ai déjà dit, les faisceaux sont des formations trop tardives pour qu'il me paraisse possible d'en tirer des arguments incontestables dans la détermination de la nature véritable des organes. Le seul usage qu'on puisse faire des considérations invoquées par M. Van Tieghem, c'est qu'en ne tenant compte que des caractères anatomiques, l'écaille fructifère du Sapin est de nature foliaire, représente deux feuilles carpellaires connées par un de leurs bords et étalées, tandis qu'en ne tenant compte que des connexions, c'est-à-dire de ce fait que l'écaille naît dans l'aisselle de la bractée mère, l'écaille devrait être considérée comme un rameau. Mais l'anatomie est trompeuse, les connexions elles-mêmes peuvent induire en erreur. En réalité, ainsi que je le montrerai plus bas, toutes les transitions pouvant exister entre les rameaux et les feuilles, rien n'empêche de considérer les écailles fructifères des Sapins comme des organes de transition, servant de passage entre les rameaux et les feuilles véritables ; rameaux par leur situation, feuilles par leur forme et par leur organisation anatomique.

Nous savons que les écailles fructifères portent les organes reproducteurs femelles. Ceux-ci sont toujours, à l'âge adulte, insérés sur la face supérieure de l'écaille,

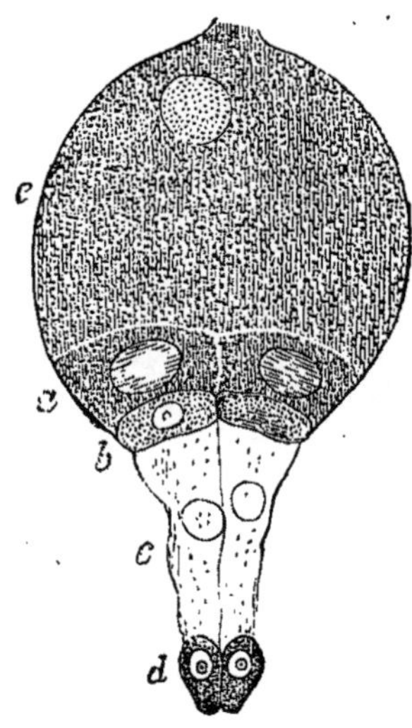

Fig. 93. — Embryon en voie de développement du *Pinus Pumilio ; e*, cellule centrale de l'archégone ; *a, b*, c, suspenseur ; *d*, premières cellules de l'embryon.

près de la base de cette dernière, dans de petites échancrures latérales. Ils sont constitués par un petit sac ovoïde, à orifice tourné vers le bas. Ce sac est formé d'un tissu parenchymateux très simple, limité sur les deux faces par un épiderme à cellules étroites. Il ne possède pas de faisceaux. Ainsi que je l'ai déjà dit, M. Baillon le considère comme un ovaire à deux feuilles carpellaires. Il naît, d'après le savant organogéniste, sur le sommet de l'écaille fructifère encore très jeune, sous la forme de deux petits croissants dont les pointes se réunissent bientôt et qui s'élèvent pour former l'ovaire. D'après M. Van Tieghem, il représente simplement l'enveloppe de l'ovule. Ce dernier se montre sous l'aspect d'un petit corps conique, adhérent par la base au fond du sac qui l'enveloppe ; il est légèrement déprimé au sommet.

Quand on étudie l'ovule avant la fécondation, à l'aide de coupes transversales et longitudinales, on s'assure qu'il est formé d'une masse cellulaire, à cellules petites, poly-

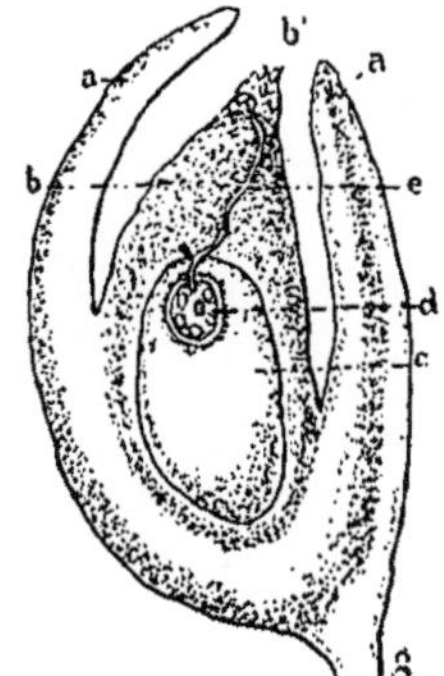

Fig. 94. — Ovule de Sapin coupé longitudinalement. a, a, ovaire ; c, nucelle ; b, extrémité du nucelle couvert de grains de pollen et traversé par un boyau pollinique qui est parvenu jusqu'à l'œuf d ; g, point d'insertion de l'ovaire (d'après Strasburger).

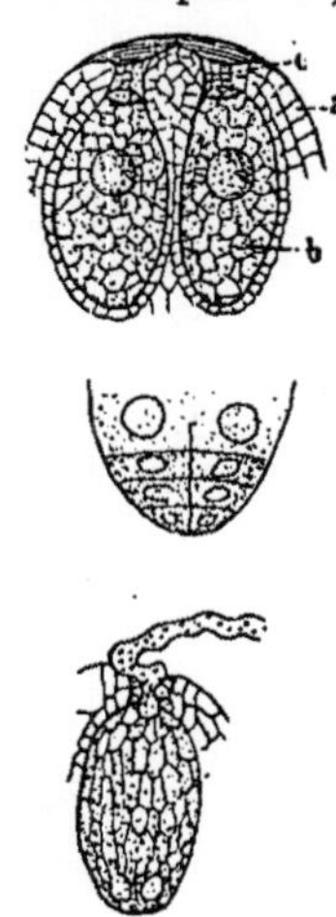

Fig. 95. — Développement de l'œuf et de l'embryon d'une Conifère.

gonales, pressées. Près du sommet se trouve une cellule beaucoup plus grande, à laquelle on a donné le nom de *cellule embryonnaire*. Avant la fécondation, le noyau de cette cellule se segmente, le protoplasma en fait autant et il se produit, par des divisions répétées, un tissu celluleux qui remplit tout le sac embryonnaire. On a donné à ce tissu le nom d'*endosperme*. Quelques-unes des cellules de l'endosperme, souvent deux seulement, acquièrent rapidement une taille très considérable et s'allongent dans le sens du grand axe de l'ovule ; puis ces cellules se divisent chacune en deux cellules inégales, dont une très grande à laquelle on a donné le nom d'*oosphère* ou *œuf*, et

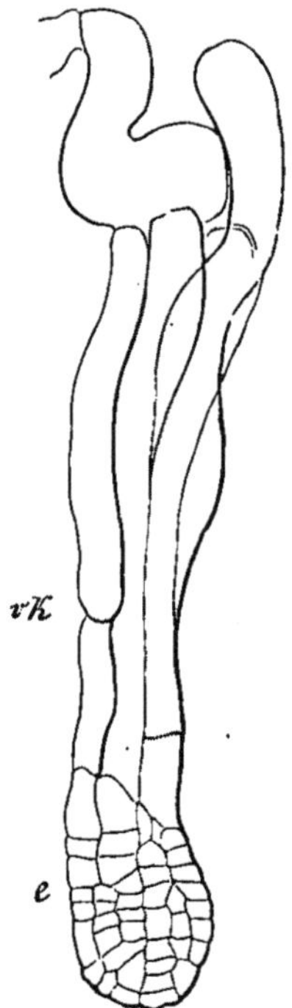

Fig. 96. — Embryon de *Pinus Pumilio* en voie de développement ; *vk*, suspenseur ; *e*, embryon.

une petite qui se subdivise en un certain nombre d'autres connues sous le nom de *cellules du col* ; celles-ci relient le sommet de l'archégone à la paroi du sac embryonnaire, à travers les cellules non modifiées de l'endosperme. On donne le nom d'*archégone* à l'ensemble de l'oosphère et des cellules du col qui le surmontent, et l'on nomme *cellules mères de l'archégone* les grandes cellules de l'endosperme qui se segmentent comme nous l'avons dit plus haut pour produire l'archégone, c'est-à-dire l'oosphère avec ses cellules du col.

Quand le développement est parvenu à ce point, l'organe femelle est prêt pour la fécondation.

Le boyau pollinique pénètre jusqu'au contact des cellules du col en traversant le sommet du nucelle ; devant lui, les cellules du col s'écartent et produisent un

Fig. 97. — Sac embryonnaire de *Monotropa hypopitis*. *g*, synergides ; c, œuf ; c, cellules antipodes.

canal ou *col* dans lequel il s'enfonce pour arriver jusqu'à l'œuf. Le noyau de la cellule mâle qui se trouve dans l'extrémité du tube pollinique se fond alors dans le protoplasma qui remplit le tube ; puis, on suppose que sa substance traverse par exosmose la membrane du tube et celle de l'œuf ; ce qui est certain, c'est que peu de temps après sa disparition, un noyau auquel on a donné le nom de *noyau mâle* se montre dans le sommet de l'œuf, au-dessous de l'extrémité du tube pollinique; ce noyau descend au devant du noyau de l'œuf ou *noyau femelle* et se fusionne avec lui. Le noyau formé par cette fusion descend alors dans le fond de l'œuf et s'y divise d'abord en deux, puis en quatre noyaux nouveaux, autour desquels se forment, par division du protoplasma de l'œuf, autant de cellules disposées en quatre étages superposés, chaque étage étant composé de quatre cellules. L'ensemble de ces cellules a reçu le nom de *proembryon*. Les quatre cellules de l'étage supérieur et celles de l'étage inférieur restent peu volumineuses, mais celles de l'étage moyen s'allongent énormément et repoussent celles de l'étage inférieur dans la profondeur du nucelle. Ces grandes cellules ont reçu le nom de *suspenseur*. Les cellules de l'étage inférieur se segmentent alors pour produire un *embryon*. Je ne décrirai pas les détails de cette division qui ne sont encore que fort imparfaitement connus et qui du reste seraient déplacés ici.

J'ai insisté sur les phénomènes qui se produisent dans le nucelle du Sapin parce que c'est surtout par là que le Sapin et les autres Conifères se montrent intermédiaires aux Phanérogames d'une part et aux Cryptogames vasculaires de l'autre. Deux ou trois exemples pris parmi ces deux classes de plantes suffiront pour montrer au lecteur l'importance qu'offre, à ce point de vue, la connaissance du développement des organes reproducteurs et de l'embryon dans les Conifères.

Je prendrai le premier exemple parmi les Cryptogames vasculaires. Les Sélaginelles conviennent fort bien pour cela parce qu'elles sont fréquentes dans nos serres, relativement faciles à observer et aussi voisines que possible des Conifères par les organes reproducteurs. Ces derniers sont situés au sommet des rameaux et portés par des feuilles en forme d'écailles, imbriquées, plus grandes et plus étalées que les feuilles vertes normales de la plante. Chacune de ces écailles offre sur sa face supérieure une

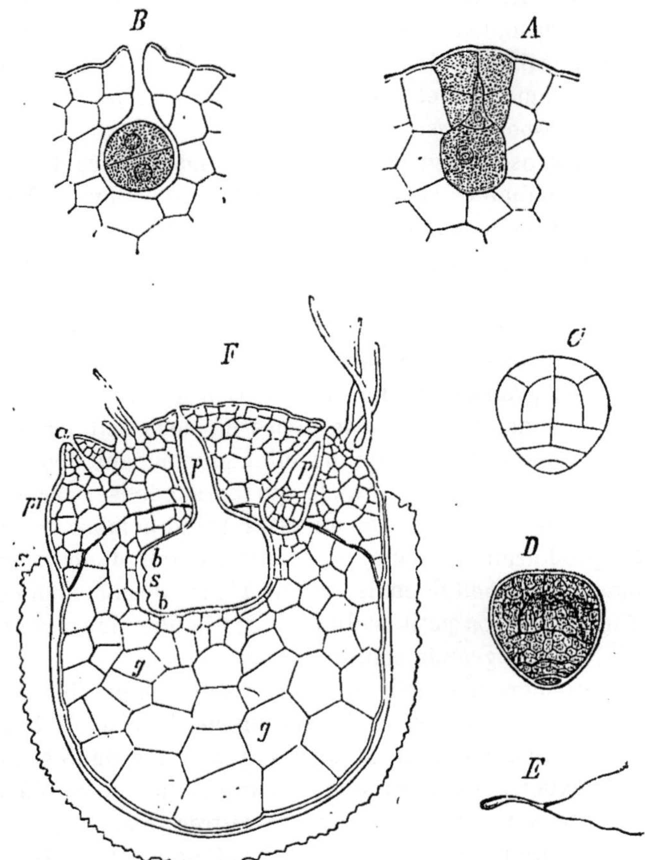

Fig. 98. — *Sélaginella*. Appareil sexué *A*, jeune archégone avant la fécondation ; *B*, archégone dont l'oosphère fécondée s'est déjà divisée en deux cellules ; *E*, anthérozoïdes ; *D* et *C*, microspores ; la cellule inférieure est stérile ; toutes les autres sont des anthéridies ; en *D* on les voit remplies d'anthérozoïdes ; *F*, macrospore âgée dont le prothalle *pr* a produit plusieurs archégones ; l'un, *A*, est resté stérile ; dans les deux autres on voit des embryons *p* plus ou moins développés.

sorte de sac assez semblable à la loge d'une anthère de Sapin et formé comme cette dernière par épaississement du tissu de l'écaille. On a donné à ces sacs le nom de *sporanges*. Ils sont de deux sortes : les uns représentent les organes mâles des Conifères, on leur a donné le nom de *microsporanges* ; les autres sont les analogues des organes femelles des Conifères, on leur a donné le nom de *macrosporanges*.

Le microsporange contient un grand nombre de cellules assimilables aux grains de pollen du Sapin, désignées sous le nom de *microspores*. Leur mode de formation rappelle celui des grains de pollen. Ce sont les cellules occupant le centre du microsporange qui se divisent chacune en quatre pour les produire ; ces *cellules mères des microspores* sont donc tout à fait assimilables aux cellules mères des grains de pollen. Peu de temps après son isolement, chaque microspore se divise en deux cellules inégales : l'une très petite qui ne subit plus aucune division, l'autre beaucoup plus grande qui se subdivise, par des segmentations répétées, en un assez grand nombre de cellules produisant chacune, par transformation de leur protoplasma, une cellule mâle, mobile à l'aide de cils, nommée *anthérozoïde*. La petite cellule a reçu le nom de *prothalle mâle* ; la plus grande celui *d'anthéridie*.

La première n'est-elle pas tout à fait comparable à la petite cellule du corpuscule pollinique du Sapin ? l'une et l'autre ayant pour caractères de rester étrangères aux actes sexuels. Il est vrai que la petite cellule du Sapin se segmente souvent en deux ou trois autres ; mais ce phénomène se produit dans certaines Cryptogames vasculaires et il est même poussé parfois assez loin pour donner naissance à un prothalle en forme de lame plus ou moins grande et étalée.

Quant à la grande cellule qui résulte de la première segmentation de la microspore, elle rappelle la grande cellule du corpuscule pollinique du Sapin, mais avec cette différence que la grande cellule du Sapin ne se divise pas, tandis que celle de la microspore se divise un assez grand nombre de fois. Je dois cependant faire remarquer que si la grande cellule du pollen ne se segmente pas en totalité, son noyau subit des divisions répétées ; or, on sait que la division du noyau est le premier phénomène de toute segmentation cellulaire. Ainsi, les loges anthériques du Sapin répondent aux microsporanges de la Sélaginelle ;

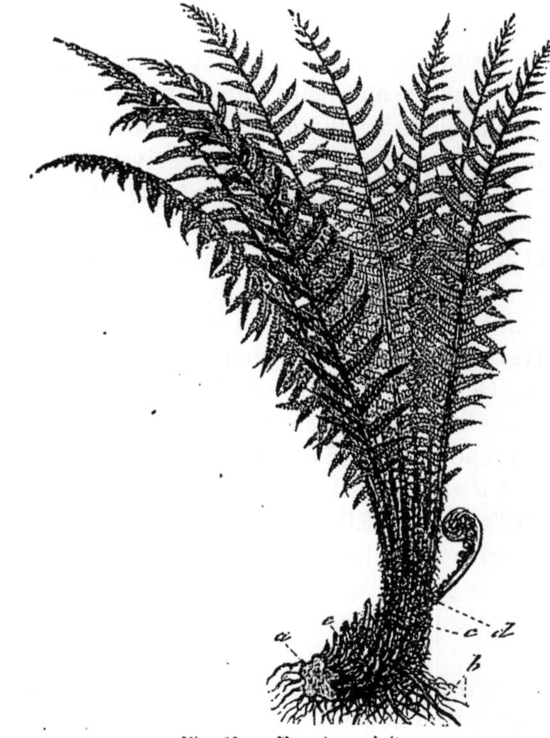

Fig. 99. — Fougère adulte.

ses corpuscules polliniques sont les analogues des microspores ; la petite cellule qui résulte de leur première division répond au prothalle mâle de la Sélaginelle, tandis que la grande correspond à l'anthéridie ; enfin, les noyaux multiples de la grande cellule pollinique du Sapin représentent les anthérozoïdes ou cellules mâles de la Sélaginelle.

Les macrosporanges de cette Cryptogame contiennent chacune seulement quatre macrospores qui se forment par segmentation d'une seule cellule mère. Chaque macrospore se divise, peu de temps après sa formation, en deux cellules inégales : l'une supérieure, petite ; l'autre inférieure, très grande. La supérieure se divise rapidement en un grand nombre de petites cellules pour former une sorte de calotte recouvrant la cellule inférieure. On a donné à cette calotte cellulaire le nom de *prothalle femelle.* Quant à la cellule inférieure, elle reste assez longtemps indivise, puis elle se segmente pour former un tissu nutritif auquel on donne le nom d'*endosperme.* Après que les macrospores sont sorties du macrosporange, une ou plusieurs des cellules du prothalle femelle augmentent rapidement de taille, puis chacune d'elles se divise en deux autres cellules : une inférieure, de grande taille, et une supérieure, de taille plus petite. Cette dernière se subdivise encore pour former quatre cellules superposées en deux étages. Tout cet ensemble prend le nom d'*archégone*; les cellules supérieures sont les *cellules du col*; la cellule inférieure plus grande est l'*oosphère.* Elle-même se partage en une petite cellule supérieure (cellule du canal) et en une cellule inférieure plus grande qui est l'*œuf* véritable. Après la fécondation, c'est cette dernière qui donne naissance à l'embryon.

Celui-ci se trouve bientôt formé, par suite de segmentations répétées, d'un petit amas cellulaire (proembryon) dont certaines cellules s'allongent en *suspenseur* tandis que les autres se développent en un *embryon* ou plantule. J'ai à peine besoin, après cette description, de faire ressortir les ressemblances qui existent entre l'archégone de la Sélaginelle et celui du Sapin, non plus que l'analogie de développement de l'embryon. L'endosperme du Sapin représente à la fois le prothalle femelle et l'endosperme de la Sélaginelle, de même que le sac embryonnaire du premier correspond à la macrospore de la seconde. Enfin, le nucelle du Sapin répond au macrosporange de la Sélaginelle.

Nous pourrions passer en revue toutes les autres Cryptogames vasculaires en signalant les mêmes analogies. A mesure que nous nous éloignerions de la forme que je

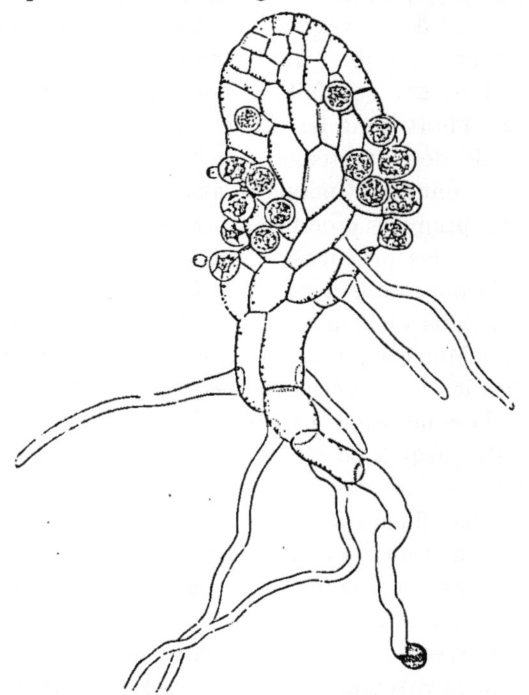

Fig. 100. — Prothalle de Fougère portant des organes reproducteurs, on voit dans le bas la spore qui lui a donné naissance.

viens de décrire, nous verrions, il est vrai, les prothalles mâle et femelle prendre un développement de plus en plus considérable, mais tous les autres caractères nous rappelleraient ceux du Sapin. Nous arriverions aussi à cette conclusion, déjà suffisamment établie par les faits précédents, que dans le Sapin le grain de pollen n'est pas la cellule mâle, pas plus que le sac embryonnaire n'est la cellule femelle, mais que le premier a pour rôle de produire, par une sorte de végétation réduite, la cellule mâle, de même que le second doit donner naissance à la cellule femelle, absolument comme les microspores et les macrospores des Cryptogames vasculaires ont pour rôle de produire, au bout d'une végétation déterminée, les organes reproducteurs véritables de ces plantes.

Se fondant sur ces faits, les naturalistes ont depuis longtemps admis dans les Cryptogames vasculaires des individus de deux sortes, se succédant et s'engendrant réciproquement : des individus asexués et des individus sexués ; les premiers produisant les seconds et les seconds reproduisant les premiers. C'est à ce phénomène qu'on a donné le nom de *génération alternante*. Il est encore manifeste dans certaines Cryptogames non vasculaires comme les Mousses; mais à mesure que l'on descend vers les formes les plus inférieures des Cryptogames non vasculaires, la génération sexuée devient de moins en moins importante jusqu'à ce qu'on arrive à des plantes où la reproduction s'effectue sans le secours d'organes méritant l'épithète de sexuels.

Si l'on admet qu'il y a réellement alternance de générations chez les Cryptogames vasculaires, il est bien évident qu'on doit l'admettre aussi chez le Sapin et les autres Conifères, avec cette seule différence que dans certaines Cryptogames vasculaires, comme les Fougères, le phénomène est très manifeste, tandis qu'il l'est peu dans les Conifères. Dans la Fougère, le lecteur connaît bien la génération asexuée, c'est la plante feuillée qu'il a vue dans nos bois. Cette génération produit sur ses feuilles des spores qui, en germant sur le sol, donnent des prothalles lamelleux, verts, larges de quelques millimètres. Sur ceux-ci se développent des organes reproducteurs mâles et femelles, la fécondation s'opère et la cellule femelle reproduit une plante feuillée. Réduisez le prothalle et vous arrivez au cas de la Sélaginelle, réduisez-le encore davantage et vous obtenez celui du Sapin. Je m'empresse d'ajouter : réduisez-le encore davantage et vous vous trouvez en face des Phanérogames Angiospermes, dont je dois maintenant parler et qui nous permettront peut-être de poser le problème d'une autre façon.

Les loges anthériques des Phanérogames étant tout à fait identiques, et par leur origine et par leur mode de développement, à celles du Sapin, nous pouvons, sans hésitation, les assimiler aux microsporanges de la Sélaginelle. Les grains de pollen sont comparables, par leur mode de formation, aux microsporanges, mais les phénomènes dont ils sont le siège sont plus réduits. Pendant longtemps on les a considérés comme restant toujours unicellulaires ; mais il est établi aujourd'hui qu'avant la fécondation ils se divisent, dans presque toutes les Phanérogames, sinon dans toutes, en deux cellules : l'une petite qui reste indivise et qui représente le prothalle mâle, l'autre qui fournit le boyau pollinique. Mais, tandis que dans le Sapin la petite cellule est séparée de la grande par une cloison cellulosique persistante, dans les Angiospermes la cloison qui sépare ces deux cellules est simplement protoplasmique ; elle se détruit même, souvent, peu de temps après sa formation, de sorte que le noyau de la petite cellule rappelle seul la division. La grande cellule est-elle véritablement la cellule mâle ? Cela est douteux, car son noyau disparaît souvent, et c'est un noyau nouveau, formé ultérieurement dans l'extrémité du tube pollinique, qui opère la fécondation. Ce serait donc, comme dans les Gymnospermes, ce noyau nouveau qui représenterait l'anthérozoïde des Cryptogames vasculaires.

Passons aux organes femelles. Dans les Angiospermes,

le nucelle est identique à celui des Gymnospermes; il peut être, comme ce dernier, comparé au macrosporange de la Sélaginelle. Une de ses cellules se transforme en sac embryonnaire comme dans le Sapin et ce sac peut être comparé à la macrospore de la Sélaginelle ; mais il ne se forme, dans le sac embryonnaire des Angiospermes, ni endosperme, ni prothalle femelle véritable. Ce n'est que

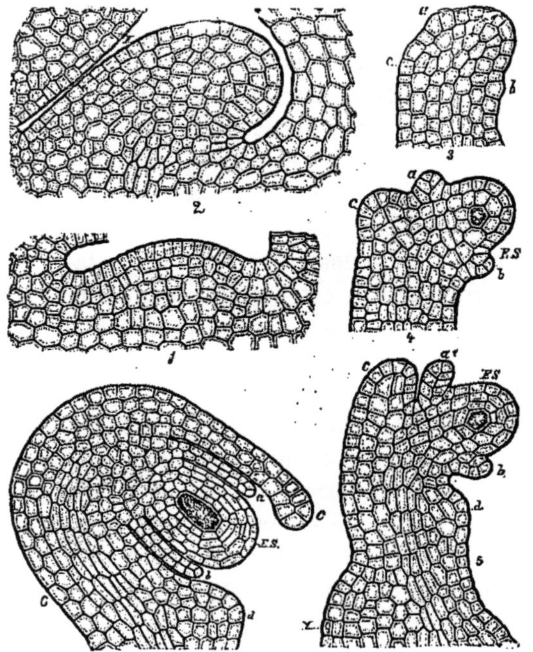

Fig. 101. — Etats successifs du développement d'un ovule d'Onagre.

de bien loin que ces phénomènes sont rappelés. Cependant ils le sont dans une certaine mesure. Avant la fécondation, le noyau et le protoplasma du sac embryonnaire se divisent de façon à former deux sortes de cellules : les unes, au nombre de quatre ou six, situées dans le fond du sac et désignées sous le nom d'*antipodes* ; les autres, au nombre de deux, occupant le sommet du sac et connues sous le nom de *synergides*. Les antipodes peuvent être comparées au prothalle femelle ; les synergides pourraient être assimilées à la cellule centrale du col des Sélaginelles ; c'est par leur intermédiaire que la fécondation paraît s'opérer. Le reste du sac peut être assimilé à l'oosphère ; c'est en effet avec son noyau que se fusionnera le noyau mâle.

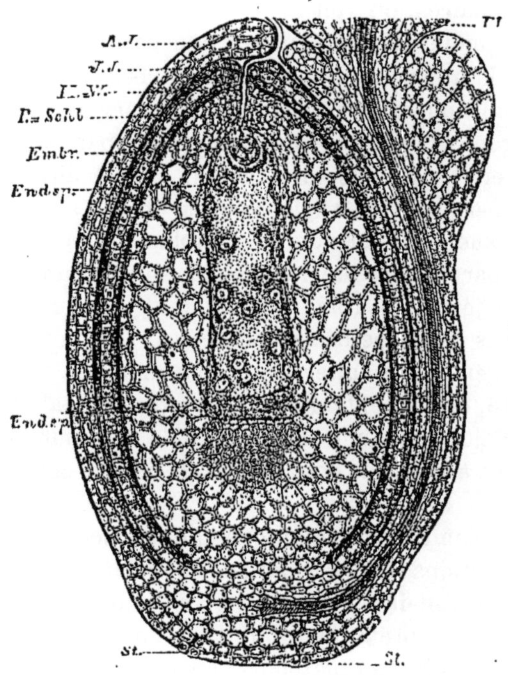

Fig. 102. — Coupe longitudinale d'un ovule anatrope de Pensée après la fécondation. *Pl*, placenta ; *AJ* primine ; *J J*, secondine ; *Kv*, sommet du nucelle ; *P*, *Schl*, boyau pollinique en contact avec le sommet du nucelle ; *embr.*, embryon ; *endosp*, endosperme.

En résumé, nous trouvons encore dans les Phanérogames Angiospermes quelques phénomènes rappelant ceux de la génération alternante, mais ils sont assez réduits pour qu'on ne puisse admettre la génération alternante chez ces plantes qu'en forçant beaucoup les analogies.

En partant des Cryptogames vasculaires, qui présentent au plus haut degré le phénomène dit de la génération alternante, on peut s'avancer dans deux directions différentes. Si l'on descend vers les formes les plus simples du règne végétal, c'est-à-dire vers les Cryptogames non-vasculaires, on voit la génération sexuée prendre de moins en moins d'importance et finir par disparaître totalement, la reproduction s'effectuant beaucoup plus par simple multiplication et, finalement, les organes sexuels ou tous organes analogues finissant par disparaître. Si l'on monte vers les formes supérieures, c'est-à-dire vers les Gymnospermes et les Angiospermes, on voit aussi la génération sexuée se réduire considérablement, mais la reproduction par les sexes devient de plus en plus importante, au point de jouer un rôle prépondérant et parfois nécessaire dans la perpétuation des êtres. Les formes végétales à génération alternante très marquée sont donc, en réalité, des exceptions dans le règne végétal. Je m'empresse d'ajouter qu'une étude parallèle des animaux nous conduirait à la même conclusion en ce qui concerne ces êtres.

Ce fait bien remarquable, que l'alternance très marquée des générations est un phénomène relativement exceptionnel, ne doit-il pas nous inspirer des doutes sur la rectitude des interprétations dont il est l'objet de la part des naturalistes? Il y a longtemps que je me suis posé cette question et que je dirige mes recherches vers sa solution. Je crois qu'il serait prématuré de la traiter ici d'une façon complète; mais je ne puis résister au désir d'indiquer sommairement la façon dont on pourrait, à mon avis, envisager cet intéressant problème.

Quand on étudie avec attention les moyens de reproduction et de multiplication, ou, si l'on veut que j'emploie une expression plus juste, les procédés mis en œuvre pour la perpétuation des espèces végétales, on est frappé de l'importance considérable qu'a la multiplication dite asexuée, c'est-à-dire s'opérant par des portions d'un individu qui se détachent et se développent, s'ils tombent dans des conditions favorables, en un individu nouveau, semblable au premier.

Un grand nombre de végétaux inférieurs, Algues et Champignons, ne se perpétuent que par des procédés de ce genre. Parmi les espèces de ces deux groupes, celles mêmes qui possèdent des organes sexuels ne tirent de ces organes qu'un avantage relativement peu considérable ; elles se multiplient surtout par la séparation de portions de leur organisme qui se développent isolément en individus nouveaux. Les Bactériens, les Saccharomycètes, parmi les Champignons, ne possèdent pas de sexes et cependant ce sont de tous les végétaux, sans contredit, ceux qui se multiplient avec la plus grande rapidité. Chez les Bactériens, le procédé le plus habituel de la multiplication est la division de chaque individu unicellulaire en deux autres qui, après avoir atteint une taille égale à celle de leur parent, se divisent comme lui. Chez les Saccharomycètes, chaque individu produit un petit bourgeon, unicellulaire comme lui-même, qui se détache, grandit, puis bourgeonne à son tour. Bactériens et Saccharomycètes présentent encore un autre mode de multiplication asexuée, mais ils n'en font usage que dans les cas où les individus sont soumis à des conditions défavorables, telles que la sécheresse ou une alimentation insuffisante : dans ces cas, le contenu protoplasmique de la cellule unique qui les constitue se divise en un certain nombre de petites masses ou *spores* qui deviennent, après leur mise en liberté par la rupture de la membrane du parent, autant de cellules et d'individus nouveaux.

En résumé, deux procédés : bourgeonnement et division

(cette dernière portant sur toute la cellule ou seulement sur son protoplasma), tels sont les modes de multiplication que nous présentent ces êtres. Nous retrouvons ces mêmes procédés jusque sur les plus hautes cimes de l'arbre généalogique des végétaux, avec de simples variations de détail, mais toujours consistant essentiellement en ce qu'une partie de l'individu s'en détache, s'isole et se développe en un individu nouveau.

Dans beaucoup de plantes, la reproduction sexuée ne joue, relativement à ce procédé si simple, qu'un rôle tout à fait accessoire. Voyez, par exemple, ce qui se passe dans les Vaucheria, Algues filamenteuses très abondantes dans nos cours d'eau. Tant que les conditions sont favorables, les filaments prennent un grand développement, ils se ramifient, s'allongent, se multiplient par de simples spores asexuées, c'est-à-dire par de petites masses protoplasmiques qui s'isolent et se développent en filaments nouveaux; mais la plante ne produit pas le moindre organe sexué. Enlevez ces filaments au ruisseau dans lequel ils ont une vie si luxuriante, placez-les dans un petit aquarium, laissez-les presque sans eau ou même tout à fait à sec et vous les verrez produire d'énormes quantités d'organes sexuels. Il a fallu ralentir leur végétation pour déterminer ce phénomène. De telle sorte qu'on pourrait, chez ces êtres, envisager la reproduction par des organes sexuels comme un en-cas dont la plante ne fait usage que quand tout autre moyen de multiplication lui est refusé. Parmi les Mousses, un grand nombre d'espèces ne produisent presque jamais d'organes sexuels; mais, en revanche, ces végétaux possèdent cinq ou six modes divers de multiplication asexuée; tantôt c'est une racine qui produit des bourgeons adventifs se développant en une plante nouvelle; tantôt c'est un petit groupe de cellules qui se forme en un point de la tige, puis se détache et se développe en un individu nouveau; ou bien c'est un rameau normal qui se sépare et va prendre racine ailleurs, etc. Mais, en résumé, c'est toujours une partie de la plante qui s'isole et se développe en une plante nouvelle.

Ai-je besoin de rappeler ce que j'ai dit plus haut au sujet de la facilité avec laquelle les Phanérogames, même les plus parfaites, se multiplient à l'aide de rameaux, de bourgeons, de fragments de racines ou de tiges isolés accidentellement ou artificiellement et placés dans des conditions favorables de végétation? Combien de plantes très élevées, par exemple les Rosiers, la Vigne, les Poiriers, les Cerisiers, etc., ne sont multipliés par les jardiniers que de cette façon !

Donnons à toutes ces parties le nom de bourgeons, quels que soient leur forme et leur mode de développement, que ce soit une seule cellule comme dans les Levûres ou un corps pluricellulaire, comme dans les Mousses, les Lichens, etc., et nous pourrons dire que la multiplication par bourgeons est incontestablement plus fréquente chez les végétaux que la multiplication sexuée. Ces bourgeons offrant, dans les divers groupes du règne végétal, les caractères les plus divers, ne pourrions-nous pas, avec quelque raison, considérer les spores asexuées des Sélaginelles, des Fougères et des autres Cryptogames vasculaires comme des bourgeons unicellulaires, semblables aux bourgeons des Levûres ? Que sont les spores des Agarics, si ce n'est des bourgeons unicellulaires, bourgeons jouissant de la propriété de se développer après avoir été séparés du végétal qui les a produits. Or, quelle différence peut-on voir entre ces bourgeons unicellulaires des Agarics et ceux des Fougères et autres Cryptogames vasculaires ? Les feuilles des *Begonia* et des *Briophyllum* produisent très fréquemment des bourgeons adventifs qui se développent en plantes semblables aux parents. Ces bourgeons, il y a un moment où ils sont représentés par une seule cellule de la feuille. Supposons qu'à ce moment on puisse les détacher et les faire évoluer sur le sol, en quoi différeraient-ils de la spore produite par la feuille de la Fougère ou de la Sélaginelle? Si l'on pouvait détacher un bourgeon à fleurs du Cerisier et le faire fleurir et fructifier dans l'eau, est-ce qu'il ne rappellerait pas tout à fait le prothalle de la Fougère? songerait-on à le considérer comme une génération sexuée dont le Cerisier lui-même serait la génération asexuée?

En résumé, je ne crois pas qu'on puisse faire une objection sérieuse à la comparaison que j'établis entre le bourgeon d'une Phanérogame et la spore d'une Fougère ou d'une Sélaginelle; or, si l'on admet cette analogie, le prothalle auquel la spore donne naissance par son sectionnement ne peut être considéré que comme une partie développée après l'isolement du bourgeon unicellulaire de cette dernière. Je ferai remarquer à l'appui de cette opinion que le prothalle des Fougères produit souvent, par simple bourgeonnement, une Fougère nouvelle, au lieu des organes reproducteurs qui s'y forment plus habituellement, ou simultanément avec ces organes. Dans ces cas, le prothalle de la Fougère se comporte exactement comme un rameau de Vigne dont on a fait une bouture, ou comme un bourgeon de Rosier que l'on a greffé.

Si l'on adopte cette manière de voir, on supprime la prétendue alternance des générations, et l'on fait rentrer les plantes qui présentent les phénomènes désignés sous ce nom dans le même cadre que toutes les autres. Les spores asexuées d'une Fougère, d'une Mousse, d'une Sélaginelle, etc., ne sont plus que de simples bourgeons unicellulaires, et leurs prothalles des rameaux issus de ce bourgeon unicellulaire qui s'est détaché de la plante mère, rameaux capables de s'accroître et de produire des organes reproducteurs loin de la plante qui leur a donné naissance.

Dans les Fougères, ce bourgeon se détache de la plante mère et produit un rameau sur lequel se développent les organes reproducteurs ; dans les Sélaginelles il se détache encore de la plante mère, mais le rameau ou prothalle qu'il produit est beaucoup plus rudimentaire; dans les Gymnospermes, il produit son rameau ou prothalle avant de s'être séparé de la plante mère, et le prothalle est plus rudimentaire encore. Dans les Angiospermes, il se transforme directement ou presque directement en organes reproducteurs ne produisant qu'un rameau, ou prothalle, aussi rudimentaire que possible, ou même tout à fait nul.

Les considérations que je viens d'exposer relativement au phénomène dit de l'alternance des générations chez les végétaux pourraient aussi aisément être appliquées aux animaux, mais je n'ai voulu qu'indiquer les grands traits de cette manière de voir et non l'exposer dans tous ses détails; aussi me bornerai-je à ce que je viens d'en dire.

CHAPITRE IX

RÔLE PHYSIOLOGIQUE DES DIVERS TISSUS ET APPAREILS

Ayant exposé les caractères des éléments anatomiques qui entrent dans la composition des différents organes des végétaux, nous devons rechercher quel rôle jouent les diverses sortes d'éléments dont nous avons constaté l'existence et dont nous avons signalé les caractères physiques, les formes et l'agencement.

Au point de vue biologique, tous les éléments qui entrent dans la constitution du Sapin et que nous avons retrouvés, avec des modifications secondaires, dans la plupart des autres végétaux, pourraient être rangés en six catégories formant autant de systèmes : un système de protection ; un système de soutien ; un système de circulation ; un système sécréteur ; un système assimilateur et un système conjonctif.

Le système de protection est principalement représenté par les tissus épidermique et subéreux; on pourrait y ajouter les éléments qui constituent l'endoderme, éléments qui prennent, dans certains cas, une consistance assez considérable pour qu'on puisse leur attribuer le rôle de protéger le cylindre central. Les cellules à parois épaissies et durcies devenues scléreuses, courtes ou longues, qu'on trouve si souvent en dedans de l'épiderme, ou éparses dans l'écorce et même dans le liber, doivent être considérées comme constituant, pour les organes où elles se trouvent, un appareil de soutien, c'est-à-dire destiné à déterminer la rigidité et la solidité des organes. Il n'est donc pas étonnant de voir les cellules de ce système perdre de bonne heure leur protoplasma, après avoir épaissi considérablement leurs parois. Mais, même après la disparition de la substance protoplasmique, elles continuent à s'épaissir, soit par le dépôt de couches concentriques de matière cellulosique, soit par interposition de molécules nouvelles de cette substance entre les molécules préexistantes.

C'est aux caractères très variables de ces éléments que les différentes plantes doivent leur plus ou moins de rigidité ; c'est à eux aussi que les divers bois doivent les propriétés qui les font utiliser dans l'industrie.

Les tubes criblés et les cellules grillagées du liber, ainsi que les fibres et les vaisseaux diversement ponctués, striés, annelés, spiralés, etc., du bois, constituent un système circulatoire de la plus haute importance mais dont les diverses parties ne jouent pas le même rôle. Toutes les recherches faites relativement à la circulation des gaz, des liquides nutritifs et des matériaux plastiques des plantes, tendent à établir que les éléments du bois servent de préférence, sinon exclusivement, à la circulation des gaz et à celle des liquides puisés par le sol dans les racines, tandis que les tubes criblés et les cellules grillagées du liber sont plutôt destinés à transporter les matériaux plastiques, nutritifs, fabriqués dans les feuilles. Au système circulatoire il faut encore rattacher les méats intercellulaires. Ces derniers forment un immense réseau de cavités communiquant toutes les unes avec les autres et servant à la circulation des gaz et de la vapeur d'eau (1).

Enfin, toutes les cellules parenchymateuses à parois minces qui forment le parenchyme cortical, le parenchyme médullaire, le parenchyme foliaire et qui se trouvent disséminées dans l'intervalle des éléments circulatoires du liber et du bois, toutes ces cellules, dis-je, peuvent être considérées comme formant un système conjonctif qui sert, à la fois, à remplir les intervalles des autres systèmes, et à jouer le rôle de magasin dans lequel s'accumulent la majeure partie des matériaux nutritifs de réserve.

Le système assimilateur, que je nommerais volontiers système nutritif des plantes, est représenté par toutes les cellules contenant de la chlorophylle, c'est-à-dire fabriquant, avec les matériaux minéraux puisés dans le sol ou dans l'atmosphère, les véritables aliments des plantes. Les cellules de ce système sont presque toujours des cellules à parois minces, très riches en protoplasma, situées soit dans les feuilles, soit à la surface de la portion corticale des tiges et des rameaux.

Le système sécréteur varie beaucoup d'une plante à l'autre. Dans le Sapin, nous avons vu qu'il est représenté par des canaux intercellulaires dans lesquels des cellules spéciales versent les matières oléo-résineuses qu'elles produisent. Ailleurs ce sont des cellules très allongées, ramifiées, atteignant des dimensions énormes et sécrétant elles-mêmes un liquide laiteux (laticifères des Euphorbaciées); ailleurs encore, ce sont des cellules qui se réunissent, par suppression de leurs cloisons, pour former des tubes très longs et remplis d'un suc également laiteux (laticifères des Papavéracées et des Chicoracées, etc.). Dans d'autres plantes, ce sont des groupes de cellules parenchymateuses qui se mettent à sécréter des liquides oléo-

(1) Voyez pour la circulation des liquides et des gaz mon article CIRCULATION du *Dictionnaire de Botanique* de M. H. Baillon.

résineux, puis qui résorbent leurs parois dans le centre du groupe tandis que les cellules de la périphérie se segmenteront pour augmenter les dimensions de l'organe (glandes des citrons, des oranges, etc.). Ailleurs ce sont des cellules isolées qui se remplissent de liquides huileux sécrétés par elles-mêmes (glandes des Eucalyptus, etc.) (1). Les liquides produits dans les cellules du système sécréteur sont presque toujours très riches en matériaux facilement oxydables, comme les oléo-résines, les graisses, etc. Ces matériaux sont probablement utilisés, en majeure partie, à la production de la chaleur nécessaire aux mouvements moléculaires et aux mouvements de circulation dont les plantes sont le siège.

(1). Voyez le résumé des caractères propres à chacun de ces appareils et à leurs produits dans mon *Manuel d'hist. nat. médicale*, 2ᵉ édit., I, p. 440 et suiv.

CHAPITRE X

GÉNÉALOGIE DU SAPIN. ÉVOLUTION DES VÉGÉTAUX

Tout ce qui a été dit plus haut de l'organisation des diverses parties du Sapin suffit à établir d'une manière irrécusable qu'il occupe, avec toutes les Gymnospermes, une place intermédiaire aux Phanérogames Angiospermes et aux Cryptogames vasculaires. Il resterait à déterminer les plantes avec lesquelles il a les affinités les plus étroites, celles dont il a pu sortir et celles qui ont pu être produites par l'évolution et la transformation, soit de sa forme actuelle, soit d'une forme dont lui-même serait issu.

Toute personne qui désire se livrer à l'étude d'un problème semblable doit avoir présent à l'esprit ce principe nettement établi par toutes les recherches modernes : que les êtres vivants ne forment pas, comme le croyait Bonnet à la fin du siècle dernier, une chaîne, ou, pour me servir de son expression, une échelle ininterrompue, dont chaque espèce actuelle ou fossile constituerait un échelon, mais un ou plusieurs arbres, à branches très nombreuses, les unes ramifiées, les autres arrêtées dans leur développement, n'ayant produit qu'un petit nombre de rameaux ou même étant restées tout à fait simples, certaines branches s'élevant d'autant plus qu'elles se ramifient, tandis que d'autres s'affaiblissent, s'appauvrissent en quelque sorte et suivent une direction descendante.

Etablir la place exacte qu'occupe, dans cet arbre immense, une espèce, un genre, une famille, parfois même toute une classe, constitue souvent une besogne très ardue et presque impossible à accomplir. Il me paraît, par exemple, fort difficile de déterminer la position exacte du vaste groupe des Monocotylédones. Servent-elles d'intermédiaires entre les Gymnospermes et les Dicotylédones, ou bien ne sont-elles que des Dicotylédones dégénérées? Quant à moi, pour bien des motifs que je n'ai pas à exposer ici, je penche vers la dernière opinion. On voit, par ce seul exemple, de quelles difficultés est entouré le problème de l'origine et de la filiation d'une espèce.

Je reviens au Sapin. Sa place bien évidente est dans le groupe des Abiétinées, à côté des Pins, des Mélèzes, dont il diffère par le mode de disposition des feuilles, mais auxquels il ressemble par la nature des organes reproducteurs et par la forme des feuilles. Au point de vue des formes des feuilles, les Ginkgo, avec leurs feuilles larges et étalées, pourraient être considérés comme le rattachant aux Angiospermes. Mais ce rattachement est effectué plus directement encore par l'organisation des ovules et des anthères, sur laquelle nous avons insisté plus haut.

Quant à préciser les formes de Dicotélydones avec lesquelles le Sapin a le plus d'affinités, je crois que cela est fort difficile. Sans doute, si l'on ne tient compte que de la façon dont les fleurs sont disposées, les Amentacées, — c'est-à-dire, d'une part, le Chêne, le Châtaignier, etc., d'autre part, le Bouleau,—peuvent être considérés comme les formes les plus voisines des Conifères; mais la question que je posais il y a un instant à propos des Monocotylédones me paraît aussi justement applicable aux Amentacées. Ces plantes sont-elles des formes intermédiaires aux Gymnospermes et aux Angiospermes à fleurs complètes ou bien proviennent-elles de la dégénération de formes plus élevées? La première alternative paraît être la plus conforme aux faits, mais elle ne peut être formulée qu'à l'état d'hypothèse. Si on l'admet, les Conifères se rattacheraient aux Amentacées, non pas directement, mais par l'intermédiaire du petit groupe des Gymnospermes connu sous le nom de Gnétacées, auquel appartiennent les *Ephedra*, les *Gnetum* et cet arbre singulier de l'Afrique équatoriale, le *Welwitschia mirabilis*, qui ne présente jamais que deux grandes feuilles au sommet d'un tronc cylindrique, gros et court.

Quant aux formes d'où sont sortis les Conifères, il est encore plus difficile de les indiquer d'une façon précise. Sans doute, ils ont pour ancêtres les Fougères arborescentes dont on connaît bon nombre d'espèces fossiles; mais il y aurait à déterminer s'ils sont sortis directement d'une forme de Fougère, ou s'ils ont pour ancêtre plus immédiat quelque Cycadinée, car les Cycas, ces magnifiques arbres à port de Palmiers, de l'Asie orientale, sont manifestement issus des Fougères.

Quoi qu'il en soit, c'est seulement dans le terrain houiller qu'on commence à trouver des Conifères fossiles ayant des analogies de formes avec les Sapins, surtout avec les Cèdres (le genre *Cedroxylon*) qui ont peut-être précédé les Sapins. C'est pendant les périodes secondaire et tertiaire que les formes voisines du Sapin prennent le plus d'importance. Elles constituent alors, avec les autres Conifères, d'immenses forêts, dans lesquelles elles commencent à être en lutte avec les Angiospermes, dès la période triasique. L'uniformité encore très grande de la température, l'humidité considérable répandue dans l'atmosphère donnaient alors à la végétation de ces magnifiques arbres une puissance dont nos forêts actuelles ne nous fournissent sans doute qu'une bien faible image.

Dans tout ce qui précède, nous avons considéré comme irrécusablement établie cette théorie, formulée scientifiquement pour la première fois par Buffon, au milieu du XVIIIe siècle, appuyée par les travaux si remarquables de Larmarck, de Gœthe, de Geoffroy Saint-Hilaire, etc., et, enfin, définitivement fondée par Darwin, Hæckel, et les naturalistes contemporains, théorie d'après laquelle toutes les espèces des êtres vivants seraient issues les unes des autres par transformation d'espèces préexistantes.

Pour compléter cette introduction générale à la Botanique, il ne serait sans doute pas inutile de montrer avec quelle facilité cette théorie peut être appliquée aux végétaux, de mettre en relief les influences auxquelles sont soumis ces êtres, soit de la part du milieu dans lequel ils vivent, soit de la part des autres êtres vivants, animaux et végétaux, de retracer les luttes incessantes auxquelles ils sont mêlés, et de faire ressortir l'action que la lutte et le milieu exercent sur leur organisation, les transformations qu'ils déterminent à l'heure actuelle et celles qu'ils ont produites dans le cours des siècles passés (1).

Après avoir étudié ces graves problèmes, il faudrait prendre, l'une après l'autre, chacune des formes du règne végétal, montrer les ressemblances qui les rapprochent et les dissemblances qui les séparent, construire pièce à pièce l'immense arbre généalogique des espèces végétales, montrer ses racines, son tronc, ses branches principales, et jusqu'à ses rameaux les plus minimes, en un mot, faire l'histoire de l'évolution graduelle de ces êtres.

Mais, pour qu'un semblable travail eût une perfection suffisante, il faudrait pouvoir y consacrer une place bien plus grande que celle dont nous disposons dans ce livre. C'est la tâche que MM. de Saporta et Marion ont accomplie dans la *Bibliothèque scientifique internationale* (2).

Me bornant à tracer les lignes principales de cet immense cadre, je résumerai en quelques lignes les données contenues dans les pages précédentes. En rap-

(1) Voyez, pour l'étude comparée des diverses théories émises par Lamarck, Darwin, etc., au sujet de la formation des espèces animales et végétales, mon livre sur *le Transformisme*.

(2) Voyez : G. de Saporta et Marion, *l'Évolution du règne végétal. Les Cryptogames. — Les Phanérogames* (3 volumes).

prochant les diverses parties de ce livre, le lecteur verra les végétaux débuter par des organismes unicellulaires, les uns incolores et vivant tout à fait à la façon des animaux, les autres pourvus de matière verte et jouissant de la fonction chlorophyllienne, c'est-à-dire capables de fabriquer, avec des matériaux purement inorganiques, les aliments organiques indispensables à l'entretien de leur vie ; les uns et les autres respirant, se mouvant, sentant à la façon des animaux, et tellement semblables à certains de ces derniers êtres, que les naturalistes ne savent où les placer et font figurer leur histoire tantôt dans les livres consacrés aux animaux, tantôt dans ceux qu'on réserve aux végétaux.

Des êtres unicellulaires incolores, parmi lesquels je me borne à citer les Bactériens et les Levûres, nous passons aisément à des organismes également incolores et vivant de la même façon, mais formés d'un nombre plus ou moins considérable de cellules, affectant des formes très variables et de plus en plus complexes, acquérant des membres et des organes de plus en plus différenciés, mais s'arrêtant bientôt, par une sorte de cul-de-sac, dans les formes supérieures des Champignons.

Si nous en avions le loisir, nous montrerions certaines de ces dernières formes s'unissant à des Algues vertes inférieures, unicellulaires, et formant avec elles une association admirablement organisée pour la lutte vitale, car le Champignon sert à l'Algue par son parasitisme, tandis que l'Algue apporte au Champignon, grâce à sa chlorophylle, la propriété de fabriquer des aliments organiques avec des matières inorganiques.

Partant des végétaux verts unicellulaires, comme les *Protococcus*, nous passons aisément à des Algues pluricellulaires dont toutes les cellules sont vertes (*Spyropyra*, etc.) et semblables, puis à des Algues, comme les *Fucus*, dont les cellules commencent à offrir des formes un peu différentes, celles de la périphérie étant organisées pour la protection, tandis que celles du centre sont plus molles et plus conductrices, et se montrent les unes pourvues de chlorophylle, les autres incolores. Avec ces végétaux, nous nous trouvons en présence d'organismes assez analogues aux Lichens, les cellules vertes, seules, pouvant fabriquer des aliments que les autres consomment à la façon des parasites. Avec les Algues supérieures, nous avons vu les organes reproducteurs se différencier de plus en plus, mais les organes végétatifs rester comme confondus. Chez les Mousses, les membres se différencient ; les feuilles, les racines, les tiges deviennent distinctes, mais l'organisation intime reste encore très rudimentaire et les diverses cellules sont peu différentes.

Avec les Cryptogames vasculaires, apparaissent des tissus différents ; des faisceaux conducteurs des liquides se montrent dans les tiges, dans les racines et dans les feuilles qui se différencient de plus en plus.

Enfin, avec les Gymnospermes, apparaissent des traits d'organisation et des formes qui n'auront plus qu'à se préciser et à s'accentuer pour qu'apparaissent les types les plus parfaits du règne végétal : les Amentacées, les Polypétales et enfin les Gamopétales.

S'il nous était possible d'embrasser d'un seul coup d'œil cet immense ensemble, de saisir à la fois les innombrables formes qui le composent, de voir et les dissemblances et les ressemblances qui existent entre elles, nous arriverions à cette conception, que tout le règne végétal n'est composé que d'une seule plante, variant à l'infini dans ses formes et son organisation, suivant les conditions dans lesquelles elle vit, elle a vécu et vivra pendant le cours illimité des siècles.

9635. — Tours, imprimerie E. Arrault et Cie.

ANCIENNE LIBRAIRIE GERMER BAILLIÈRE ET Cie

FÉLIX ALCAN, ÉDITEUR

CATALOGUE

DES

LIVRES DE FONDS

(MÉDECINE — SCIENCES)

TABLE DES MATIÈRES

On peut se procurer tous les ouvrages qui se trouvent dans ce Catalogue par l'intermédiaire des libraires de France et de l'Étranger.

On peut également les recevoir *franco* par la poste, sans augmentation des prix désignés, en joignant à la demande des TIMBRES-POSTE ou un MANDAT sur Paris.

PARIS

108, BOULEVARD SAINT-GERMAIN, 108

Au coin de la rue Hautefeuille.

JUIN 1884

BIBLIOTHÈQUE SCIENTIFIQUE INTERNATIONALE

Publiée sous la Direction de M. Émile ALGLAVE

La *Bibliothèque scientifique internationale* n'est pas une entreprise de librairie ordinaire. C'est une œuvre dirigée par les auteurs mêmes, en vue des intérêts de la science, pour la populariser sous toutes ses formes, et faire connaître immédiatement dans le monde entier les idées originales, les directions nouvelles, les découvertes importantes qui se font chaque jour dans tous les pays. Chaque savant expose les idées qu'il a introduites dans la science et condense pour ainsi dire ses doctrines les plus originales.

On peut ainsi, sans quitter la France, assister et participer au mouvement des esprits en Angleterre, en Allemagne, en Amérique, en Italie, tout aussi bien que les savants mêmes de chacun de ces pays.

La *Bibliothèque scientifique internationale* ne comprend pas seulement des ouvrages consacrés aux sciences physiques et naturelles, elle aborde aussi les sciences morales, comme la philosophie, l'histoire, la politique et l'économie sociale, la haute législation, etc.; mais les livres traitant des sujets de ce genre se rattachent encore aux sciences naturelles, en leur empruntant les méthodes d'observation et d'expérience qui les ont rendues si fécondes depuis deux siècles.

Cette collection paraît à la fois en français, en anglais, en allemand, en russe et en italien : à Paris, chez Félix Alcan; à Londres, chez C. Kegan, Paul et Cie; à New-York, chez Appleton; à Leipzig, chez Brockhaus; et à Milan, chez Dumolard frères.

LISTE DES OUVRAGES PAR ORDRE D'APPARITION

VOLUMES IN-8, CARTONNÉS A L'ANGLAISE, A 6 FRANCS.

Les mêmes en demi-reliure veau avec coins, tranche supér. dorée, non rogné. . . . . 10 francs.

Les titres précédés d'un *astérisque* sont recommandés par le Ministère de l'Instruction publique pour les Bibliothèques et pour les distributions de prix des lycées et des collèges.

* 1. J. TYNDALL. **Les glaciers et les transformations de l'eau,** avec figures. 1 vol. in-8. 4e édition. 6 fr.

* 2. MAREY. **La machine animale,** locomotion terrestre et aérienne, avec de nombreuses fig. 1 vol. in-8. 2e édition. 6 fr.

3. BAGEHOT. **Lois scientifiques du développement des nations** dans leurs rapports avec les principes de la sélection naturelle et de l'hérédité. 1 vol. in-8. 4e édition. 6 fr.

4. BAIN. **L'esprit et le corps.** 1 vol. in-8. 4e édition. 6 fr.

* 5. PETTIGREW. **La locomotion chez les animaux,** marche, natation. 1 vol. in-8, avec figures. 6 fr.

* 6. HERBERT SPENCER. **La science sociale.** In-8. 6e édit. 6 fr.

* 7. SCHMIDT (O.). **La descendance de l'homme et le darwinisme.** 1 vol. in-8, avec fig. 3e édition. 6 fr.

* 8. MAUDSLEY. **Le crime et la folie.** 1 vol. in-8. 4e édit. 6 fr.

* 9. VAN BENEDEN. **Les commensaux et les parasites dans le règne animal.** 1 vol. in-8, avec figures. 2e édit. 6 fr.

10. BALFOUR STEWART. **La conservation de l'énergie,** suiv. d'une étude sur la *nature de la force*, par *M. P. de Saint-Robert*, avec figures. 1 vol. in-8. 3e édition. 6 fr.

11. DRAPER. **Les conflits de la science et de la religion.** 1 vol. in-8. 7e édition. 6 fr.

12. SCHUTZENBERGER. **Les fermentations.** 1 vol. in-8, avec fig. 4e édition. 6 fr.

* 13. L. DUMONT. **Théorie scientifique de la sensibilité.** 1 vol. in-8. 3e édition. 6 fr.

* 14. WHITNEY. **La vie du langage.** 1 vol. in-8. 3e édit. 6 fr.

15. COOKE et BERKELEY. **Les champignons.** 1 vol. in-8, avec figures. 3e édition. 6 fr.

* 16. BERNSTEIN. **Les sens.** 1 vol. in-8, avec 91 fig. 3e édit. 6 fr.

* 17. BERTHELOT. **La synthèse chimique.** 1 vol. in-8. 4e édition. 6 fr.

* 18. VOGEL. **La photographie et la chimie de la lumière,** avec 95 figures. 1 vol. in-8. 3e édition. 6 fr.

* 19. LUYS. **Le cerveau et ses fonctions,** avec figures. 1 vol. in-8. 4e édition. 6 fr.

* 20. STANLEY JEVONS. **La monnaie et le mécanisme de l'échange.** 1 vol. in-8. 3e édition. 6 fr.

* 21. FUCHS. **Les volcans et les tremblements de terre.** 1 vol. in-8, avec figures et une carte en couleur. 4e éd. 6 fr.

* 22. GÉNÉRAL BRIALMONT. **Les camps retranchés et leur rôle dans la défense des États,** avec fig. dans le texte et 2 planches hors texte. 3e édit. 6 fr.

* 23. DE QUATREFAGES. **L'espèce humaine.** 1 vol. in-8. 7e édition. 6 fr.

* 24. BLASERNA et HELMHOLTZ. **Le son et la musique.** 1 vol. in-8, avec figures. 2e édit. 6 fr.

* 25. ROSENTHAL. **Les nerfs et les muscles.** 1 vol. in-8, avec 75 figures. 3e édition. 6 fr.

* 26. BRUCKE et HELMHOLTZ. **Principes scientifiques des beaux-arts,** avec 39 figures. 3e édit. 6 fr.

* 27. WURTZ. **La théorie atomique.** 1 vol. in-8. 3e édition. 6 fr.

* 28-29. SECCHI (le Père). **Les étoiles.** 2 vol. in-8, avec 63 fig. dans le texte et 17 pl. en noir et en coul. hors texte. 2e édit. 12 fr.

* 30. JOLY. **L'homme avant les métaux.** In-8 avec fig. 3e éd. 6 fr.

* 31. A. BAIN. **La science de l'éducation.** 1 v. in-8. 4e édit. 6 fr.

* 32-33. THURSTON (R.). **Histoire des machines à vapeur,** précédé d'une introduction par M. HIRSCH. 2 vol. in-8, avec 140 fig. dans le texte et 16 pl. hors texte. 2e édit. 12 fr.

* 34. HARTMANN (R.). **Les peuples de l'Afrique.** 1 vol. in-8, avec figures. 2e édit. 6 fr.

* 35. HERBERT SPENCER. **Les bases de la morale évolutionniste.** 1 vol. in-8. 2e édit. 6 fr.

36. HUXLEY. **L'écrevisse,** introduction à l'étude de la zoologie. 1 vol. in-8, avec figures. 6 fr.

37. DE ROBERTY. **De la sociologie.** 1 vol. in-8. 6 fr.

* 38. ROOD. **Théorie scientifique des couleurs.** 1 vol. in-8 avec figures et une planche en couleurs hors texte. 6 fr.

39. DE SAPORTA et MARION. **L'évolution du règne végétal** (les Cryptogames). 1 vol. in-8 avec figures. 6 fr.

40-41. CHARLTON BASTIAN. **Le cerveau, organe de la pensée chez l'homme et chez les animaux.** 2 vol. in-8, avec figures. 12 fr.

42. JAMES SULLY. **Les illusions des sens et de l'esprit.** 1 vol. in-8 avec figures. 6 fr.

43. YOUNG. **Le Soleil.** 1 vol. in-8, avec figures. 6 fr.

44. De CANDOLLE. **L'origine des plantes cultivées.** 2e édition. 1 vol. in-8. 6 fr.

45-46. SIR JOHN LUBBOCK. **Fourmis, Abeilles et Guêpes.** Études expérimentales sur l'organisation et les mœurs des sociétés d'insectes hyménoptères. 2 vol. in-8 avec 65 figures dans le texte, et 13 planches hors texte dont 5 coloriées. 12 fr.

47. PERRIER (Ed.). **La philosophie zoologique avant Darwin.** 1 vol. in-8 avec fig. 2e édit. 6 fr.

48. STALLO. **La matière et la physique moderne.** 1 vol. in-8, précédé d'une introduction par FRIEDEL. 6 fr.

49. DE MEYER. **Les organes de la parole et leur emploi.** 1 vol. in-8 avec figures, traduit de l'allemand par CLAVEAU. 6 fr.

OUVRAGES SUR LE POINT DE PARAITRE :

DE SAPORTA et MARION. **L'évolution du règne végétal** (les Phanérogames). 2 vol. in-8 avec figures.

DE LANESSAN. **Introduction à la botanique** (le Sapin). 1 vol. in-8 avec figures.

MANTEGAZZA. **La physionomie et l'expression des sentiments.** 1 vol. in-8 avec figures.

POUCHET (G.). **Le sang.** 1 vol. in-8, avec figures.

ROMANES. **L'intelligence des animaux.** 1 vol. in-8.

SEMPER. **Les conditions d'existence des animaux.** 1 vol. in-8, avec figures.

RÉCENTES PUBLICATIONS MÉDICALES

Pathologie médicale.

AXENFELD et HUCHARD. **Traité des névroses.** 2e édition, augmentée de 700 pages par HENRI HUCHARD, médecin des hôpitaux. 1 fort vol. in-8. 1882. 20 fr.

BARTELS. **Les maladies des reins,** traduit de l'allemand par le docteur EDELMANN; avec préface et notes de M. le professeur LÉPINE. 1 vol. in-8 avec fig. 1884. 15 fr.

BIGOT (V.). **Des périodes raisonnantes de l'aliénation mentale.** 1 vol. in-8. 1877. 10 fr.

BOTKIN. **Des maladies du cœur.** Leçons de clinique médicale faites à l'Université de Saint-Pétersbourg. In-8. 3 fr. 50

BOTKIN. **De la fièvre.** Leçons de clinique médicale faites à l'Université de Saint-Pétersbourg. In-8. 4 fr. 50

BOUCHUT. **Diagnostic des maladies du système nerveux par l'ophthalmoscopie.** 1866. 1 vol. in-8 avec atlas colorié. 9 fr.

BOUCHUT et DESPRÉS. **Dictionnaire de médecine et de thérapeutique médicale et chirurgicale,** comprenant le résumé de la médecine et de la chirurgie, les indications thérapeutiques de chaque maladie, la médecine opératoire, les accouchements, l'oculistique, l'odontotechnie, les maladies d'oreille, l'électrisation, la matière médicale, les eaux minérales, et un formulaire spécial pour chaque maladie. 4e édition, 1883, très augmentée. 1 vol. in-4 avec 918 figures dans le texte et 3 cartes.

Broché. 25 fr. — Cartonné. 27 fr. 50. — Relié. 29 fr.

CORNIL et BRAULT. **Études sur la pathologie du rein.** 1 vol. in-8, avec 16 planches hors texte. 1884. 12 fr.

DAMASCHINO. **Leçons sur les maladies des voies digestives.** 1 vol. in-8. 1880. 14 fr.

DESPRÉS. **Traité théorique et pratique de la syphilis,** ou infection purulente syphilitique. 1873. 1 vol. in-8. 7 fr.

DURAND-FARDEL. **Traité pratique des maladies chroniques.** 1868. 2 vol. gr. in-8. 20 fr.

DURAND-FARDEL. **Traité des eaux minérales** de la France et de l'étranger, et de leur emploi dans les maladies chroniques. 3e édition. 1883. 1 vol. in-8. 10 fr.

DURAND-FARDEL. **Traité pratique des maladies des vieillards.** 1873, 2e édition. 1 fort vol. gr. in-8. 14 fr.

FERRIER. **De la localisation des maladies cérébrales,** traduit de l'anglais par H. C. DE VARIGNY, suivi d'un mémoire de MM. CHARCOT et PITRES sur *les Localisations motrices dans les hémisphères de l'écorce du cerveau.* 1 vol. in-8 et 67 fig. dans le texte. 1879. 6 fr.

GARNIER. **Dictionnaire annuel des progrès des sciences et institutions médicales,** suite et complément de tous les dictionnaires. 1 vol. in-12 de 500 pages. 19e année, 1883. 7 fr.

GINTRAC. **Traité théorique et pratique des maladies de l'appareil nerveux.** 1872, 4 vol. gr. in-8. 28 fr.

GOUBERT. **Manuel de l'art des autopsies cadavériques,** surtout dans ses applications à l'anat. pathol., accompagné d'une lettre de M. le prof. Bouillaud. In-18 de 520 pages, avec 145 figures. 6 fr.

HÉRARD et CORNIL. **De la phthisie pulmonaire,** étude anatomo-pathologique et clinique. 1 vol. in-8 avec fig. dans le texte et planches coloriées. 2e édit., avec la collaboration de M. HANOT. (*Sous presse.*)

KUNZE. **Manuel de médecine pratique,** traduit de l'allemand par M. KNOERI. 1883. 1 vol. in-18. 4 fr. 50

LANCEREAUX. **Traité historique et pratique de la syphilis.** 2e édition. 1874. 1 vol. gr. in-8 avec fig. et planches color. 17 fr.

MARTINEAU. **Traité clinique des affections de l'utérus.** 1 fort vol. gr. in-8. 1879. 14 fr.

MAUDSLEY. **La pathologie de l'esprit**, traduit de l'anglais par M. GERMONT. 1 vol. in-8. 7 fr. 50

MURCHISON. **De la fièvre typhoïde**, avec notes et introduction du docteur H. GUENEAU DE MUSSY. 1 vol. in-8 avec figures dans le texte et planches hors texte. 1878. 10 fr.

NIEMEYER. **Éléments de pathologie interne et de thérapeutique**, traduit de l'allemand, annoté par M. Cornil. 1873, 3e édition française augmentée de notes nouvelles. 2 vol. gr. in-8. 14 fr.

ONIMUS et LEGROS. **Traité d'électricité médicale.** 1 fort vol. in-8, avec de nombreuses fig. interc. dans le texte. 2e éd. (*S. presse.*)

ILLIET et BARTHEZ. **Traité clinique et pratique des maladies des enfants.** 3e édition, refondue et augmentée par E. BARTHEZ et A. SANNÉ. Tome Ier. 1 fort vol. gr. in-8. 16 fr.

TARDIEU. **Manuel de pathologie et de clinique médicales.** 4e édition, corrigée et augmentée. 1873. 1 vol. gr. in-18. 8 fr.

TAYLOR. **Traité de médecine légale**, traduit sur la 7e édition anglaise, par le Dr HENRI COUTAGNE. 1881. 1 vol. gr. in-8. 15 fr.

Pathologie chirurgicale.

ANGER (Benjamin). **Traité iconographique des fractures et luxations**, précédé d'une introduction par M. le professeur Velpeau. 1 fort volume in-4, avec 100 planches hors texte, coloriées, contenant 254 figures, et 127 bois intercalés dans le texte. Relié. 150 fr.

BILLROTH. **Traité de pathologie chirurgicale générale**, traduit de l'allemand, précédé d'une introd. par M. le prof. VERNEUIL. 1880, 3e tirage, 1 fort vol. gr. in-8, avec 100 fig. dans le texte. 14 fr.

DE ARLT. **Des blessures de l'œil**, considérées au point de vue pratique et médico-légal. 1 vol. in-18. 3 fr. 50

JAMAIN et TERRIER. **Manuel de petite chirurgie.** 1880, 6e édit., refondue. 1 vol. gr. in-18 de 1000 pages avec 450 fig. 9 fr.

JAMAIN et TERRIER. **Manuel de pathologie et de clinique chirurgicales.** 1876, 3e édition. Tome I, 1 fort vol. in-18. 8 fr.
Tome II, 1 vol. in-18. 1878-1880. 8 fr.
Tome III, 1er fascicule. 1 vol. in-18. 4 fr.

LE FORT. **La chirurgie militaire** et les Sociétés de secours en France et à l'étranger. 1872, 1 vol. gr. in-8 avec fig. 10 fr.

MAC CORMAC. **Manuel de chirurgie antiseptique**, traduit de l'anglais par M. le docteur Lutaud. 1 fort vol. in-8. 1881. 6 fr.

MALGAIGNE. **Manuel de médecine opératoire.** 8e édition, publiée par M. le professeur Léon Le Fort. 2 vol. grand in-18 avec 744 fig. dans le texte. 1874-1877. 16 fr.
La première partie, *Opérations générales*, se vend séparément. 7 fr.

MAUNOURY et SALMON. **Manuel de l'art des accouchements**, à l'usage des élèves en médecine et des élèves sages-femmes. 1874, 3e édit., 1 vol. in-18 avec 115 grav. 7 fr.

NÉLATON. **Éléments de pathologie chirurgicale**, par M. A. Nélaton, membre de l'Institut, professeur de clinique à la Faculté de médecine, etc.
Seconde édition complètement remaniée.

TOME PREMIER, revu par le docteur Jamain. *Considérations générales sur les opérations. — Affections pouvant se montrer dans toutes les parties du corps et dans les divers tissus.* 1 fort vol. gr. in-8. 9 fr.

TOME DEUXIÈME, revu par le docteur Péan. *Affections des os et des articulations.* 1 fort vol. gr. in-8, avec 288 fig. dans le texte. 13 fr.

TOME TROISIÈME, revu par le docteur Péan. *Affections des articulations* (suite), *affections de la tête, des organes de l'olfaction.* 1 vol. gr. in-8, avec 148 figures dans le texte. 14 fr.

TOME QUATRIÈME, revu par le docteur Péan. *Affections des appareils de l'ouïe et de la vision, de la bouche, du cou, du corps thyroïde, du larynx, de la trachée et de l'œsophage.* 1 fort vol. gr. in-8, avec 208 figures. 14 fr.

TOME CINQUIÈME, revu par les docteurs Péan et Després. *Affections de la poitrine, de l'abdomen, de l'anus, du rectum et de la région sacro-coccygienne.* 1 fort vol. gr. in-8, avec 61 fig. dans le texte. 14 fr.

TOME SIXIÈME (1er fascicule), par les docteurs Després, Gillette et Horteloup. *Affections des organes génito-urinaires de l'homme.* 1 fort vol. gr. in-8, avec 71 figures dans le texte. 9 fr.

TOME SIXIÈME (2e fascicule), par les docteurs Després, Gillette et Horteloup. *Affections des organes génito-urinaires de la femme. — Affections des membres.* 1 vol. gr. in-8. (Sous presse.)

PAGET (Sir James). **Leçons de clinique chirurgicale,** traduites de l'anglais par le docteur L. H. Petit, et précédées d'une introduction de M. le professeur Verneuil. 1 vol. grand in-8. 1877. 8 fr.

PÉAN. **Leçons de clinique chirurgicale.**

TOME I. Leçons professées à l'hôpital Saint-Louis pendant l'année 1874 et le premier semestre de 1875. 1 fort vol. in-8, avec 40 figures intercalées dans le texte et 4 planches coloriées hors texte. 1876. 20 fr.

TOME II. Leçons professées pendant le deuxième semestre de l'année 1875 et l'année 1876. 1 fort vol. in-8, avec fig. dans le texte. 20 fr.

TOME III. Leçons professées pendant l'année 1877. 1 fort vol., avec figures dans le texte. 20 fr.

PHILLIPS. **Traité des maladies des voies urinaires.** 1860, 1 fort vol. in-8 avec 97 fig. intercalées dans le texte. 10 fr.

RICHARD. **Pratique journalière de la chirurgie.** 1 vol. gr. in-8 avec 215 fig. dans le texte. 2e édit., 1880, augmentée de chapitres inédits de l'auteur, et revue par le Dr J. CRAUK. 16 fr.

ROTTENSTEIN. **Traité d'anesthésie chirurgicale,** contenant la description et les applications de la méthode anesthésique de M. PAUL BERT. 1880. 1 vol. in-8, avec figures. 10 fr.

SCHWEIGGER. **Leçons d'ophthalmoscopie,** avec 3 planches lith. et des figures dans le texte. In-8 de 144 pages. 3 fr. 50

SŒLBERG-WELLS. **Traité pratique des maladies des yeux.** 1873. 1 fort vol. gr. in-8 avec figures. Traduit de l'anglais. 15 fr.

VIRCHOW. **Pathologie des tumeurs,** cours professé à l'Université de Berlin, traduit de l'allemand par le docteur Aronssohn.

Tome Ier. 1867. 1 vol. gr. in-8 avec 106 fig. 12 fr.
Tome II. 1869. 1 vol. gr. in-8 avec 74 fig. 12 fr.
Tome III. 1871. 1 vol. gr. in-8 avec 49 fig. 12 fr.
Tome IV. 1876 (1er fascicule). 1 gr. in-8 avec figures. 4 fr. 50

YVERT. **Traité pratique et clinique des blessures du globe de l'œil,** avec introduction de M. le Dr GALEZOWSKI. 1 vol. gr. in-8. 1880. 12 fr.

Thérapeutique. — Pharmacie. — Hygiène.

BINZ. **Abrégé de matière médicale et de thérapeutique,** traduit de l'allemand par MM. Alquier et Courbon. 1872, 1 vol. in-12 de 335 pages. 2 fr. 50

BOUCHARDAT. **Nouveau Formulaire magistral**, précédé d'une Notice sur les hôpitaux de Paris, de généralités sur l'art de formuler, suivi d'un Précis sur les eaux minérales naturelles et artificielles, d'un Mémorial thérapeutique, de notions sur l'emploi des contre-poisons, et sur les secours à donner aux empoisonnés et aux asphyxiés. 1884, 24e édition, revue, corrigée. 1 vol. in-18. 3 fr. 50
Cartonné à l'anglaise. 4 fr. — Relié. 4 fr. 50

BOUCHARDAT. **Formulaire vétérinaire**, contenant le mode d'action, l'emploi et les doses des médicaments simples et composés prescrits aux animaux domestiques par les médecins vétérinaires français et étrangers, et suivi d'un Mémorial thérapeutique. 3e édit. 1 vol. in-18. (*Sous presse.*)

BOUCHARDAT. **Manuel de matière médicale, de thérapeutique comparée et de pharmacie.** 1873. 5e éd. 2 vol. gr. in-18. 16 fr.

BOUCHARDAT. **Annuaire de thérapeutique, de matière médicale et de pharmacie pour 1884**, contenant le résumé des travaux thérapeutiques et hygiéniques, publiés pendant l'année 1883; et les formules des médicaments nouveaux, suivi de notes sur la nature des maladies contagieuses et sur la genèse de leurs parasites (tuberculose, cancer, typhus feber, peste, fièvre jaune, choléra, infection purulente, septicémies, fièvres intermittentes). 1 vol. gr. in-32. 44e année. 1 fr. 50

BOUCHARDAT. **De la glycosurie ou diabète sucré**, son traitement hygiénique. 1883, 2e édition. 1 vol. grand in-8, suivi de notes et documents sur la nature et le traitement de la goutte, la gravelle urique, sur l'oligurie, le diabète insipide avec excès d'urée, l'hippurie, la pimélorrhée, etc. 15 fr.

BOUCHARDAT. **Traité d'hygiène publique et privée**, basée sur l'étiologie. 1 fort vol. gr. in-8. 2e édition, 1883. 18 fr.

CORNIL. **Leçons élémentaires d'hygiène privée**, rédigées d'après le programme du ministère de l'instruction publique pour les établissements d'instruction secondaire. 1873, 1 vol. in-18 avec figures. 2 fr. 50

DESCHAMPS (d'Avallon). **Compendium de pharmacie pratique.** Guide du pharmacien établi et de l'élève en cours d'études, comprenant un traité abrégé des sciences naturelles, une pharmacologie raisonnée et complète, des notions thérapeutiques, et un guide pour les préparations chimiques et les eaux minérales; un abrégé de pharmacie vétérinaire, une histoire des substances médicamenteuses, etc.; précédé d'une introduction par M. le professeur Bouchardat. 1868, 1 vol. gr. in-8 de 1160 pages environ. 20 fr.

MAURIN. **Formulaire magistral des maladies des enfants.** 1 vol. in-18. 2e édition. (*Sous presse.*)

Anatomie. — Physiologie. — Histologie.

ALAVOINE. **Tableaux du système nerveux**, deux grands tableaux avec figures. 1878. 5 fr.

BAIN (Al.). **Les sens et l'intelligence**, traduit de l'anglais par M. Cazelles. 1873. 1 fort vol. in-8. 10 fr.

BASTIAN (Charlton). **Le cerveau, organe de la pensée**, chez l'homme et chez les animaux. 2 vol. in-8, avec 184 figures dans le texte. 1882. 12 fr.

BÉRAUD (B. J.). **Atlas complet d'anatomie chirurgicale topographique**, pouvant servir de complément à tous les ouvrages d'anatomie chirurgicale, composé de 109 planches gravées sur acier, représentant plus de 200 gravures dessinées d'après nature par M. Bion, et avec texte explicatif. 1865, 1 fort vol. in-4.
Prix : fig. noires, relié. 60 fr. — Fig. coloriées, relié. 120 fr.

BÉRAUD (B. J.) et ROBIN. **Manuel de physiologie de l'homme et des principaux vertébrés.** 2 vol. gr. in-18, 2e édition, entièrement refondue. 12 fr.

BÉRAUD (B. J.) et VELPEAU. **Manuel d'anatomie chirurgicale générale et topographique.** 2e éd., 1 vol. in-8 de 622 p. 7 fr.

BERNARD (Claude). **Leçons sur les propriétés des tissus vivants,** avec 94 fig. dans le texte. 1 vol. in-8. 8 fr.

BERNSTEIN. **Les sens.** 1877. 1 vol. in-8 de la *Bibliothèque scient. intern.*, avec fig., 2e édit. Cart. 6 fr.

BURDON-SANDERSON, FOSTER et LAUDER-BRUNTON. **Manuel du laboratoire de physiologie,** traduit de l'anglais par M. MOQUIN-TANDON. 1 vol. in-8, avec 184 figures dans le texte. 1884. 14 fr.

CORNIL et RANVIER. **Manuel d'histologie pathologique.** 2e édition. 2 vol. in-8 avec de nombreuses figures dans le texte.
Tome I. 1 fort volume in-8. 14 fr.
Tome II, 1er fascicule. 1 vol. in-8. 7 fr.

FAU. **Anatomie des formes du corps humain,** à l'usage des peintres et des sculpteurs. 1866. 1 atlas in-folio de 25 planches avec texte. Prix : fig. noires. 15 fr. — Fig. coloriées. 30 fr.

FERRIER. **Les fonctions du cerveau.** 1 vol. in-8, traduit de l'anglais par M. H. C. de Varigny, avec 68 fig. dans le texte, 1878. 10 fr.

GIRAUD TEULON. **L'Œil.** Notions élémentaires sur la fonction de la vue et ses anomalies. 2e édition. 1 vol. in-12. 3 fr.

JAMAIN. **Nouveau traité élémentaire d'anatomie descriptive et de préparations anatomiques.** 3e édition, 1867. 1 vol. grand in-18 de 900 pages avec 223 fig. intercalées dans le texte. 12 fr.
Avec figures coloriées. 40 fr.

LEYDIG. **Traité d'histologie comparée de l'homme et des animaux,** traduit de l'allemand par le docteur Lahillonne. 1 fort vol. in-8 avec 200 figures dans le texte. 1866. 15 fr.

LONGET. **Traité de physiologie.** 3e édition, 1873. 3 v. gr. in-8 avec figures. 36 fr.

LUYS. **Le cerveau, ses fonctions.** 1 vol. in-8 de la *Bibliothèque scient. intern.*, 1882, 5e édit. avec fig. Cart. 6 fr.

MAREY. **Du mouvement dans les fonctions de la vie.** 1868, 1 vol. in-8 avec 200 figures dans le texte. 10 fr.

MAREY. **La machine animale.** 1877, 2e édit., 1 vol. in-8 de la *Bibliothèque scient. intern.* Cartonné. 6 fr.

PETTIGREW. **La locomotion chez les animaux,** marche, natation. 1 vol. in-8 de la *Bibliothèque scient. internat.*, avec fig. Cart. 6 fr.

PREYER. **Eléments de physiologie générale,** traduit de l'allemand par M. Jules SOURY. 1 vol. in-8. 5 fr.

RICHET (Charles). **Physiologie des muscles et des nerfs.** 1 fort vol. in-8. 1882. 15 fr.

RICHET. **L'homme et l'intelligence.** Fragments de physiologie et de psychologie. 1 fort vol. in-8. 1884. 10 fr.

ROSENTHAL. **Les nerfs et les muscles.** 1 vol. in-8 de la *Bibliothèque scient. internat.* avec 75 figures. 2e édit., 1878. Cart. 6 fr.

SCHIFF. **Leçons sur la physiologie de la digestion,** faites au Muséum d'histoire naturelle de Florence. 2 vol. gr. in-8. 20 fr.

SULLY (James). **Les illusions des sens et de l'esprit.** 1 vol. in-8 de la *Bibliothèque scient. internat.*, avec figures. Cart. 6 fr.

VULPIAN. **Leçons de physiologie générale et comparée du système nerveux,** faites au Muséum d'histoire naturelle, recueillies et rédigées par M. Ernest BRÉMOND. 1866, 1 vol. in-8. 10 fr.

VULPIAN. **Leçons sur l'appareil vaso-moteur** (physiologie et pathologie), recueillies par le Dr H. CARVILLE. 2 vol. in-8. 1875. 18 fr.

Physique. — Chimie. — Histoire naturelle.

AGASSIZ. **De l'espèce et des classifications en zoologie.** 1 vol. in-8. 5 fr.

BERTHELOT. **La synthèse chimique.** 1 vol. in-8 de la *Bibliothèque scient. intern.* 4ᵉ édit., 1880. Cart. 6 fr.

BLANCHARD. **Les métamorphoses, les mœurs et les instincts des insectes**, par M. Émile Blanchard, de l'Institut, professeur au Muséum d'histoire naturelle. 1 magnifique vol. in-8 jésus, avec 160 fig. dans le texte et 40 grandes planches hors texte. 2ᵉ édit. 1877. Prix : broché, 25 fr. — Relié en demi-maroquin. 30 fr.

BLASERNA. **Le son et la musique**, suivi des *Causes physiologiques de l'harmonie musicale*, par H. HELMHOLTZ. 1 vol. in-8 de la *Biblioth. scient. intern.*, avec figures. Cart. 6 fr.

BOCQUILLON. **Manuel d'histoire naturelle médicale.** 1871. 1 vol. in-18 avec 415 fig. dans le texte. 14 fr.

CANDOLLE (de). **L'origine des plantes cultivées.** 1 vol. in-8 de la *Bibliothèque scient. internat.* Cart. 6 fr.

COOKE et BERKELEY. **Les champignons**, avec 110 figures dans le texte. 1 vol. in-8 de la *Bibliothèque scient. internat.* Catt. 6 fr.

DARWIN. **Les récifs de corail**, leur structure et leur distribution. 1 vol. in-8, avec 3 planches hors texte, traduit de l'anglais par M. Cosserat. 1878. 8 fr.

EVANS (John). **Les âges de la pierre.** 1 beau vol. gr. in-8, avec 467 figures dans le texte. 15 fr. — En demi-reliure. 18 fr.

EVANS (John). **L'âge du bronze.** 1 fort vol. in-8, avec 540 figures dans le texte. 15 fr. — En demi-reliure. 18 fr.

FUCHS. **Les volcans et les tremblements de terre.** 1 vol. in-8 de la *Bibl. scient., inter.*, 1880. 3ᵉ édit. Cart. 6 fr.

GRÉHANT. **Manuel de physique médicale.** 1869, 1 vol. in-18 avec 469 figures dans le texte. 7 fr.

GRÉHANT. **Tableaux d'analyse chimique** conduisant à la détermination de la base et de l'acide d'un sel inorganique isolé, avec les couleurs caractéristiques des précipités. 1862, in-4. Cart. 3 fr. 50

GRIMAUX. **Chimie organique élémentaire.** 1881, 3ᵉ édit. 1 vol. in-18 avec figures. 5 fr.

GRIMAUX. **Chimie inorganique élémentaire.** 3ᵉ édit., 1882. 1 vol. in-18, avec fig. 5 fr.

HARTMANN (R.). **Les peuples de l'Afrique.** 1 vol. in-8, avec figures, de la *Bibliothèque scient. internat.* 2ᵉ édit. Cart. 6 fr.

HERBERT SPENCER. **Principes de biologie**, traduit de l'anglais par M. B. CAZELLES. 2 vol. in-8. 20 fr.

HUXLEY (Th.). **L'écrevisse**, introduction à l'étude de la zoologie. 1 vol. in-8 de la *Bibliothèque scient. internat.*, avec 89 figures dans le texte. Cart. 6 fr.

HUXLEY. **La physiographie**, introduction à l'étude de la nature. 1 vol. in-8 avec 128 figures dans le texte, et 2 planches hors texte. 1882. 8 fr. — Relié. 11 fr.

JOLY. **L'homme avant les métaux.** 1 vol. in-8 de la *Bibliothèque scientifique internationale.* 3ᵉ édit., avec fig. Cart. 6 fr.

LUBBOCK. **L'homme préhistorique**, étudié d'après les monuments et les costumes retrouvés dans les différents pays de l'Europe, suivi d'une description comparée des mœurs des sauvages modernes, traduit de l'anglais par M. Ed. BARBIER, avec 256 figures intercalées dans le texte. 3e édit. 1 vol. in-8. (*Sous presse.*)

LUBBOCK. **Origines de la civilisation**, état primitif de l'homme et mœurs des sauvages modernes, traduit de l'anglais. 3e édition. 1 vol. in-8 avec fig. Broché. 15 fr. — Relié. 18 fr.

LUBBOCK. **Les Fourmis, les Guêpes et les Abeilles**. 2 vol. in-8 de la *Bibliothèque scient. intern.*, avec figures et planches en couleurs. Cart. 12 fr.

PERRIER. **La philosophie zoologique avant Darwin**. 1 vol. in-8 de la *Bibliothèque scient. intern.* Cart. 6 fr.

PISANI (F.). **Traité pratique d'analyse chimique qualitative et quantitative**, à l'usage des laboratoires de chimie. 1 vol. in-12. 1880. 3 fr. 50

PISANI et DIRVELL. **La chimie du laboratoire**. 1 v. in-12. 1882. 4 fr.

QUATREFAGES (de). **L'espèce humaine**. 1 vol. in-8 de la *Biblioth. scientif. intern.*, 6e édit., 1880. Cart. 6 fr.

QUATREFAGES (de). **Charles Darwin et ses précurseurs français**. Étude sur le transformisme. 1870. 1 vol. in-8. 5 fr.

RICHE. **Manuel de chimie médicale**. 1880. 1 vol. in-18 avec 200 fig. dans le texte. 3e édition. 8 fr.

ROOD. **Théorie scientifique des couleurs**. 1 vol. in-8 de la *Bibliothèque scient. internat.*, avec figures et une planche en couleurs hors texte. Cart. 6 fr.

DE SAPORTA et MARION. **L'évolution du règne végétal**, les cryptogames. 1 vol. in-8 de la *Bibliothèque scient. internat.*, avec 85 figures dans le texte. Cart. 6 fr.

SCHMIDT (O.). **La descendance de l'homme et le darwinisme**. 1 vol. in-8 de la *Bibliothèque scientifique internationale*, avec figures. 3e édition, 1878. Cart. 6 fr.

SCHUTZENBERGER. **Les fermentations**, avec figures dans le texte. 1 vol. in-8 de la *Biblioth. scient. intern.* 3e édit., 1878. Cart. 6 fr.

SECCHI (le Père). **Les étoiles**. 2 vol. in-8 de la *Bibliothèque scientifique internationale*, avec 63 figures dans le texte et 17 planches en noir et en couleurs hors texte. 2e édit. Cart. 12 fr.

TYNDALL (J.). **Les glaciers et les transformations de l'eau**, avec figures. 1 vol. in-8 de la *Bibliothèque scientifique internationale*. 3e édit. Cart. 6 fr.

VAN BENEDEN. **Les commensaux et les parasites dans le règne animal**. 1 vol. in-8 de la *Bibliothèque scientifique internationale*, avec figures. 2e édit. Cart. 6 fr.

VOGEL. **La photographie et la chimie de la lumière**. 1 vol. in-8 de la *Bibliothèque scient. internat.* avec fig. 3e édit. Cart. 6 fr.

WURTZ. **La théorie atomique**. 1 vol. in-8 de la *Bibliothèque scient. internat.* 3e édit. Cart. 6 fr.

YOUNG. **Le Soleil**. 1 vol. in-8 de la *Bibliothèque scientifique internationale*, avec figures. Cart. 6 fr.

BIBLIOTHÈQUE DE L'ÉTUDIANT EN MÉDECINE

COLLECTION D'OUVRAGES POUR LA PRÉPARATION
AUX EXAMENS DU DOCTORAT, DU GRADE D'OFFICIER DE SANTÉ
ET AU CONCOURS DE L'EXTERNAT ET DE L'INTERNAT

1er EXAMEN

(Physique, chimie, histoire naturelle.)

BOCQUILLON. — MANUEL D'HISTOIRE NATURELLE MÉDICALE. 1 vol. grand in-18, avec 415 figures. 14 fr.

LE NOIR. — HISTOIRE NATURELLE, avec 255 figures dans le texte. 5 fr.

GRÉHANT. — MANUEL DE PHYSIQUE MÉDICALE. 1 vol. gr. in-18, avec 469 figures dans le texte. 7 fr.

LE NOIR. — PHYSIQUE ÉLÉMENTAIRE, avec 455 figures dans le texte. 6 fr.

RICHE. — MANUEL DE CHIMIE MÉDICALE. 3e édit. 1880. 1 vol. in-18, avec 200 figures dans le texte. 8 fr.

GRIMAUX. — CHIMIE ORGANIQUE ÉLÉMENTAIRE. Leçons professées à la Faculté de médecine. 1 vol. in-18. 3e édition. 5 fr.

GRIMAUX. — CHIMIE INORGANIQUE ÉLÉMENTAIRE. 3e édit. 1 vol. in-18. 5 fr.

LE NOIR. — CHIMIE ÉLÉMENTAIRE. 1 vol. in-12, avec 69 fig. 3 fr. 50

PISANI. — TRAITÉ D'ANALYSE CHIMIQUE. 1 vol. in-18. 3 fr. 50

PISANI. — LA CHIMIE DU LABORATOIRE. 1 vol. in-18. 4 fr. 50

2e EXAMEN

1re PARTIE *(Anatomie, histologie.)*

JAMAIN. — NOUVEAU TRAITÉ ÉLÉMENTAIRE D'ANATOMIE DESCRIPTIVE ET DE PRÉPARATIONS ANATOMIQUES. 3e édit. 1 vol. gr. in-18, avec 223 figures dans le texte. 12 fr.

BERNARD (Claude). — LEÇONS SUR LES PROPRIÉTÉS DES TISSUS VIVANTS, faites à la Sorbonne. 1 vol. in-8, avec 90 fig. dans le texte. 8 fr.

CORNIL et RANVIER. — MANUEL D'HISTOLOGIE PATHOLOGIQUE. 2 vol. gr. in-8. 2e édition. Tome I. 1 vol. gr. in-8. 14 fr.
Tome II, 1re partie. 1 vol. in-8. 7 fr.

HOUEL. — MANUEL D'ANATOMIE PATHOLOGIQUE GÉNÉRALE ET APPLIQUÉE, contenant : la *description* et le *catalogue* du musée Dupuytren. 2e édit. 1 vol. gr. in-18. 7 fr.

2e PARTIE *(Physiologie.)*

BÉRAUD et ROBIN. — MANUEL DE PHYSIOLOGIE de l'homme et des principaux vertébrés, répondant à toutes les questions physiologiques du programme des examens de fin d'année. 2e édit. 2 vol. in-12. 12 fr.

LONGET. — TRAITÉ DE PHYSIOLOGIE. 2e édit. 3 vol. gr. in-8. 36 fr.

VULPIAN. — LEÇONS SUR LA PHYSIOLOGIE GÉNÉRALE ET COMPARÉE DU SYSTÈME NERVEUX, faites au Muséum d'histoire naturelle. 1 fort volume in-8. 10 fr.

3e EXAMEN

1re PARTIE *(Médecine opératoire, pathologie externe, accouchements.)*

MALGAIGNE et LE FORT. — MANUEL DE MÉDECINE OPÉRATOIRE. 8e édition, avec 744 fig. dans le texte. 2 vol. gr. in-18. 16 fr.

NELATON. — ÉLÉMENTS DE PATHOLOGIE CHIRURGICALE. 2e édition, revue par MM. les docteurs *Péan, Després, Horteloup* et *Gillette*.
5 volumes gr. in-8. 64 fr.
Le tome VI et dernier est *sous presse*.

MAUNOURY et SALOMON. — MANUEL DE L'ART DES ACCOUCHEMENTS. 3e édit. 1 vol. gr. in-18, avec 115 fig. 7 fr.

JAMAIN et TERRIER. — MANUEL DE PETITE CHIRURGIE. 6e édit. refondue. 1 vol. gr. in-18, avec 455 fig. 9 fr.

JAMAIN et TERRIER. — MANUEL DE PATHOLOGIE ET DE CLINIQUE CHIRURGICALES. 3e édition :
Tome I. 1 vol. gr. in-18. 8 fr.
Tome II. 1 vol. in-18. 8 fr.
Tome III. 1re partie. 1 volume in-18. 4 fr.

BILLROTH. — TRAITÉ DE PATHOLOGIE CHIRURGICALE GÉNÉRALE, précédé d'une introduction par M. *Verneuil*. 1 fort vol. gr. in-18, avec 100 figures dans le texte. 14 fr.

VELPEAU et BÉRAUD. — MANUEL D'ANATOMIE CHIRURGICALE, GÉNÉRALE ET TOPOGRAPHIQUE. 3e édition. 1 vol. in-8. 7 fr.

2e PARTIE (*Pathologie interne, pathologie générale.*)

GINTRAC. — COURS THÉORIQUE ET PRATIQUE DE PATHOLOGIE INTERNE ET DE THÉRAPIE MÉDICALE. 9 vol. in-8. 63 fr.

NIEMEYER. — ÉLÉMENTS DE PATHOLOGIE INTERNE, traduits de l'allemand, annotés par M. *Cornil*. 3e édit. française. 2 vol. gr. in-8. 14 fr.

TARDIEU. — MANUEL DE PATHOLOGIE ET DE CLINIQUE MÉDICALES. 1 fort vol. in-18. 4e édit. 8 fr.

4e EXAMEN

(*Hygiène, médecine légale, thérapeutique, matière médicale, pharmacologie.*)

BINZ. — ABRÉGÉ DE MATIÈRE MÉDICALE ET DE THÉRAPEUTIQUE, traduit de l'allemand par MM. Alquier et Courbon. 1 vol. in-12 de 335 pages. 2 fr. 50

BOUCHARDAT. — MANUEL DE MATIÈRE MÉDICALE, DE THÉRAPEUTIQUE ET DE PHARMACIE. 5e édit. 2 vol. in-12. 16 fr.

CORNIL. — LEÇONS ÉLÉMENTAIRES D'HYGIÈNE PRIVÉE. 1 vol. in-18. 2 fr. 50

BOUCHARDAT. — TRAITÉ D'HYGIÈNE PUBLIQUE ET PRIVÉE BASÉE SUR L'ÉTIOLOGIE. 1 vol. gr. in-8. 2e édition. 18 fr.

DESCHAMPS. — MANUEL DE PHARMACIE ET ART DE FORMULER. 3 fr. 50

TAYLOR. — TRAITÉ DE MÉDECINE LÉGALE, traduit de l'anglais par *H. Coutagne*. 1 vol. gr. in-8. 15 fr.

BOUCHARDAT. — NOUVEAU FORMULAIRE MAGISTRAL. 24e édition, revue, corrigée d'après le *Codex*, augmentée de quatre notices sur les usages thérapeutiques du lait, du vin, sur les cures de petit-lait, de raisin, et de formules nouvelles, et suivie d'un mémoire sur l'*hygiène thérapeutique*. 1 volume in-18. 3 fr. 50
Cartonné. 4 fr. — Relié. 4 fr. 50

5e EXAMEN

1re PARTIE (*Cliniques externe, obstétricale, etc.*)

JAMAIN et TERRIER. — MANUEL DE PATHOLOGIE ET DE CLINIQUE CHIRURGICALES. 3e édition :
2 vol. et 1er fascic. du t. III. 20 fr.

BOUCHUT et DESPRÉS. — DICTIONNAIRE DE MÉDECINE ET DE THÉRAPEUTIQUE MÉDICALE ET CHIRURGICALE, comprenant le résumé de la médecine et de la chirurgie, les indications thérapeutiques de chaque maladie, la médecine opératoire, les accouchements, l'oculistique, l'odontotechnie, les maladies d'oreille, l'électrisation, la matière médicale, les eaux minérales, et un formulaire spécial pour chaque maladie. 4e édit. 1883. 1 vol. in-4. avec 918 figures dans le texte, et 3 cartes. — Prix : br. 25 fr. — Cart., 27 fr. 50. — Relié, 29 fr.

MAUNOURY et SALMON. — MANUEL DE L'ART DES ACCOUCHEMENTS, à l'usage des élèves en médecine et des élèves sages-femmes. 3e édit., avec 415 figures dans le texte. 7 fr.

2e PARTIE (*Clinique interne, anatomie pathologique.*)

GINTRAC (E.). — COURS THÉORIQUE ET CLINIQUE DE PATHOLOGIE INTERNE ET DE THÉRAPIE MÉDICALE. Tomes I à IX. 9 vol. gr. in-8. 63 fr.

Les tomes IV et V se vendent séparément. 14 fr.

Les tomes VI et VII (*Maladies du système nerveux*) se vendent séparément. 14 fr.

Les tomes VIII et IX (*Maladies du système nerveux*) se vendent séparément. 14 fr.

CORNIL et RANVIER. — MANUEL D'HISTOLOGIE PATHOLOGIQUE. 2 vol. gr. in-8, avec de nombreuses figures dans le texte :
Tome I. 1 fort vol. gr. in-8. 14 fr.
Tome II, 1re p. 1 vol. gr. in-8. 7 fr.

GOUBERT. — MANUEL DE L'ART DES AUTOPSIES CADAVÉRIQUES, surtout dans ses applications à l'anatomie pathologique, précédé d'une lettre de M. le professeur *Bouillaud*. 1 vol. in-8 de 500 pages, avec 145 gravures dans le texte. 6 fr.

BERTON. **Guide et Questionnaire de tous les examens de médecine**, avec les réponses des examinateurs eux-mêmes aux questions les plus difficiles; suivi des programmes des conférences pour *l'internat et l'externat*, avec de grands tableaux synoptiques inédits d'anatomie et de pathologie. 1 vol. in-18. 2e édit. 3 fr. 50

LIVRES SCIENTIFIQUES

NON PORTÉS DANS LES SÉRIES PRÉCÉDENTES

(MÉDECINE — SCIENCES — MAGNÉTISME ET SCIENCES OCCULTES)

par. ordre alphabétique de noms d'auteurs.

AMUSSAT (Alph.). **De l'emploi de l'eau en chirurgie.** 1850. In-4. 2 fr.

AMUSSAT (Alph.). **Mémoires sur la galvanocaustique thermique.** 1 vol. in-8, avec 44 fig. intercalées dans le texte. 1876. 3 fr. 50

AMUSSAT (Alph.). **Des sondes à demeure et du conducteur en baleine.** 1 brochure in-8, avec fig. dans le texte. 1876. 2 fr.

ARTIGUES. **Amélie-les-Bains, son climat et ses thermes.** 1 vol. in-8 de 267 pages. 3 fr. 50

AUBER (Edouard). **Traité de la science médicale** (histoire et dogme). 1853. 1 fort vol. in-8. 8 fr.

AUBER (Ed.). **Hygiène des femmes nerveuses**, ou Conseils aux femmes pour les époques critiques de leur vie. 1 vol. gr. in-18. 3 fr. 50

AUBER (Éd.). **De la fièvre puerpérale devant l'Académie de médecine**, et des principes du vitalisme hippocratique appliqués à la solution de cette question. 1858. In-8. 3 fr. 50

AUBER (Éd.). **Philosophie de la médecine.** 1 vol. in-18. 2 fr. 50

AUBER (Éd.). **Institutions d'Hippocrate**, ou Exposé dogmatique des vrais principes de la médecine, extraits de ses œuvres. 1864. 1 vol. gr. in-8. 10 fr.

AUZIAS-TURENNE. **La syphilisation**, syphilis, vaccine, sur les maladies virulentes, variétés. 1 fort vol. in-8. 1878. 16 fr.

BAUDON. **L'ovariotomie abdominale.** In-8. 4 fr.

BAUDRIMONT. **Formation du globe terrestre** pendant la période qui a précédé l'apparition des êtres vivants. 1 vol. in-18. 2 fr. 50

BAYLE (A.-L.-J.). **Éléments de pathologie médicale**, ou Précis de médecine théorique et pratique écrit dans l'esprit du vitalisme hippocratique. 1857. 2 vol. in-8. 5 fr.

BECQUEREL. **Traité clinique des maladies de l'utérus et de ses annexes.** 1859. 2 vol. in-8, avec atlas de 18 planches. 8 fr.

BECQUEREL. **Traité des applications de l'électricité à la thérapeutique médicale et chirurgicale.** 1860, 2e édition. 1 vol. in-8. 2 fr. 50

BECQUEREL et RODIER. **Traité de chimie pathologique appliquée à la médecine pratique.** 1854. 1 vol. in-8. 3 fr. 50

BERGÉRET. **Philosophie des sciences cosmologiques**, critique des sciences et de la pratique médicale. 1866. In-8 de 310 p. 4 fr.

BERGERET. **Petit manuel de la santé.** 1 vol. in-18. 7 fr.

BERGERET. **De l'urine**, chimie physiologique et microscopie pratique. 1868. 1 vol. in-18. 4 fr. 50

BERNARD. **Champignons observés à la Rochelle** et dans les environs. 1 vol. in-8 avec 1 atlas, figures noires. 15 fr. — Coloriées. 25 fr.

BERTET. **Pathologie et chirurgie du col utérin.** In-8. 2 fr. 50

BERTON. **Guide et questionnaire** de tous les examens de médecine, avec les réponses des examinateurs eux-mêmes aux questions les plus difficiles, suivi de programmes de conférences pour l'externat et l'internat, avec de grands tableaux synoptiques inédits d'anatomie et de pathologie. 1 vol. in-18. 2e édition, 1877. 3 fr. 50

BERTRAND. **Traité du somnambulisme.** In-8. 7 fr.

BERTULUS (Évar.). **Marseille et son intendance militaire**, à propos de la peste, de la fièvre jaune, du choléra. In-8. 7 fr.

BLACKWELL (le Dr Élisabeth). **Conseils aux parents sur l'éducation de leurs enfants.** 1 vol. in-18. 2 fr.

BLATIN. **Recherches physiologiques et cliniques sur la nicotine et le tabac.** 1870. Gr. in-8. 4 fr.

BOCQUILLON. **Revue du groupe des Verbénacées.** 1863. 1 vol. gr. in-8 de 186 pages avec 20 planches gravées sur acier. 15 fr.

BOCQUILLON. **Anatomie et physiologie des organes reproducteurs des Champignons et des Lichens.** 1869. In-4. 2 fr. 50

BOCQUILLON. **Mémoire sur le groupe des Tiliacées.** 1867. Gr. in-8 de 48 pages. 2 fr.

BONJEAN. **Monographie de la rage.** 1 vol. in-18. 1879. 3 fr. 50

BOSSU. **Nouveau compendium médical à l'usage des médecins-praticiens.** 5e édition. 1 vol. gr. in-18. 7 fr.

BOSSU. **Botanique et plantes médicinales.** 1 vol. in-12 de 600 pages, avec 1029 gravures. 7 fr. 50

BOUCHARDAT. **Annuaire de thérapeutique, de matière médicale, de pharmacie et de toxicologie,** de 1841 à 1883, contenant le résumé des travaux thérapeutiques et toxicologiques publiés de 1840 à 1882, et les formules des médicaments nouveaux, suivi de Mémoires divers de M. le professeur Bouchardat.

La collection complète se compose de 44 années et 3 suppléments. 46 vol. gr. in-32.

Prix des années 1841 à 1873, et des suppléments, chacune 1 fr. 25

— — 1874 à 1884, 1 fr. 50

1841. — Monographie du diabète sucré.

1842. — Observations sur le diabète sucré et mémoire sur une maladie nouvelle, *l'hippurie.*

1843. — Mémoire sur la digestion.

1844. — Recherches et expériences sur les contrepoisons du sublimé corrosif, du plomb, du cuivre et de l'arsenic.

1845. — Mémoire sur la digestion des corps gras.

1846. — Recherches sur des cas rares de chimie pathologique, et mémoire sur l'action des poisons et de substances diverses sur les plantes et les poissons.

1846. Supplément. — 1° Trois mémoires sur les fermentations.
2° Un mémoire sur la digestion des substances sucrées et féculentes, et des recherches sur les fonctions du pancréas.
3° Un mémoire sur le diabète sucré ou glycosurie.
4° Note sur les moyens de déterminer la présence et la quantité de sucre dans les urines.
5° Notice sur le pain de gluten.
6° Note sur la nature et le traitement physiologique de la phthisie.

1847. — Mémoire sur les principaux contrepoisons et sur la thérapeutique des empoisonnements, et diverses notices scientifiques.

1848. — Nouvelles observations sur la glycosurie, notice sur la thérapeutique des affections syphilitiques, et mémoire sur l'influence des nerfs pneumogastriques dans la digestion.

1849. — Mémoire sur la thérapeutique du choléra.

1850. — Mémoire sur la thérapeutique des affections syphilitiques et observations sur l'affaiblissement de la vue coïncidant avec les maladies dans lesquelles la nature de l'urine est modifiée.

1851. — Mémoire sur la pathogénie et la thérapeutique du rhumatisme articulaire aigu.

1852. — Mémoire sur le traitement de la phthisie et du rachitisme par l'huile de foie de morue.

1856. — Mémoires : 1° sur les amidonneries insalubres; 2° sur le rôle des matières albumineuses dans la nutrition.

1856. Supplément. — 1° Histoire physiologique et thérapeutique de la cinchonine;
2° Rapports sur les remèdes proposés contre la rage;
3° Recherches sur les alcaloïdes dans les veines;
4° Solution alumineuse benzinée;
5° La table alphabétique des matières contenues dans les Annuaires de 1841 à 1855, rédigée par M. le docteur Ramon.

1857. — Mémoire sur l'oligosurie, avec des considérations sur la polyurie.

1858. — Mémoire sur la genèse et le développement de la fièvre jaune.

1859. — Rapports sur les farines falsifiées, le pain bis et le vin plâtré.

1860. — Mémoire sur l'infection déterminée dans le corps de l'homme par la fermentation putride des produits morbides ou excrémentitiels. Des désinfectants qui peuvent être employés pour prévenir cette infection.

1861. — Mémoire sur l'emploi thérapeutique externe du sulfate simple d'alumine et de zinc, par M. le docteur Homolle.

1861. — Supplément (*épuisé*).

1862. — Deux conférences faites aux ouvriers sur l'usage et l'abus des liqueurs fortes et des boissons fermentées.
1863. — Mémoire sur les eaux potables.
1864. — Trois notes sur l'origine et la nature de la vaccine ; sur l'inoculation et sur le traitement de la syphilis.
1865. — Mémoire sur l'exercice forcé dans le traitement de la glycosurie.
1866. — Mémoire sur les poisons, les venins, les virus, les miasmes spécifiques dans leurs rapports avec les ferments.
1867. — Mémoire sur la gravelle.
1868. — Mémoire sur le café.
1869. — Mémoire sur la production de l'urée. — Mémoire sur l'étiologie de la glycosurie.
1870. — Mémoire sur la goutte.
1871-72. — Mémoire sur l'état sanitaire de Paris et de Metz pendant le siège.
1873. — Mémoire sur l'étiologie du typhus.
1874. — Mémoire sur l'hygiène du soldat.
1875. — Mémoire sur l'hygiène thérapeutique des maladies.
1876. — Mémoire sur le traitement hygiénique des maladies chroniques et des convalescences.
1877. — Mémoire sur l'étiologie thérapeutique.
1878. — Nouveaux moyens dans la glycosurie.
1879. — Des vignes phylloxérées.
1880. — Mémoire sur le traitement hygiénique des dyspepsies.
1881. — Hygiène et thérapeutique du scorbut.
1882. — Sur la préservation des maladies contagieuses.
1883. — Sur le traitement hygiénique de la fièvre typhoïde, et sur les parasiticides.
1884. — Sur les maladies contagieuses et la genèse de leurs parasites.

BOUCHARDAT. **Supplément à l'Annuaire de thérapeutique**, etc., pour 1846, contenant des mémoires : 1° sur les fermentations ; 2° sur la digestion des substances sucrées et féculentes et sur les fonctions du pancréas, par MM. Bouchardat et Sandras ; 3° sur le diabète sucré ou glycosurie ; 4° sur les moyens de déterminer la présence et la quantité de sucre dans les urines ; 5° sur le pain de gluten ; 6° sur la nature et le traitement physiologique de la phthisie. 1 vol. gr. in-32. 1 fr. 25

BOUCHARDAT. **Supplément à l'Annuaire de thérapeutique**, etc., pour 1856, contenant : 1° l'histoire physiologique et thérapeutique de la cinchonine ; 2° rapport sur les remèdes proposés contre la rage ; 3° recherches sur les alcaloïdes dans les urines ; 4° solution alumineuse benzinée ; 5° la table alphabétique des matières contenues dans les Annuaires de 1841 à 1855, rédigée par M. Ramon. 1 vol. in-32. 1 fr. 25

BOUCHARDAT. **Opuscules d'économie rurale**, contenant les engrais, la betterave, les tubercules de dahlia, les vignes et les vins, le lait, le pain, les boissons, l'alucite, la digestion et les maladies des vers à soie, les sucres, l'influence des eaux potables sur le goitre, etc. 1851. 1 vol. in-8. 3 fr. 50

BOUCHARDAT. **Traité des maladies de la vigne.** 1853. 1 vol. in-8. 3 fr. 50

BOUCHARDAT. **Le travail**, son influence sur la santé (conférences faites aux ouvriers). 1863. 1 vol. in-18. 2 fr. 50

BOUCHARDAT. **Histoire naturelle.** Zoologie, botanique, minéralogie, géologie. 2 vol. gr. in-18 avec 308 figures. 2 fr.

BOUCHARDAT. **Physique avec ses principales applications.** 1 vol. gr. in-18 avec 230 figures. 3e édition. 2 fr.

BOUCHARDAT et QUEVENNE. **Instruction sur l'essai et l'analyse du lait.** 1 br. gr. in-8, 3e édit., 1879. 1 fr. 50

BOUCHARDAT et QUEVENNE. **Du lait**, 1er fascicule, instruction sur l'essai et l'analyse du lait ; 2e fascicule, des laits de femme, d'ânesse, de chèvre, de brebis, de vache. 1857. 1 vol. in-8. 6 fr.

BOUCHARDAT (Gustave). **Histoire générale des matières albuminoïdes.** Thèse d'agrégation. 1 vol. in-8, 1872. 2 fr. 50

BOUCHUT. **Histoire de la médecine et des doctrines médicales.** 1873. 2 forts vol. in-8. 16 fr.

BOURDEAU (Louis). **Théorie des sciences** Plan de science intégrale. 2 vol. in-8. 1882. 20 fr.

BOURDET (Eug.). **Des maladies du caractère** au point de vue de l'hygiène morale et de la philosophie positive. In-8. 5 fr.

BOURDET (Eug.). **Vocabulaire des principaux termes de la philosophie positive.** 1 vol. in-8. 1875. 3 fr. 50

BOUTIGNY (M. H. P. d'Évreux). **Etudes sur les corps à l'état sphéroïdal.** 1 vol. in-8. 4e édition. 10 fr.

BOUYER (Achille). **Étude médicale sur la station hivernale d'Amélie-les-Bains.** 1 vol. in-18. 1876. 1 fr. 50

BRÉMOND (E.). **De l'hygiène de l'aliéné.** 1871. Br. in-8. 2 fr.

BRIERRE DE BOISMONT. **Des maladies mentales** (extrait de la Pathologie médicale du professeur Requin). In-8 de 90 pages. 2 fr.

BRIERRE DE BOISMONT. **Des hallucinations**, ou Histoire raisonnée des apparitions, des visions, des songes, de l'extase, du magnétisme et du somnambulisme. 1862, 3e édition très augmentée. 1 vol. in-8. 7 fr.

BRIERRE DE BOISMONT. **Du suicide et de la folie-suicide.** 1865, 2e édition. 1 vol. in-8 de 680 pages. 7 fr.

BRIERRE DE BOISMONT. **Joseph Guislain**, sa vie et ses écrits, esquisses de médecine mentale. 1867. 1 vol. in-8. 5 fr.

BRIGHAM. **Quelques observations chirurgicales.** 1872, gr. in-8 sur papier de Hollande avec 4 photographies. 5 fr.

BUCHNER. **Nature et science**, traduit de l'allemand par le docteur LAUTH. 1 vol. in-8. 2e édition. 7 fr. 50

BYASSON. **Essai sur les causes de dyspepsie** et sur leur traitement par l'eau minérale de Mauhourat (à Cauterets). In-8. 1 fr. 50

BYASSON (H.) ET FOLLET (A.). **Étude sur l'hydrate de chloral et le trichloracétate de soude.** 1871. In-8 de 64 pages. 2 fr.

CABADÉ. **Essai sur la physiologie des épithéliums.** 1867. In-8 de 88 pages avec 2 planches gravées. 2 fr. 50

CAHAGNET. **Abrégé des merveilles du ciel et de l'enfer**, de Swedenborg. 1855. 1 vol. gr. in-18. 3 fr. 50

CAHAGNET. **Encyclopédie magnétique spiritualiste.** 1854 à 1862. 7 vol. gr. in-18. 28 fr.

CAHAGNET. **Lettres odiques-magnétiques** du chevalier Reichenbach, traduites de l'allemand. 1853. 1 vol. in-18. 1 fr. 50

CAHAGNET. **Magie magnétique**, ou Traité historique et pratique de fascinations, de miroirs cabalistiques, d'apports, de suspensions, de pactes, de charmes des vents, de convulsions, de possession, d'envoûtement, de sortilèges, de magie de la parole, de correspondances sympathiques et de nécromancie. 1858, 2e éd. 1 v. gr. in-18. 7 fr.

CAHAGNET. **Sanctuaire du spiritualisme**, ou Étude de l'âme humaine et de ses rapports avec l'univers, d'après le somnambulisme et l'extase. 1850. 1 vol. in-18. 5 fr.

CAHAGNET. **Méditations d'un penseur**, ou Mélanges de philosophie et de spiritualisme, d'appréciations, d'aspirations et de déceptions. 1861. 2 vol. in-18. 10 fr.

CASTORANI. **Mémoire sur le traitement des taches de la cornée,** *néphélion*, *albugo*. 1867. In-8. 1 fr.

CASTORANI. **Mémoire sur l'extraction linéaire externe de la cataracte.** 1874. In-8. 3 fr. 50

CAZENEUVE. **Des densités des vapeurs au point de vue chimique** (thèse de concours d'agrégation). In-8. 1878. 3 fr. 50

CHARBONNIER. **Maladies et facultés diverses des mystiques.** 1 vol in-8. 1875. 5 fr.

CHARCOT ET CORNIL. **Contributions à l'étude des altérations anatomiques de la goutte**, et spécialement du rein et des articulations chez les goutteux. 1864. In-8 de 30 pages avec pl. 1 fr. 50

CHARCOT et PITRES. **Étude critique et clinique de la doctrine des localisations motrices dans l'écorce des hémisphères cérébraux de l'homme.** 1 br. gr. in-8. 2 fr. 50

CHARPIGNON. **Physiologie, médecine et métaphysique du magnétisme.** 1848. 1 vol. in-8 de 480 pages. 6 fr.

CHARPIGNON. **Considérations sur les maladies de la moelle épinière.** 1860. In-8. 1 fr.

CHARPIGNON. **Études sur la médecine animique et vitaliste.** 1864. 1 vol. gr. in-8 de 192 pages. 4 fr.

CHASERAY (Alexandre). **Conférences sur l'âme.** In-18. 75 c.

CHAUFFARD. **De la spontanéité et de la spécificité dans les maladies.** 1867. 1 vol. in-18 de 232 pages. 3 fr.

CHÉRUBIN. **De l'extinction des espèces,** études biologiques sur quelques-unes des lois qui régissent la vie. 1868. In-18. 2 fr. 50

CHEVALLIER (Paul). **De la paralysie des nerfs vaso-moteurs dans l'hémiplégie.** 1867. In-8 de 50 pages. 1 fr. 50

CHIPAULT (Antony). **De la résection sous-périostée dans la fracture de l'omoplate par armes à feu.** In-8. 3 fr. 50

CHIPAULT. **Fractures par armes à feu.** 1872. In-8 avec 37 planches. 25 fr.

CHOMET. **Effets et influence de la musique** sur la santé et sur la maladie. In-8. 3 fr.

CHRISTIAN (P.). **Histoire de la magie, du monde surnaturel** et de la fatalité à travers les temps et les peuples. 1 vol. gr. in-8 de 669 pages avec un grand nombre de fig. et 16 pl. hors texte. 15 fr.

CLÉMENCEAU. **De la génération des éléments anatomiques,** précédé d'une introd. par M. le profess. Robin. 1867 in-8. 5 fr.

Conférences historiques de la Faculté de médecine faites pendant l'année 1865. (*Les Chirurgiens érudits*, par M. Verneuil. — *Gui de Chauliac*, par M. Follin. — *Celse*, par M. Broca. — *Wurtzius*, par M. Trélat. — *Bioland*, par M. Le Fort. — *Leuret*, par M. Tarnier. — *Harvey*, par M. Béclard. — *Stahl*, par M. Lasègue. — *Jenner*, par M. Lorain. — *Jean de Vier*, par M. Axenfeld. — *Laennec*, par M. Chauffard. — *Sylvius*, par M. Gubler. — *Stoll*, par M. Parrot.) 1 vol. in-8. 3 fr.

CORLIEU. **La mort des rois de France** depuis François Ier jusqu'à la Révolution française. 1 vol. in-18. 1873. 3 fr. 50

CORNIL. **Des différentes espèces de néphrites.** In-8. 3 fr. 50

CORNIL ET CHARCOT. Voy. CHARCOT.

CRUVEILHIER (Louis). **Éléments d'hygiène générale.** 7e édition, 1 vol. in-32. 60 c.

DAMASCHINO. **Des différentes formes de pneumonie aiguë chez les enfants.** 1867. In-8 de 154 pages. 3 fr. 50

DAMASCHINO. **La pleurésie purulente.** 1869. In-8. 3 fr. 50

DAMASCHINO. **Étiologie de la tuberculose.** 1872. In-8 de 204 pages. 2 fr. 50

D'ARDONNE. **La philosophie de l'expression**, étude psychologique. 1871. 1 vol. in-8 de 352 pages. 8 fr.

D'ASSIER (Adolphe). **Physiologie du langage phonétique.** 1868. 1 vol. in-18. 2 fr. 50

D'ASSIER (Adolphe). **Physiologie du langage graphique.** 1868. In-18. 2 fr. 50

D'ASSIER (Adolphe). **Essai de philosophie positive au XIXe siècle.** Première partie : Le ciel. 1 vol. in-18. 2 fr. 50

D'ASSIER. **Essai de philosophie naturelle chez l'homme.** 1 vol. in-12. 1882. 3 fr. 50

DAURIAC. **Des notions de matière et de force dans les sciences de la nature.** 1 vol. in-8. 1878. 5 fr.

DEGRAUX-LAURENT. **Études ornithologiques.** La puissance de l'aile, ou l'oiseau pris au vol. 1871. 1 vol. in-8. 5 fr.

DELBŒUF. **La psychologie comme science naturelle.** 1 vol. in-8. 1876. 2 fr. 50

DELBŒUF. **Psychophysique,** mesure des sensations de lumière et de fatigue ; théorie générale de la sensibilité. In-18. 1883. 3 fr. 50

DELBŒUF. **Examen critique de la loi psychophysique.** 1 vol. in-18. 3 fr. 50

DELEUZE. **Histoire critique du magnétisme animal.** 2e édition, 1819. 2 vol. in-8. 9 fr.

DELEUZE. **Mémoire sur la faculté de prévision.** In-8. 2 fr. 50

DELMAS. **Étude pratique sur l'hydrothérapie.** 1re partie : De l'hydrothérapie à domicile. In-8. 2 fr.

DELMAS. **Physiologie nouvelle de l'hydrothérapie.** 1 br. in-8 avec 115 tableaux. 3 fr. 50

DELVAILLE (Camille). **Études sur l'histoire naturelle.** 1 vol. in-18. 3 fr. 50

DELVAILLE (Camille). **De la fièvre de lait.** In-8. 2 fr. 50

DELVAILLE (Camille). **De l'exercice de la médecine,** nécessité de reviser les lois qui la régissent en France. In-8. 2 fr.

DELVAILLE (Camille). **Lettres médicales sur l'Angleterre.** 1874. In-8. 1 fr. 50

DEVERGIE (Alphonse). **Médecine légale théorique et pratique,** avec le texte et l'interprétation des lois relatives à la médecine légale, revus et annotés par M. Dehaussy de Robécourt, conseiller à la Cour de cassation. 1852, 3e édit. 3 vol. in-8. 23 fr.

DONDERS. **L'astigmatisme** et les verres cylindriques. In-8. 4 fr. 50

DROGNAT-LANDRÉ. **De l'extraction de la cataracte.** 1869. Gr. in-8. 1 fr.

DROGNAT-LANDRÉ. **De la contagion seule cause de la propagation de la lèpre.** 1869. In-8. 2 fr. 50

DUBOUCHET. **Maladies des voies urinaires et des organes de la génération.** 10e édition, 1851. 1 vol. in-8. 5 fr.

DUJARDIN-BEAUMETZ. **Myélite aiguë.** In-8. 2 fr. 50

DUMOUSTIER. **Les stations de l'homme préhistorique** sur les plateaux du Grand-Morin (Seine-et-Marne). 1 vol. in-8 avec 40 gravures. 1882. 3 fr.

DU POTET. **Traité complet de magnétisme,** cours en douze leçons. 4e édition. 1 vol. in-8. 1879. 8 fr.

DU POTET. **Manuel de l'étudiant magnétiseur,** ou Nouvelle instruction pratique sur le magnétisme, fondée sur *trente années* d'expériences et d'observations. 1869, 4e édition. 1 vol. gr. in-18. 3 fr. 50

DU POTET. **Le magnétisme opposé à la médecine.** In-8. 6 fr.

DURAND (de Gros). **Essais de physiologie philosophique.** 1866. 1 vol. in-8. 8 fr.

DURAND (de Gros). **De l'influence des milieux sur les caractères de races, de l'homme et des animaux.** 1868. Br. in-8. 1 fr. 50

DURAND (de Gros). **Ontologie et psychologie physiologique.** 1 vol. in-18. 1871. 3 fr. 50

DURAND (de Gros). **De l'hérédité dans l'épilepsie.** 1869. Br. in-8 de 15 pages. 50 c.

DURAND (de Gros). **Les origines animales de l'homme,** éclairées par la physiologie et l'anatomie comparatives. 1871. 1 vol. In-8. 5 fr.

DURAND-FARDEL. **Les eaux minérales et les maladies chroniques.** Leçons professées à l'École pratique. 1 vol. in-18. 3 fr. 50

DURAND-FARDEL. **Les indications des eaux minérales et leurs actions thérapeutiques.** 1 br. in-8. 1878. 1 fr. 25

Éléments de science sociale, ou Religion physique sexuelle et naturelle, par un docteur en médecine. 4e édit. Gr. in-18. 3 fr. 50

ELIPHAS LEVI. **Histoire de la magie**, avec une exposition de ses procédés, de ses rites et de ses mystères. 1 vol. in-8 avec 90 fig. 12 fr.

ELIPHAS LEVI. **La clef des grands mystères**, suivant Hénoch, Abraham, Hermès Trismégiste et Salomon. In-8. 12 fr.
20 pl. 12 fr.

ELIPHAS LEVI. **Dogme et rituel de la haute magie.** 1861, 2e éd. 2 vol. in-8 avec 24 fig. 18 fr.

ELIPHAS LEVI. **La science des esprits**, révélation du dogme secret des cabalistes, esprit occulte des évangiles, appréciations des doctrines et des phénomènes spirites. 1865. In-8. 7 fr.

ESPINAS (A.). **Des sociétés animales.** 1 vol. in-8. 2e édit. 7 fr. 50

ESPINAS (A.). **Philosophie expérimentale en Italie.** 1 volume in-18. 2 fr. 50

ESTACHY. **Des grossesses dites prolongées.** In-8. 1 fr. 25

FAIVRE (Ernest). **De la variabilité des espèces.** 1868. 1 vol. in-18 de la *Bibliothèque de philosophie contemporaine.* 2 fr. 50

FERMOND. **Études comparées des feuilles** dans les trois grands embranchements végétaux. 1 vol. in-8 avec 13 pl. 10 fr.

FERMOND. **Phytogénie**, ou Théorie mécanique de la végétation. 1867. 1 vol. gr. in-8 de 708 pages avec 5 planches. 12 fr.

FERMOND. **Essai de phytomorphie**, ou Étude des causes qui déterminent les principales formes végétales. 1864-1868. 2 vol. gr. in-8 avec nombreuses planches. 30 fr.

FERMOND. **Faits pour servir à l'histoire générale de la fécondation chez les végétaux.** In-8 de 45 pages. 2 fr.

FERRIÈRE. **L'âme est la fonction du cerveau.** 2 vol. in-18. 1883. 7 fr.

FOURNIER. **Actes du congrès international de botanique tenu à Paris en août 1867.** 1 vol. gr. in-8. 6 fr.

FOY. **Traité de matière médicale thérapeutique**, appliquée à chaque maladie en particulier. 1843, 2 vol. in-8. 5 fr.

FOY. **Formulaire des médecins praticiens.** In-18. 2 fr

FREDÉRIQ (Dr). **Hygiène populaire.** 1 vol. in-12. 1875. 4 fr.

FUMOUZE (A.). **De la cantharide officinale** (thèse de pharmacie). 1867. In-4 de 58 pages et 5 planches. 3 fr. 50

FUMOUZE (V.). **Les spectres d'absorption du sang** (thèse de doctorat). In-4 de 141 pages et 3 pl. 4 fr. 50

GALEZOWSKI. **Desmarres**, sa Vie et ses Œuvres. 1 br. in-8. 2 fr.

GALTIER-BOISSIÈRE. **Sématotechnie**, ou Nouveaux signes phonographiques. 1 vol. in-8 avec figures. 3 fr.

GARCIN. **Le magnétisme expliqué par lui-même**, ou Nouvelle théorie des phénomènes de l'état magnétique, comparé aux phénomènes de l'état ordinaire. 1855. 1 vol. in-8. 4 fr.

GARNIER. **Dictionnaire annuel des progrès des sciences et institutions médicales**, suite et complément de tous les dictionnaires, précédé d'une introduction par M. le docteur Amédée Latour. 1 vol. in-12 de 500 pages.

Prix de la 1re année 1864. 5 fr.
— les 2e, 3e, 4e, 5e et 6e années, 1865 à 1869, chacune. 6 fr.
— de la 7e année 1870 et 1871. 7 fr.
— des 8e, 9e, 10e, 11e, 12e, 13e, 14e, 15e, 16e, 17e, 18e et 19e années, 1872 à 1883, chacune. 7 fr.

GAUCKLER (Ph.). **Les poissons d'eau douce et la pisciculture.** 1 vol. gr. in-8, br. 8 fr. — Demi-reliure, tr. dorées. 11 fr.

GAUTHIER. **Histoire du somnambulisme connu chez tous les peuples**, sous les noms divers d'extases, songes, oracles, visions. Examen des doctrines de l'antiquité et des temps modernes, sur ses causes, ses effets, ses abus, ses avantages et l'utilité de son concours avec la médecine. 1842, 2 vol. in-8. 10 fr.

GAUTHIER (Aubin). **Revue magnétique**, journal des cures et des faits magnétiques et somnambuliques. Décembre 1844 à octobre 1846, 2 vol in-8. 8 fr.

Les numéros de mai, juin, juillet, août et septembre 1846 n'ont jamais été publiés ; ils forment, dans le tome II°, une lacune des pages 241 à 432.

GELY. **Études sur le cathétérisme curviligne et sur l'emploi d'une nouvelle sonde dans le cathétérisme évacuatif.** 1862. 1 vol. in-4 avec 97 planches. 7 fr.

GEOFFROY SAINT-HILAIRE (Étienne). **Vie, travaux et doctrine scientifique**, par Isid. Geoffroy Saint-Hilaire. 1 vol. in-12. 3 fr. 50

— Le même. 1 vol. in-8. 5 fr.

GERVAIS (Paul). **Zoologie.** Reptiles vivants et fossiles. 1869. Gr. in-8 avec 19 planches gravées. 7 fr.

GIACOMINI. **Large communication entre la veine porte et les veines iliaques droites**, traduit de l'italien. 1874. In-8. 2 fr. 50

GILLE. **Le traitement des malades à domicile.** 1 v. in-8. 6 fr.

GINTRAC (E.). **Cours théorique et clinique de pathologie interne et de thérapie médicale.** 1853-1859, tomes I à IX. Gr. in-8. 63 fr.

Les tomes IV et V se vendent séparément. 14 fr.

Les tomes VI et VII (*Maladies du système nerveux*) se vendent séparément. 14 fr.

Les tomes VIII et IX (*Maladies du système nerveux*, suite) se vendent séparément. 14 fr.

GINTRAC (E.). **Maladies de l'appareil nerveux** (extrait du *Cours de pathologie interne*). 4 vol. gr. in-8. 28 fr.

GIRAUD-TEULON. **Œil schématique**, dimensions décuples. 1868, 1 tableau. 2 fr. 50

GOUJON. **Étude d'un cas d'hermaphrodisme bisexuel imparfait chez l'homme.** 1872. In-8 avec 2 planches. 1 fr.

GOUPY. **Explication des tables parlantes**, des médiums, des esprits et du somnambulisme. 1 vol. in-8. 6 fr.

GRAD. **Considérations sur les progrès et l'état présent des sciences naturelles.** 1874. In-8. 2 fr.

GREHANT. **Recherches physiques sur la respiration de l'homme.** 1864. In-8 de 46 pages avec 1 planche. 1 fr. 50

GROVE (W. R.). **Corrélation des forces physiques**, traduit de l'anglais par M. Séguin aîné. 2ᵉ édition, 1868. In-8. 7 fr. 50

GUENEAU DE MUSSY (H.). **Théorie du germe contage** et son application à la fièvre typhoïde. 1 brochure in-8. 1878. 1 fr. 50

GUILLEMOT. **Étude sur l'arnica.** 1874. In-8. 1 fr.

GUINIER. **Essai de pathologie et de clinique médicales**, contenant des recherches spéciales sur la forme pernicieuse de la maladie des marais, la fièvre typhoïde, la diphthérie, la pneumonie, la thoracentèse chez les enfants, le carreau, etc. 1866. 1 fort vol. in-8. 8 fr.

HACHE (M.). **Étude clinique sur les cystites.** 1 vol. in-8. 1884. 3 fr. 50

HANRIOT (M.). **Hypothèses sur la constitution de la matière** (thèse d'agrégation, 1880). 1 vol. in-8. 3 fr.

HERBERT SPENCER. **Classification des sciences.** In-18. 2 fr. 50

HÉMEY (Lucien). **De la péritonite tuberculeuse.** 1867, in-8 de 90 pages. 2 fr.

HIRIGOYEN. **De l'influence des déviations de la colonne vertébrale sur la conformation du bassin** (thèse d'agrégation, 1880). 1 vol. in-8. 4 fr.

HOUEL. **Manuel d'anatomie pathologique générale et appliquée**, contenant le catalogue et la description des pièces déposées au musée Dupuytren. 2ᵉ édition. 1862. 1 vol. in-18 de 930 pages. 7 fr.

HUCHARD (H.). **Étude critique sur la pathogénie de la mort subite dans la fièvre typhoïde.** 1 br. in-8. 1878. 1 fr. 25

HYERNAUX. **Traité pratique de l'art des accouchements.** 1866. 1 vol. gr. in-8 avec fig. 10 fr.

ISAMBERT (E.). **Études sur l'emploi thérapeutique du chlorate de potasse**, spécialement dans les affections diphthéritiques (croup, angine couenneuse, etc.). 1856. 1 vol. in-8. 2 fr. 50

ISAMBERT (E.). **Parallèle des maladies générales et des maladies locales.** 1866. In-8. 3 fr.

JACOBY. **Études sur la sélection dans ses rapports avec l'hérédité chez l'homme.** 1 vol. in-8. 1881. 14 fr.

JAMAIN. **Archives d'ophthalmologie.** 1853-1856. 6 vol. in-8 avec figures. 12 fr.

JORDAN (Joseph). **Traitement des pseudarthroses par l'autoplastie périostique.** 1860. 1 vol. in-4, avec 3 planches. 1 fr. 75

JOSAT. **De la mort et de ses caractères.** 1 vol. in-8. 7 fr.

JOSAT. **Recherches historiques sur l'épilepsie.** 1856, in-8. 2 fr.

JOUSSET DE BELLESME. **Recherches expérimentales sur la digestion des insectes**, et de la Blatte en particulier. 1 vol. in-8. 1876. 3 fr.

JOUSSET DE BELLESME. **Phénomènes physiologiques de la métamorphose chez la Libellule déprimée.** In-8. 2 fr. 50

JOUSSET DE BELLESME. **Recherches expérim. sur les fonctions du balancier chez les insectes diptères.** In-8. 3 fr.

LABORDE. **Les hommes et les actes de l'insurrection de Paris devant la psychologie morbide.** 1871. 1 vol. in-18 de 150 pages. 2 fr. 50

LAENNEC. **Traité inédit sur l'anatomie pathologique.** Introduction et Ier chapitre, précédés d'une préface par V. CORNIL, ornés de 2 portraits de Laennec. 1884. 1 fr. 50; sur papier de Hollande. 3 fr.

LAFONTAINE. **Mémoires d'un magnétiseur.** 2 vol. in-18. 7 fr.

LAFONTAINE. **L'art de magnétiser.** 1 vol. in-8, 4e édit. 1880. 5 fr.

LAFONT-GOUZI. **Traité du magnétisme animal**, considéré sous les rapports de l'hygiène, de la médecine légale et de la thérapeutique. 1839. In-8, br. 3 fr.

LAHILONNE. **Essai de critique médicale.** Pau et ses environs au point de vue des affections paludéennes. 1867. Gr. in-8. 2 fr.

LAHILONNE. **Étude de météorologie médicale au point de vue des voies respiratoires.** 1869. 2 fr. 50

LAHILONNE. **Histoire des fontaines de Cauterets** et des variations de leur emploi au traitement des maladies chroniques; précédé d'une préface de M. le professeur HIRTZ. 1 vol. in-12. 1877. 3 fr.

LAMBERT. **Hygiène de l'Égypte.** 1 vol. in-18. 1873. 1 fr.

LANDAU. **Théorie et traitement de la glycosurie.** In-8. 1 fr. 50

LANOIX. **Étude sur la vaccination animale.** 1866. In-8 de 56 p. 2 fr.

LA PERRE DE ROO. **La consanguinité et les effets de l'hérédité.** 1 vol. in-8. 1881. 5 fr.

LAUSSEDAT. **La Suisse.** Études médicales et sociales. 2e édition. 1 vol. in-18. 1875. 3 fr. 50

LAVELEYE (Ém. de). **L'Afrique centrale et la conférence de Bruxelles**, suivi de lettres et découvertes de Stanley. 1 vol. in-12, avec 2 cartes. 1878. 3 fr.

LE FORT. **La chirurgie militaire** et les Sociétés de secours en France et à l'étranger. In-8 avec gravures. 10 fr.

LE FORT. **Étude sur l'organisation de la médecine** en France et à l'étranger. 1874. In-8. 3 fr.

LÉVI (Eliphas). Voy. ELIPHAS LÉVI.

LIARD. **La science positive et la métaphysique.** 2e édition. 1883. 1 vol. in-8. 7 fr. 50

LIEBREICH (Oscar). **L'hydrate de chloral**, traduit de l'allemand sur la 2e édition par Is. Levaillant. 1870. In-8 de 70 pages. 2 fr. 50

LIEBREICH (Richard). **Nouveau procédé d'extraction de la cataracte.** 1872. In-8 de 16 pages. 75 c.

LIOUVILLE (H.). **De la généralisation des anévrysmes miliaires.** 1871. 1 vol. in-8 de 230 pages et 3 pl. comprenant 19 fig. 6 fr.

LŒWENBERG. **La lame spirale du limaçon de l'oreille** de l'homme et des mammifères. 1867. 1 vol. in-8. 2 fr.

LORAIN. **Jenner et la vaccine.** 1870, in-8. 1 fr. 25

LOUET. **Guide administratif du médecin-accoucheur et de la sage-femme.** 1 vol. in-18. 1878. 3 fr. 50

LUBANSKI. **Guide du poitrinaire** et de celui qui ne veut pas le devenir. 1873. 1 vol. in-18. 3 fr.

MACARIO. **Traitement moral de la folie.** 1843. In-4. 1 fr. 50

MACARIO. **Des paralysies dynamiques ou nerveuses.** In-8. 2 fr. 50

MACARIO. **Entretiens populaires sur la formation des mondes et les lois qui les régissent.** 1869. 1 vol. in-18. 2 fr. 25

MACARIO. **Lettres sur l'hygiène.** 1 vol. in-18. 2 fr.

MACÉ. **Traité pratique et raisonné de pharmacie galénique.** 1 vol. in-8. 6 fr.

MAGDELAIN. **Des kystes séreux et acéphalocystiques de la rate.** 1868, In-8. 2 fr.

MAIRET. **Formes cliniques de la tuberculose miliaire du poumon** (thèse d'agrégation). 1 vol. in-8. 1878. 3 fr. 50

MALGAIGNE. **Recherches historiques et pratiques sur les appareils dans le traitement des fractures.** 1841. In-8, br. 1 fr.

MANDON. **Histoire critique de la folie instantanée**, temporaire, instinctive. 1 vol. in-8. 3 fr. 50

MANDON. **De la fièvre typhoïde**, nouvelles considérations sur sa nature, ses causes et son traitement. 1864. 1 vol. in-8. 6 fr.

MANDON. **Van Helmont**, sa biographie, histoire critique de ses œuvres. 1868, in-4. 6 fr.

MARX (Edmond). **De la fièvre typhoïde.** 1864, in-8. 3 fr.

MELLEZ. **Genèse de la terre et de l'homme.** 1 vol. in-8. 5 fr.

MENIÈRE. **Cicéron médecin.** Étude médico-littéraire. In-18. 4 fr. 50

MENIÈRE. **Les consultations de madame de Sévigné.** Étude médico-littéraire. 1864. 1 vol. in-8. 3 fr.

MENIÈRE. **Les moyens thérapeutiques employés dans les maladies de l'oreille.** Thèse, 1868. Gr. in-8. 2 fr.

MENIÈRE. **Du traitement de l'otorrhée purulente chronique**, considérations sur la maladie de Menière. In-18. 1 fr. 25

MESMER. **Mémoires et aphorismes**, suivis des procédés de d'Eslon. Nouv. édit. avec des notes par J. J. A. Ricard. 1846. In-18. 2 fr. 50

MESTRE. **Essai sur l'éléphantiasis des Arabes**, observé en Algérie. 1864. In-8 de 104 pages avec 5 pl. lithographiées. 3 fr. 50

MEUNIER (Stanislas). **Lithologie terrestre et comparée** (roches, météorites). 1 vol. in-8. 1870. 108 pages. 4 fr. 50

MIQUEL. **Lettres médicales à M. le professeur Trousseau**, pour mettre un terme à des erreurs relatives aux maladies éruptives et à la spécificité. In-8. 7 fr.

MOREAU (Alexis). **Des grossesses extra-utérines.** In-8. 2 fr. 50

MOREAU (de Tours). **Traité pratique de la folie névropathique.** 1869. 1 vol. in-18. 3 fr. 50

MOREL. **Traité des champignons.** 1 vol. gr. in-18, avec fig. 4 fr.

MORIN. **Du magnétisme et des sciences occultes.** In-8. 6 fr.

MORIN. **Magnétisme.** M. Lafontaine et les sourds-muets. In-8. 75 c.

MOUGEOT (de l'Aube). **Itinéraire d'un ubiétiste à travers les sciences et la religion.** In-18. 3 fr. 50

MUNARET. **Le médecin des villes et des campagnes.** 1862, 3e édit. 1 vol. gr. in-18. 4 fr. 50

NAVILLE (E.). **La logique de l'hypothèse.** 1 vol. in-8. 5 fr.

NAVILLE (E.). **La physique moderne.** 1 vol. in-8. 5 fr.

NETTER. **Lettres sur la contagion.** Br. in-8 de 40 pages. 1 fr. 50

NICAISE. **Des lésions de l'intestin dans les hernies.** 1866. In-8, de 120 pages. 3 fr.

ODIER ET BLACHE. **Quelques considérations sur les causes de la mortalité des nouveau-nés** et sur les moyens d'y remédier. 1867. Gr. in-8 de 30 pages et XI tableaux. 1 fr. 50

OLLIVIER (Clément). **Histoire physique et morale de la femme.** 1857. 1 vol. in-8. 5 fr.

OLLIVIER (Clément). **Influence des affections organiques sur la raison,** ou Pathologie morale. 1867. In-8 de 244 pages. 4 fr.

OLLIVIER (d'Angers). **Traité des maladies de la moelle épinière.** 3e édit., 1837. 2 vol. in-8, avec 27 fig. 3 fr. 50

ONIMUS. **De la théorie dynamique de la chaleur** dans les sciences biologiques. 1866. In-8. 3 fr.

ONIMUS ET VIRY. **Étude critique des tracés** obtenus avec le cardiographe et le sphygmographe. 1866. In-8 de 75 pages. 2 fr.

ONIMUS ET VIRY. **Études critiques et expérim.** sur l'occlusion des orifices auriculo-ventriculaires. 1865, in-18 de 60 pages. 1 fr. 25

OURGAUD. **Précis sur les eaux d'Ussat-les-Bains (Ariège).** 1 vol. in-8. 2 fr.

PADIOLEAU (de Nantes). **De la médecine morale** dans le traitement des maladies nerveuses. 1 vol. in-8. 4 fr. 50

PAQUET (F.). **La gutta-percha ferrée** appliquée à la chirurgie sur les champs de bataille et dans les hôpitaux. 1867. In-8. 1 fr. 50

PÉAN. **Splénotomie,** observation d'ablation complète de la rate pratiquée avec succès. 1 fr.

PÉAN. **De la forcipressure,** ou De l'application des pinces à l'hémostasie chirurgicale, leçons recueillies par MM. G. Deny et Exchaquet, internes des hôpitaux. In-8. 1875. 2 fr. 50

PÉAN. **Du pincement des vaisseaux comme moyen d'hémostase.** 1 vol. in-8. 1877. 4 fr.

PÉROCHE (J.). **Les phénomènes glaciaires et torrides, et la précession des équinoxes.** Broch. in-8. 1 fr. 50

PÉROCHE (J.). **Les causes des phénomènes glaciaires et torrides,** justification. Broch. in-8. 2 fr.

PÉROCHE. **Les oscillations polaires et les températures géologiques.** 1 broch. in-8. 1880. 2 fr.

PÉROCHE. **L'homme et les temps quaternaires** au point de vue des glissements polaires et des influences processionnelles. 1 brochure in-8. 2 fr.

PHILIPS (J. P.). **Influence réciproque de la pensée,** de la sensation et des mouvements végétatifs. In-8. 1 fr.

PHILIPS (J. P.). **Cours théorique et pratique de braidisme,** ou hypnotisme nerveux, considéré dans ses rapports avec la psychologie, la physiologie et la pathologie, et dans ses applications à la médecine, à la chirurgie, à la physiologie expérimentale, à la médecine légale et à l'éducation. 1860. 1 vol. in-8. 3 fr. 50

PHILLIPS. **Traité des maladies des voies urinaires.** 1860. 1 fort vol. in-8 avec 97 fig. intercalées dans le texte. 10 fr.

PICOT. **De l'état de la science dans la question des maladies infectieuses.** 1872. In-8. 2 fr.

PICOT. **Recherches expérimentales sur l'inflammation suppurative** et le passage des leucocytes à travers les parois vasculaires. In-8 de 40 pages avec 4 planches. 2 fr.

PICOT. **Projet de réorganisation de l'instruction publique en France.** 1871. In-8 de 120 pages. 2 fr.

PIGEON (Ch.). **Du rôle de l'électricité dans l'économie animale.** 1 br. in-8. 1880. 1 fr. 50

PITRES. **Des hypertrophies et des dilatations cardiaques indépendantes des lésions valvulaires,** thèse d'agrégation. 1 vol. in-8. 1878. 3 fr. 50

PONCET. **De l'hématocèle péri-utérine** (thèse d'agrégation). 1 vol. in-8. 1878. 4 fr.

PORAK (Ch.). **Considérations sur l'ictère des nouveau-nés** et sur le moment où il faut pratiquer la ligature du cordon ombilical. Broch. in-8. 1878. 2 fr.

PORAK (Ch.). **De l'influence réciproque de la grossesse et des maladies de cœur** (thèse d'agrégation, 1880). 1 vol. in-8. 4 fr.

POUCHET (Georges). **Des changements de coloration sous l'influence des nerfs,** mémoire couronné par l'Académie des sciences. 1 vol. in-8 avec 5 planches en couleur. 10 fr.

QUEVENNE et BOUCHARDAT. Voyez BOUCHARDAT et QUEVENNE.

RABBINOWICZ. **La médecine du thalmud.** 1 vol. in-8. 10 fr.

RABUTEAU. **Étude expérimentale sur les effets physiologiques des fluorures et des composés métalliques.** In-8. 2 fr. 50

RABUTEAU. **Phénomènes physiques de la vision.** In-4. 2 fr. 50

REGAMEY (G^me^). **Anatomie des formes du cheval** à l'usage des peintres et des sculpteurs, publié sous la direction de FÉLIX REGAMEY, avec texte par le Dr KUHFF. 6 pl. en chromolithographie. 8 fr.

RAMBERT (E.) et P. ROBERT. **Les oiseaux dans la nature,** description pittoresque des oiseaux utiles. 3 vol. in-folio contenant chacun 20 chromolithographies, 10 gravures sur bois hors texte, et de nombreuses gravures dans le texte. Chaque volume, dans un carton, 40 fr. — Relié, avec fers spéciaux. 50 fr.

RÉVÉREND. **Annuaire de l'électricité pour 1884.** 1 vol. in-8, cart. à l'anglaise. 10 fr.

REY. **Dégénération de l'espèce humaine** et sa régénération. 1863. 1 vol. in-8 de 226 pages. 3 fr.

RIBOT (Th.). **Les maladies de la mémoire.** 1 vol. in-18. 2 fr. 50

RIBOT. **Les maladies de la volonté.** 1 vol. in-18. 2e édit. 2 fr. 50

RICHET (Ch.). **Du suc gastrique** chez l'homme et chez les animaux. 1 vol. in-8, 1878, avec une planche hors texte. 4 fr. 50

RICHET (Ch.). **Structure des circonvolutions cérébrales** (thèse de concours d'agrégation). In-8. 1878. 5 fr.

ROBIN (Ch.). **Des tissus et des sécrétions.** Anatomie et physiologie comparées. 1869. Gr. in-18 à 2 colonnes. 4 fr. 50

ROBIN. **Des éléments anatomiques.** 1 vol. in-8. 4 fr. 50

ROMIÉE. **De l'amblyopie alcoolique.** 1 br. in-8. 1881. 2 fr.

ROISEL. **Les atlantes.** Études antéhistoriques. 1874. In-8. 7 fr.

RUFZ. **Enquête sur le serpent de la Martinique** (Vipère fer-de-lance, Bothrops lancéolé). 1860, 2e édition. 1 vol. in-8, fig. 5 fr.

SAIGEY (Émile). **La physique moderne.** 1 vol. in-18. 2 fr. 50

SAIGEY (Émile). **Les sciences au XVIIIe siècle.** La physique de Voltaire. 1 vol. in-8. 5 fr.

SANNÉ. **Étude sur le croup après la trachéotomie,** évolution normale, soins consécutifs, complications. 1869. In-8. 4 fr.

SAUVAGE. **Zoologie. Des poissons fossiles.** In-8. 3 fr. 50

SCHIFF. **Leçons sur la physiologie de la digestion,** faites au Muséum d'histoire naturelle de Florence. 1868. 2 vol. gr. in-8. 20 fr.

SCHMIDT. **Les sciences naturelles et la théorie de l'inconscient,** trad. de l'allem. par J. SOURY et S. MAYER. 1 v. in-18. 2 fr. 50

SCHWEIGGER. **Leçons d'ophthalmoscopie,** avec 3 pl. lith. et des fig. dans le texte. 1865, in-8 de 144 pages. 3 fr. 50

SMEE. **Mon jardin.** Géologie, botanique, histoire naturelle, culture. 1 vol. in-8 jésus, contenant 1300 gravures et 25 planches hors texte. 1876. Broché. 15 fr. — Cart. riche, tranche dorée. 18 fr.

SNELLEN. **Échelle typographique** pour mesurer l'acuité de la vision, par le docteur Snellen, médecin de l'hôpital néerlandais pour les maladies des yeux, à Utrecht. 4 fr.

SOUS. **Manuel d'ophthalmoscopie.** 1 vol. in-8. 4 fr.

TALAMON. **Recherches anatomo-pathologiques et cliniques sur le foie cardiaque.** 1 br. gr. in-8. 2 fr.

TAULE. **Notions sur la nature et les propriétés de la matière organisée.** 1866. In-8. 3 fr. 50

TERRIER (Félix). **De l'œsophagotomie externe.** 1870. In-8. 3 fr. 50

TERRIER (Félix). **Des anévrysmes cirsoïdes** (thèse d'agrégation). In-8 de 158 pages. 3 fr.

THÉRY (de Langon). **Traité de l'asthme.** 1859. 1 vol. in-8. 5 fr.

THOMPSON (Sylvanus P.). **Les machines dynamo-électriques,** traduit par E. Boistel. 1 vol. in-8. 1884. 2 fr. 25

THULIÉ. **La folie et la loi.** 1867, 2e édition. 1 vol. in-8. 3 fr. 50

THULIÉ. **De la manie raisonnante du docteur Campagne.** 1870. In-8. 2 fr.

TURCK. **Médecine populaire.** 1 vol. in-12. 60 c.

VALCOURT (de). **Climatologie des stations hivernales du midi de la France** (Pau, Amélie-les-Bains, Hyères, Cannes, Nice, Menton). 1865. 1 vol. in-8. 3 fr.

VALCOURT (de). **Cannes et son climat.** In-18. 5 fr.

VARIGNY (H. C. de). **Recherches expérimentales sur l'excitabilité électrique des circonvolutions cérébrales et sur la période d'excitation latente du cerveau.** 1 broch. in-8. 1884. 2 fr.

VASLIN (L.). **Études sur les plaies par armes à feu.** 1872. 1 vol. gr. in-8 de 225 pages, accompagné de 22 pl. en lithogr. 6 fr.

VERNIAL. **Origine de l'homme,** d'après les lois de l'évolution naturelle. 1 vol. in-8. 1882. 3 fr.

VILLEMIN. **Des coliques hépatiques et de leur traitement par les eaux de Vichy.** 3e édition, 1874. 1 vol. in-18. 3 fr. 50

VILLENEUVE. **De l'opération césarienne** après la mort de la mère, réponse à M. le docteur Depaul. 1862. Br. in-8 de 160 pages. 2 fr. 50

VIRCHOW. **Des trichines,** à l'usage des médecins et des gens du monde, traduit de l'allemand avec l'autorisation de l'auteur par E. Onimus. 1864. In-8 de 55 pages et planche coloriée. 1 fr.

VULPIAN (Paul). **Excursions de la Société géologique de France dans la Suisse, la Savoie et la Haute-Savoie.** 1 br. in-8. 1 fr. 50

ZABOROWSKI. **L'Anthropologie,** son histoire, sa place, ses résultats. 1 brochure in-8. 1882. 1 fr. 25

PUBLICATIONS PÉRIODIQUES

REVUE DE MÉDECINE

DIRECTEURS : MM.

BOUCHARD Professeur à la Faculté de médecine de Paris Médecin de l'hôpital Lariboisière.	**CHAUVEAU** Professeur à la Faculté de médecine de Lyon Directeur de l'Ecole vétérinaire.
CHARCOT Professeur à la Faculté de médecine de Paris Médecin de la Salpêtrière.	**VULPIAN** Professeur à la Faculté de médecine de Paris Médecin de l'Hôtel-Dieu.

RÉDACTEURS EN CHEF : MM.

LANDOUZY Professeur agrégé à la Faculté de médecine de Paris Médecin de l'hôpital Tenon.	**LÉPINE** Professeur de clinique médicale à la Faculté de médecine de Lyon.

REVUE DE CHIRURGIE

DIRECTEURS : MM.

OLLIER Professeur de clinique chirurgicale à la Faculté de médecine de Lyon.	**VERNEUIL** Professeur de clinique chirurgicale à la Faculté de médecine de Paris.

RÉDACTEURS EN CHEF : MM.

NICAISE Professeur agrégé à la Faculté de médecine de Paris Chirurgien de l'hôpital Laennec.	**TERRIER** Professeur agrégé à la Faculté de médecine de Paris Chirurgien de l'hôpital Bichat.

Ces deux Revues paraissent depuis le commencement de l'année 1881, le 10 de chaque mois, chacune formant une livraison de 5 à 6 feuilles d'impression.

Elles continuent la *Revue mensuelle de médecine et de chirurgie*, fondée en 1877. Le cadre de cette dernière ne permettait pas de donner à chacune des divisions de l'art de guérir les développements reconnus nécessaires; de là la séparation en *Revue de médecine* et *Revue de chirurgie*.

PRIX D'ABONNEMENT :

Pour chaque revue séparée.		Pour les deux revues réunies.	
Un an, Paris	**20** fr.	Un an, Paris	**35** fr.
— Départements et étranger	**23** fr.	— Départements et étranger	**40** fr.

PRIX DE LA LIVRAISON : 2 fr.

Chaque année de la *Revue mensuelle de médecine et de chirurgie*, de la *Revue de médecine* et de la *Revue de chirurgie* se vend séparément. 20 fr. — Chaque livraison. 2 fr.

Revue des Cours scientifiques et Revue scientifique

REVUE DES COURS LITTÉRAIRES et REVUE POLITIQUE et LITTÉRAIRE

1re et 2e Série.— Seize années (1864-1880).— 52 volumes

Première Série (1864 à 1870)

Revue des Cours littéraires et *Revue des Cours scientifiques.* Chaque année se vend séparément : brochée, **15** fr.
Reliée.................... **20** fr.
Chaque livraison se vend séparément, **30** centimes.

PRIX DE LA COLLECTION

Revue des Cours littéraires ou *Revue des Cours scientifiques.* 7 vol. in-4°, brochés .... **105** fr.
Les deux *Revues* prises en même temps, 14 volumes. Prix : **182** fr.

Deuxième Série (1871 à 1880)

Revue politique et littéraire et *Revue scientifique.* Chaque année, formant deux volumes, se vend : br., **20** fr.
Reliée en 1 vol........... **25** fr.
Chaque livraison se vend séparément, **50** centimes.

PRIX DE LA COLLECTION

Revue politique et littéraire ou *Revue scientifique.* (Juillet 1871 à Décembre 1880.) 19 vol. in-4°, brochés. **180** fr.
Les deux *Revues* prises en même temps, 38 volumes. Prix : **342** francs.

Dans ces deux séries, la part principale est faite aux leçons et aux conférences; on y trouve les cours les plus réputés de la *Sorbonne*, du *Collège de France*, de la *Faculté de médecine*, des *Facultés des Départements*, des *Universités étrangères*, les *Lectures faites aux Académies*, les *Conférences publiques*, etc.

Une table, disposée par ordre de matières, permet au lecteur de choisir dans chaque année les documents relatifs aux diverses branches de la littérature, de l'histoire, ou des sciences, et de prendre séparément les livraisons qui l'intéressent.

***Prix de chaque livraison :* 1re *série,* 30 cent. — 2e *série,* 50 cent.**

Prix de la Table générale des matières contenues dans les deux séries : **60** c.

RECUEIL D'OPHTALMOLOGIE

Par les Drs GALEZOWSKI et CUIGNET

PARAISSANT TOUS LES MOIS PAR LIVRAISONS IN-8° DE 4 FEUILLES

3e *série,* 6e *année,* 1884.

Abonnement : un an, **20** fr., pour la France et l'étranger.

La livraison.................... **2** francs.

La 1re série, publiée sous le titre de *Journal d'Ophtalmologie,* par MM. GALEZOWSKI et PIÉCHAUD, année 1872. 1 vol. in-8......... 20 fr.
Les volumes de la 2e série, années 1874, 1875, 1876, 1877, 1878, se vendent chacun séparément.................................. 15 fr.
La 3e série commence avec l'année 1879 : prix des années 1879, 1880, 1881, 1882 et 1883, chacune séparément................. ... 20 fr.

ANNALES

DE LA

SOCIÉTÉ D'HYDROLOGIE MÉDICALE DE PARIS

COMPTES RENDUS DES SÉANCES DE 1854 A 1883

Abonnement : un an, Paris, 6 fr. — Départements, 7 fr.

28 volumes in-8.. 196 fr. — Chaque volume séparément. 7 fr.

ENSEIGNEMENT SECONDAIRE CLASSIQUE

LIVRES SCIENTIFIQUES

Rédigés conformément aux nouveaux programmes du 2 août 1880

I. — SCIENCES NATURELLES

CLASSE DE HUITIÈME. — **Dix leçons de botanique**, par M. LE MONNIER, ancien élève de l'Ecole normale supérieure, professeur de botanique à la Faculté des sciences de Nancy. 1 vol. in-12 cart., avec figures dans le texte...... 1 fr. 50

CLASSE DE SEPTIÈME. — **Premiers éléments des sciences expérimentales et notions d'histoire naturelle des terrains et des pierres**, par M. LEFEBVRE, ancien élève de l'Ecole normale supérieure, professeur agrégé de physique au lycée de Versailles. 1 volume in-12, 2ᵉ édit., avec 172 figures dans le texte, cartonné.. 3 fr.

CLASSE DE CINQUIÈME. — **Cours élémentaire de zoologie**, par M. A. DASTRE, maître de conférences de zoologie à l'Ecole normale supérieure, professeur suppléant à la Faculté des sciences de Paris. 1 vol. in-12 cart. avec figures dans le texte (*sous presse*).

CLASSE DE QUATRIÈME. — **Cours élémentaire de botanique**, par M. LE MONNIER, ancien élève de l'Ecole normale supérieure, professeur de botanique à la Faculté des sciences de Nancy. 1 volume in-12, cart., 2ᵉ édit., avec 250 figures dans le texte.. 2 fr. 50

CLASSE DE QUATRIÈME. — **Cours élémentaire de géologie**, par M. DUFET, ancien élève de l'Ecole normale supérieure, professeur de physique au lycée Saint-Louis. 1 vol. in-12 cart. avec figures dans le texte (*sous presse*).

CLASSE DE PHILOSOPHIE. — **Anatomie et physiologie végétales**, par M. LE MONNIER. 1 vol. in-12, avec figures dans le texte.......................... 3 fr.

CLASSE DE PHILOSOPHIE. — **Anatomie et physiologie animales**, par M. A. DASTRE. 1 vol. in-12, cart. avec figures dans le texte (*sous presse*).

CLASSE DE PHILOSOPHIE. — **Histoire naturelle élémentaire** (zoologie, botanique, géologie), par le Dʳ LE NOIR, ancien professeur de l'Université. 1 vol. in-12, avec 250 fig. dans le texte, broché, 2ᵉ édit.......................... 5 fr.

II. — PHYSIQUE ET CHIMIE

CLASSE DE SEPTIÈME. — **Premiers éléments des sciences expérimentales et notions d'histoire naturelle des terrains et des pierres**, par M. LEFEBVRE, ancien élève de l'Ecole normale supérieure, professeur agrégé de physique au lycée de Versailles. 1 vol. in-12 avec 172 fig. dans le texte, 2ᵉ édit., cart. 3 fr.

CLASSE DE SIXIÈME. — **Notions élémentaires de physique et chimie**, par M. LEFEBVRE, ancien élève de l'Ecole normale supérieure, professeur agrégé de physique au lycée de Versailles. 1 vol. in-18 avec 230 figures dans le texte, 2ᵉ édit., cartonné.. 3 fr. 50

COURS ÉLÉMENTAIRE DE PHYSIQUE, par M. DUFET, ancien élève de l'École normale supérieure, professeur de physique au lycée Saint-Louis.

CLASSE DE TROISIÈME. — **Pesanteur, équilibre des liquides et chaleur.** 1 vol. in-12 avec 169 figures dans le texte, cartonné.................... 3 fr.

CLASSE DE SECONDE. — **Acoustique et optique.** 1 vol. in-12 avec 137 figures dans le texte, cartonné.................................... 2 fr. 50

CLASSE DE RHÉTORIQUE. — **Électricité, magnétisme.** 1 vol. in-12 avec 178 figures dans le texte, cartonné.................................... 2 fr. 50

CLASSE DE PHILOSOPHIE. — **Notions générales de physique et de mécanique.** 1 vol. in-12 avec figures dans le texte, cartonné.................. 2 fr. 50

LES QUATRE COURS RÉUNIS en un seul volume, formant un beau volume in-12 avec figures dans le texte.................................. 10 fr.

CLASSE DE PHILOSOPHIE. — **Cours de chimie**, par M. RICHE, membre de l'Académie de médecine, professeur à l'École de pharmacie. 1 vol. in-12 avec 69 figures dans le texte, 2e édit., cartonné......................... 3 fr.

CLASSES DE PHILOSOPHIE ET DE MATHÉMATIQUES ÉLÉMENTAIRES. — **Physique élémentaire**, par le Dr LE NOIR. 1 vol. in-12 avec 455 figures dans le texte..... 6 fr.

CLASSES DE PHILOSOPHIE ET DE MATHÉMATIQUES ÉLÉMENTAIRES. — **Chimie élémentaire**, par le Dr LE NOIR. 1 vol. in-12 avec figures dans le texte. 3 fr. 50

CLASSE DE MATHÉMATIQUES ÉLÉMENTAIRES. — **Cours de physique**, par M. H. DUFET. 1 fort vol. in-8 avec de nombreuses figures dans le texte (*sous presse*).

III. — MATHÉMATIQUES

COURS DE MATHÉMATIQUES à l'usage des classes élémentaires et des classes de lettres, par M. PORCHON, ancien élève de l'École normale supérieure, professeur agrégé de mathématiques au lycée de Versailles :

CLASSES DE SEPTIÈME, DE SIXIÈME ET DE CINQUIÈME. — **Cours élémentaire d'arithmétique et de géométrie.** 1 vol. in-12 à l'usage des classes de 7e, 6e et 5e, et des classes supérieures des écoles primaires, avec 186 figures dans le texte, 518 problèmes et exercices, et questionnaires. 2e édition.... 2 fr.

Réponses aux problèmes du cours élémentaire d'arithmétique et de géométrie. Brochure in-12.. *gratis.*

CLASSES DE QUATRIÈME, TROISIÈME ET PHILOSOPHIE. — **Éléments d'arithmétique.** 1 vol. in-12 avec exercices et problèmes, cartonné................ 2 fr.

CLASSES DE QUATRIÈME, TROISIÈME, SECONDE, RHÉTORIQUE ET PHILOSOPHIE. — **Éléments de géométrie.** 1 vol. in-12 avec figures dans le texte, cart. 3 fr.

CLASSES DE TROISIÈME, SECONDE ET PHILOSOPHIE. — **Éléments d'algèbre.** 1 vol. in-12 avec figures dans le texte, cartonné..................... 3 fr.

CLASSES DE RHÉTORIQUE ET DE PHILOSOPHIE. — **Éléments de cosmographie.** 1 vol. in-12 avec figures dans le texte............................ 3 fr. 50

Imprimeries réunies, A, rue Mignon, 2, Paris.

www.ingramcontent.com/pod-product-compliance
Ingram Content Group UK Ltd.
Pitfield, Milton Keynes, MK11 3LW, UK
UKHW021850190726
13855UKWH00001B/241